塩のことば辞典

巻頭写真

日本の製塩
天日塩
岩塩、湖塩
塩の結晶
昔の製塩
調理の中の塩

写真1.日本の製塩(1)

海水ろ過装置

製塩原料海水は2段階の砂ろ過を行っている。原料海水は濁度0.01ppm程度で、水道水基準の1/10まで清澄にされる。
（日本海水讃岐工場提供）

膜濃縮装置

塩分3%海水を16〜20%まで膜で濃縮する。膜にはイオン交換膜の荷電が利用され、直流電気で塩分だけを通す装置。写真の1槽で年1万t以上の塩が生産される。膜は海洋汚染物質、細菌類など荷電のないものや大きい分子は通り難いという特徴がある。（ダイヤソルト崎戸工場提供）

多重効用蒸発缶

塩を炊く釜は数基の釜を並べ、蒸気を何度も利用する省エネ型。釜の内径は3〜6m、高さは20m以上になる。日本の製塩工場はこの釜で1工場につき年間20万tの塩を生産する。
（ナイカイ塩業提供）

遠心分離機

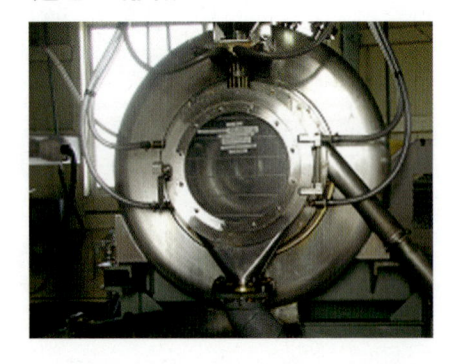

蒸発缶でできたスラリー（塩と母液の混合物）は、遠心分離機で脱水して塩を取り出す。脱水程度は製品の規格（水分、にがり分）に合わせるが、水分にして1〜2%となる。
（日本海水小名浜工場提供）

写真2.日本の製塩(2)

乾燥機

遠心分離機で脱水した塩は乾燥機で完全乾燥してサラサラの製品にする。写真は流動乾燥機。
(鳴門塩業提供)

食塩包装

乾燥した食塩は自動包装機で包装して製品になる。
(日本海水赤穂工場提供)

平釜

平釜は昔からの煮詰め釜で多くの形式があり、様々な工夫が施されている。小規模製塩や特殊製法塩に使われる。
(鳴門塩業提供)

焼き塩用焼成炉

塩を高温で焼いて焼き塩を作る。熱風または電気炉などで加熱されるキルンを用いて通常400℃以上で焼くことで、固まりにくい焼き塩ができる。
(日本家庭用塩提供)

写真3. 天日塩

砂漠型天日塩田

メキシコ西海岸ゲレロネグロ塩田（ESSA社：メキシコ政府と三菱商事の出資による）。世界最大規模、面積3万ha、年産700万t、砂漠地帯の好立地の場所にある。
（日本塩工業会提供）

乾期型天日塩田

中国連雲港塩田、塩田区画は小さく毎年採塩する。降雨時にはビニールシートで覆い、区画ごとに煉瓦などで保護して泥の混入を防いでいる。
（日本塩工業会提供）

洗塩設備

良質の天日塩は洗浄して出荷される。写真は右側の1段螺旋洗浄と左側のフラッシ洗浄の組み合わせ。
（日本塩工業会提供）

天日塩の輸入

天日塩はほぼ全量が輸入。ソーダ工業用は大型船により数万t単位で輸入される。貯蔵は野積みが一般的。
（日本塩工業会提供）

写真4. 岩塩、湖塩

岩塩鉱の採掘

坑道を掘り地下で爆破しながら大規模に採掘する。写真は爆破後の搬出トレーラーの積み込み。(ドイツ)
(日本塩工業会提供)

塩湖

飽和塩水から塩類が析出している。マグネシウム、カリウム濃度が高い。塩湖はそれぞれに組成、析出形状などに特徴がある。(イスラエル死海)

(片平孝:「地球塩の旅」(2004),日本経済新聞(日本経済新聞社)より)

色のついた岩塩

岩塩には様々な色がついている。岩塩に含まれる鉱物の色で、赤系と黒系が多く、青系は少ない。
(日本塩工業会提供)

写真5. 塩の結晶 （尾方昇：「日本海水学会誌」(2005)より）

立方晶
立釜でできる。分離機破砕、缶内摩耗で割れや丸みが出ることがある。

トレミー
低温平釜でできる。ピラミッド状。破砕により平板結晶ができる。

凝集晶
平釜でできる。小さな立方晶の集まり。湿った塩の破砕でも類似のものができる。

球状晶
育晶でできる。円盤状になったり、立方晶と混合になる場合がある。

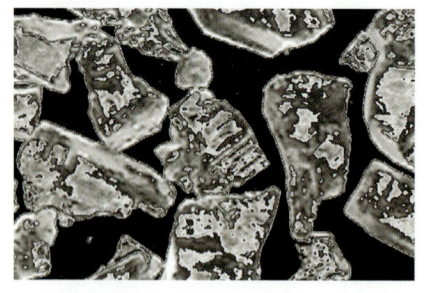

不定形
天日塩、岩塩等を破砕したときにできる。

造粒
加圧成形したもの。アーモンド状、板状が多い。成形が弱いと細粒が混合する。

写真6.昔の製塩

流下式塩田

1952～1971の年代に日本全国で行われた。粘土流下盤と枝条架で海水を流して濃縮する。入浜式塩田の過酷な労働から解放され、生産性も向上した。
（たばこと塩の博物館提供）

揚浜式塩田

海水を汲み上げて塩浜に撒いて蒸発させ、塩浜上の散砂に付着した塩を集めて塩分を溶かして釜で炊く。能登半島に今も残っている。
（片平孝：「地球塩の旅」より）

入浜式塩田

江戸中期から1960年頃まで瀬戸内を中心に発達した。海水を干満差で導入して塩田に導くので揚浜式塩田のような汲み揚げは必要ないが、塩分が付いた砂を集めるのは重労働だった。
（日本海水学会：「海水資源の利用」(1981)より）

伊勢神宮御塩殿

伊勢神宮では、御塩殿神社の入浜式塩田でかん水を取り平釜で炊き詰めて荒塩とし、三角錐に焼き固めた堅塩が神事に使われる。

写真7.調理の中の塩(1)

板ずり

キュウリやフキの緑がきれいに出る。塩を振り、まな板上でゴロゴロ押し転がす。フキの皮がむきやすくなり、味もしみ込みやすくなる。

塩もみ

キュウリ、キャベツ、大根等の野菜や魚介などに1%位の塩を振り、10分ほどおいて手でもんで水気を絞る。

立て塩

材料に塩味を含ませたり、魚介類を下洗いするときに3〜4%程度の塩水を用いる。

振り塩

魚、肉などに塩を振って身を締め、生臭みを取り塩味をつける。30cmくらいの高さから乾燥した塩をまんべんなく振る（尺塩）。

化粧塩（ひれ塩）

魚の焼き上がりをきれいにする。振り塩で出た水分をふき取り、尾ひれ、胸ひれ、背ひれにすり込む。

写真8.調理の中の塩(2)

強塩（べた塩）

全面が白くなるように塩をまぶす。青い魚に使う。身を締め、臭みを取り、旨味を出す。

紙塩

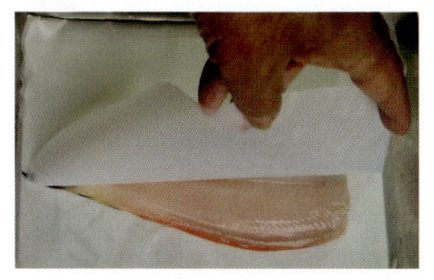

湿った紙で包みその上から振り塩をする。薄い塩味のお造りに使う。

ぬめりを取る

塩でもんで里芋などのぬめりを取る。

砂抜き

2〜3％の塩水につけ暗所に静かに置く。海水と同じ濃さにするのがこつ。塩水が濃すぎると口を開けない。

敷き塩

貝類などの盛りつけに使う。

序文

日本海水学会会長
中尾　真一

　日本で初めて塩に関わることばの辞典ができました。内容は、専門的解説ではなく、誰にでも分かるように平易に書かれています。塩のことで判らないことがあれば、「塩のことば辞典」を先ず見ていただく。塩に少しでも関心のある方、食に関心のある方、そういう方々の座右の書としていただければ幸いです。

　塩は塩化ナトリウムを主成分とする固体として定義されますが、この単純でしかもどこの台所にも転がっている品物はいつも脇役です。食べ物でもご飯、肉料理、魚料理、野菜などは、それぞれ主菜、副菜としての地位が確立していますが、塩を主にするものはありません。塩はすべての食材に使われ、味の決め手になりますが、調理科学や食品科学の中でも塩を主テーマに研究する人は稀なようです。どうしても米、肉、魚、野菜が主対象になり、塩に関わりはあるけれど素人というのが実情です。塩に関する言葉は単純な物質であるのに多岐にわたっており、塩の素人には分かりにくい、なじみのない言葉が多いようです。「塩のことば辞典」はそのような塩に関わりはあるが塩のことは素人という多くの方にきっと役に立つ1冊になることでしょう。

　平成9年塩専売廃止以来、塩の生産、流通に関わる方が増え、製品の種類も増加の一途を辿ってきています。市場の自由化とともに、塩に使われる言葉は多岐を極め、消費者は勿論、生産者にすら理解に苦しむ言葉も氾濫するようになってきました。塩は長く専売制で商品の種類が少なく、宣伝やPR活動も少なかったためか塩への関心が低く、「ことば」も一般的によく知られていません。市場の自由化とともに、宣伝活動も相まって商品に関する説明文も乱れて消費者の誤解を招いたり、選択するのに困ることも多く、表示適正化の活動が進められているとのことです。

　このような背景の中で、日本海水学会は60年前に日本塩学会として発足したのを契機としており、塩に最も関わりのある学会として活動してきた社会的責任もあるのではないか、という声に応えるべく、2003年に「塩のことば辞典」編集会議を開催。以来3年余、関係する方々の絶大なご努力をいただき発刊に至りました。企画、編集、執筆、校正、各段階でご苦労いただいた方々に感謝と敬意を表します。この書が多くの方々の塩に対する知識をより深める一助になることを期待しております。

発刊を祝して

前日本海水学会会長・慶應義塾大学理工学部教授
柘植　秀樹

　日本海水学会の理事会（2003年5月13日）に塩に関する用語集を出版してはどうかという意見が出たのが、この「塩のことば辞典」の生まれるきっかけでした。当時、2002年4月から塩事業の実質的な自由化が始まり、各種の塩製品が販売されるようになりました。しかしながら、消費者が誤認しやすいような宣伝広告や表示がかなり見られ、表示方法や表示基準が大きな問題となっていました。塩については用語規範もない状態で、塩業界としても業界の信頼が問われているとして危機感をいだいている時でした。そのため、塩業界をまとめる立場の日本塩工業会でも、用語の定義など塩に関する用語集を編纂する計画を進めようとしているときでした。

　今回の編集委員長をお引き受けいただいた尾方昇氏は当時日本塩工業会の技術部長で、日本海水学会の参与をなさっていました。こうしたバックグラウンドから、客観的、専門的立場から用語の定義を行うことができる日本海水学会で塩に関する用語集が発行できればと考えられ、理事会の賛同を得て塩に関する用語集編集委員会を設立し、自ら事務局をお引き受けくださいました。名称も塩の用語集よりは「塩のことば辞典」のほうがよかろうということになりました。

　工学、食品、医学、製造販売、ユーザー、歴史の分野から10名の編集委員が任命され、第1回の編集委員会が行われたのが2003年12月18日でした。用語の選定は事務局で行われ、理化学関係は海水総合研究所、市販品関係は製塩メーカー、歴史関係は日本塩工業会に所属されている日本海水学会会員で若い方32名が中心となり2004年3月末までに執筆作業を行い、4～6月に編集委員が査読を行いました。2006年6月9日最終の編集委員会が開催され、出版案が了承されました。最終の原稿チェックは海水総合研究所の協力のもとに行われました。

　この本が、本来の趣旨を生かして活用され、塩に関する用語のデータベースとして、利用されることを祈っています。

編集にあたって

「塩のことば辞典」編集委員長　尾方　昇

　塩はあらゆる食べ物の中で使われており、また塩がなければ生きていけない、人間にとって本質的に大切なものです。

　塩は人間生活にとって大切であり、大昔から百年前くらいまで極めて貴重なものでした。今はどこでも容易に手に入る最も安価な生活必需品です。しかし人間にとってその大切さが変わったわけではありません。今、塩をもう一度見直してみようという方もたくさんおられます。

　塩専売制が1997年に廃止になって以来、塩の製造、輸入、販売などに携わる人が急増して、市場には極めて多くの種類の塩が並ぶようになりました。また、マスコミの記事や宣伝も多くの方の目に触れるようになり、塩に関する関心も多岐にわたるようになっています。

　塩の産出の歴史は古く、塩は人類最初の商品といってもよいくらいで、それに関する用語も極めて多岐にわたっています。塩は古来最も身近にある食品でありましたが、塩作りは海浜の限られたところで行われてきたこともあって、一般には目に付かないことが多かったので、その用語も特殊なものが多く、塩の仕事に新規参入した人たちは、従来から使われてきた用語の意味が分からないとか、消費者からは宣伝や商品表記を見ても分からないという問題が生まれてきています。宣伝を中心にしたマスコミ情報の氾濫で、用語の定義自体も乱れている場合もあり、塩に関する言葉の意味をはっきりさせて欲しいという要望もあります。

　このような動きの中で、公正取引委員会が塩の表示を消費者の誤解がないように改めるよう警告し、業界でもそれに対応して食用塩公正取引協議会準備会を発足させてルール化を進めるという活動が始まりました。その中でも用語の定義が重要になっており、本書の発行は、誠に時機を得たものになったわけです。

　この編集に当たっては、第一に塩の専門家のための用語辞典ではなく、消費者に分かりやすい形で提供することに主眼をおきました。厳密さを犠牲にしても分かりやすくすること、塩の一般ユーザーに視点をおいて語句を選ぶようにしたつもりです。製造の専門的用語はなるべく使わない、SI単位にこだわらず広く使われている単位にする、英語表記は必ずしも必要としないなど、従来の辞典編集とは異なった方針を採用しました。しかし語句の選択に製塩の研究者が多かったこともあり、私自身が製塩の研究者であったことから、どうしても専門的用語が多くなったきらいは避けられなかったようです。

　忙しい方々にご協力を願い、3年余の時間をかけて今回出版にこぎつけましたが、内容も編集も未だとても十分なものとはいえません。執筆者の方々、編集委員の方々には大変ご苦労をおかけしましたが、最終的には編集委員長の私が責任を持って個々の字句修正、意見の一致を見ない部分の調整に当たりました。しかし、編集者の誤解や単純なミスなどによる誤りは恐らく避けがたいところがあります。未だ解釈が統一されてない部分については編集委員長の責任で書かれております。これらの修正はいずれ必要なことでしょうが、年齢的に改訂増補は私の責任でやれそうにもありません。せめて、今まで塩に関する用語辞典がなかった中でその嚆矢を放ったことでお許しを得るしかなく、後は諸賢のご批判、ご意見などをお聞きしながら、また次の世代が完成されることを願って市井に出すことにしました。また、読者の皆様からもご指摘をいただき次の世代に引き継ぎたいと考えております。なお、本書出版に当たっては、編集執筆者名簿に記載されていない塩事業センター、海水総合研究所、各製塩工場、日本塩工業会の多くの方々に執筆、校正にご協力いただき貴重なアドバイスを受けました。また素朴社の三浦信夫氏には編集に大変お世話になりました。ご協力いただいた各位にあらためて謝意を表します。

「塩のことば辞典」編集委員会

●編集委員長
尾方　昇　　社団法人日本塩工業会理事

●編集委員
伊沢千春　　味の素株式会社調味料食品
　　　　　　カンパニー食品第一部
今井　正　　自治医科大学名誉教授、財団
　　　　　　法人塩事業センター理事長
尾上　薫　　千葉工業大学工学部
　　　　　　生命環境科学科教授
田島　真　　実践女子大学
　　　　　　生活科学部教授
柘植秀樹　　慶應義塾大学理工学部
　　　　　　応用化学科教授
長谷川正巳　財団法人塩事業センター
　　　　　　海水総合研究所所長
畑江敬子　　和洋女子大学家政学部
　　　　　　生活環境学科教授
半田昌之　　たばこと塩の博物館
　　　　　　学芸課長
益子公男　　元財団法人塩事業センター
　　　　　　海水総合研究所所長
丸本執正　　伯方塩業株式会社社長

●執筆者
伊沢千春　　味の素株式会社
石川雅博　　株式会社日本海水讃岐工場
稲盛　勉　　ダイヤソルト株式会社
井上繁樹　　株式会社日本海水赤穂工場
今井　正　　自治医科大学名誉教授、財団
　　　　　　法人塩事業センター
岩崎哲夫　　株式会社日本海水讃岐工場
大坪篤示　　株式会社日本海水
　　　　　　小名浜工場
尾方　昇　　社団法人日本塩工業会
尾上　薫　　千葉工業大学
陰山　透　　株式会社日本海水讃岐工場
鴨志田智之　財団法人塩事業センター
　　　　　　海水総合研究所
加留部智彦　同上
久保田敏　　株式会社日本海水讃岐工場
古賀明洋　　財団法人塩事業センター
　　　　　　研究調査部、推進チーム

佐々木清次　ナイカイ塩業株式会社
佐藤和男　　鳴門塩業株式会社
鈴木正則　　株式会社日本海水讃岐工場
高島和行　　同上
田島　真　　実践女子大学
柘植秀樹　　慶應義塾大学
永谷　剛　　財団法人塩事業センター
　　　　　　海水総合研究所
中村彰夫　　同上
中山由佳　　同上
西村康弘　　ダイヤソルト株式会社
野田　寧　　財団法人塩事業センター
　　　　　　海水総合研究所
橋本慎司　　株式会社日本海水
橋本壽夫　　元財団法人
　　　　　　ソルト・サイエンス研究財団
畑江敬子　　和洋女子大学
花房史之　　社団法人日本塩工業会
半田昌之　　たばこと塩の博物館
渕脇哲司　　財団法人塩事業センター
　　　　　　海水総合研究所
眞壁優美　　同上
正岡功士　　同上
益子公男　　元財団法人塩事業センター
　　　　　　海水総合研究所
丸本執正　　伯方塩業株式会社
八本　功　　旭ソルト株式会社

●執筆協力者
堀部純男　　東京大学名誉教授
村上正祥　　社団法人日本塩工業会
長谷川充紀　元財団法人
　　　　　　ソルト・サイエンス研究財団
武本長昭　　元財団法人
　　　　　　ソルト・サイエンス研究財団

凡例

1. 項目名の記し方
アイウエオ順とし、ひらがな、漢字、英語、とし〔　〕で分類を記した。英文名は日本にしかないものについてはあえて記載していない。

2. 表示単位
単位は原則としてメートル法を使用。他については消費者が汎用している単位を用いることとし、SI単位にこだわらないこととした。

3. 同義語、参照
他に見出し項目があり、参照することでより詳細な内容が理解できるものを記載した。特例として、同義語、類似語、対義語、関連語がある場合は参照の前に示した。

4. 物質名
元素記号はなるべく避け、日本語表記とした。

5. 巻頭写真
カラー写真については本の最初に集約し、関連する項目に「巻頭写真参照」と記載した。

6. ＊の説明
本文中の＊は用語として記載のあるものを示す。

7. 分類
各項目には〔　〕で分類を記載した。分類別用語一覧は、各分類毎に記載項目を示した。
分類には多くの分野に関係する用語もあるが、便宜的に代表的な分類に入れており、分類の厳密性はない。分類には次の項目がある。

- 海水
- 採かん
- 煮つめ
- 加工包装
- 天日塩岩塩
- 副産
- 分析
- 塩種
- 利用
- 組織法律
- 健康
- 文化

目次

巻頭写真………3

1. 日本の製塩(1)：海水ろ過装置、膜濃縮装置、多重効用蒸発缶、遠心分離機
2. 日本の製塩(2)：乾燥機、食塩包装、平釜、焼き塩用焼成炉
3. 天日塩：砂漠型天日塩田、乾期型天日塩田、洗塩設備、天日塩の輸入
4. 岩塩、湖塩：岩塩鉱の採掘、塩湖、色のついた岩塩
5. 塩の結晶：立方晶、トレミー、凝集晶、球状晶、不定形、造粒
6. 昔の製塩：流下式塩田、揚浜式塩田、入浜式塩田、伊勢神宮御塩殿
7. 調理の中の塩(1)：板ずり、振り塩、塩もみ、化粧塩、立て塩
8. 調理の中の塩(2)：強塩、砂抜き、紙塩、敷き塩、ぬめりを取る

分類別用語一覧…19

総合解説…………39

塩のことば………………53

付表………………**201**

1. 海水の元素組成表……202
2. 国内塩主成分組成表……204
3. 輸入塩主成分組成表……206
4. にがり主成分組成表……207
5. 塩需給統計……208
6. 食用塩国際規格……209
7. 食用塩の安全衛生ガイドライン……212
8. 塩に関する資料館等……221
9. 単位換算表……223

分類別用語一覧

海水
採かん
煮つめ・煎ごう
加工・包装
天日塩・岩塩
副産
分析
塩種
利用
組織・法律
健康
文化

分類別用語一覧

　分類別用語は掲載した用語を海水、採かん、煮つめ、加工包装、天日塩岩塩、副産、分析、塩種、利用、組織法律、健康、文化に分類して一覧表としたものである。

　関連する用語としてどのようなものが採択されているかを知ることができる。この用語一覧には本文用語項目にない用語も収録されているが、参照を見ることにより理解することができる。

　分類は厳密なものではなく多くの関係する項目がある中の一つに入れられている。

　参照は内容説明が別の用語にある場合について記載した場合もあるので参照の項目も見て頂きたい。

　英文は日本でだけ独自に使われているものについては記載していない。

海水：製塩原料海水の用語、組成、汚染、ろ過などを含む

用語	参照	英文
赤潮		red tide, water bloom, harmful algal bloom
栄養塩類		nutrientsalts
FI値	濁度、MF値	fouling index
MF値	濁度、FI値	membrane filtration time
塩生植物		halophyte, halophytic plant, salt plant
塩分濃度	塩分量	salinity, salinity concentration
塩分量		salinity
海水の組成		composition of seawater
海水の物性		physical property of seawater
海水前処理	海水ろ過、砂ろ過	the seawater pretreatment process
海水ろ過	砂ろ過	filtration of sea water
海洋汚染	天日塩、残留農薬	marine pollution
海洋深層水	海洋深層水塩	deep seawater
海洋ミネラル	栄養塩類、ミネラル	marine mineral
環境GIS	海洋汚染	Geographic Information Science for environment
汽水		brackish water
逆洗	海水ろ過、砂ろ過	back wash
懸濁物質	濁質、濁度、FI値	suspended solids (SS)
除掃元素	スキャベンジング	scavenging element
人工海水		artificial sea water
親生物元素	栄養塩類、ミネラル	nutrient
深層水	海洋深層水	deep ocean water
スキャベンジング	除掃元素	scavenging
濁質	懸濁物質	suspended matter
濁度		turbidity
透明度		transparency
保存元素		conservative element
溶存ガス		dissolved gas
溶存酸素	溶存ガス	dissolved oxygen
冷却水	海水利用工業	cooling water

採かん：現在使われている海水濃縮。歴史的なものは文化に分類した

用語	参照	英文
RO	逆浸透	reverse osmosis
アニオン	イオン	anion
イオン		ion
イオン交換		ion exchange
イオン交換膜	イオン交換膜電気透析法	ion exchange membrane
イオン交換膜製塩法	膜濃縮煎ごう法	salt manufacture by ion exchange membrane
イオン交換膜電気透析槽		electrodialyzer
イオン交換膜電気透析法	イオン交換膜製塩法	ion exchange membrane electrodialysis
イオン篩	イオン交換膜	ion sieve
陰イオン交換膜	イオン交換膜	anion exchange membrane
FI値	濁度、MF値	fouling index
MF値	濁度、FI値	membrane filtration time
海水淡水化		desalination
ガスケット	イオン交換膜電気透析槽	gasket
カチオン	イオン	cation
かん水		brine
かん水精製		refining of brine
逆浸透	RO	reverse osmosis
極室	イオン交換膜電気透析槽	electrode room
限界電流密度		limiting current density
採かん		concentration of seawater
潮道	イオン交換膜電気透析槽	distributor
枝条架	流下式塩田	evaporator by bamboo shlves
純塩率		Nacl purity
水解		water splitting
水槽型電気透析槽		
スタック	イオン交換膜電気透析槽	stack
砂ろ過	海水ろ過	sand filter
スペーサー	イオン交換膜電気透析槽	spacer
選択透過係数		permselectivity coefficient
選択透過性		permselective property
脱塩室	イオン交換膜電気透析槽	diluting compartment
電気透析	イオン交換膜電気透析法	electrodialysis
電流効率		current efficiency
電流密度		current density
ネット式		condensation unit of net-type
濃縮缶		brine concentration pan
濃縮室	イオン交換膜電気透析槽	concentrating compartment
薄膜流下型蒸発缶		falling film evaporator
半透膜	逆浸透	semipermeable membrane
ファウリング		fouling
膜濃縮	イオン交換膜電気透析法	
陽イオン交換膜	イオン交換膜	cation exchange membrane
流下盤	流下式塩田	condensation unit of plate-type

煮つめ・煎ごう：蒸発缶からにがり分離までの工程

用語	参照	英文
育晶		crystal growth
育晶缶	育晶	crystallizer
異種金属接触腐食	電位差腐食	bimetaric corrosion
居出場	平釜	
液泡		liquid inclusion
エゼクター加圧法		ejector compression system
FRP	プラスティック系材料	fiber rein forcedplastics
遠心分離機		centrifuge, centrifugal machine
黄銅	銅系合金	brass
応力腐食割れ		stress corrosion cracking
オーステナイト	ステンレス鋼	austenite
オスロ缶	育晶	Krystal-Oslo type crystallizer
温泉熱製塩		salt production by hot-spring water
加圧式製塩法	自己蒸気加圧法	salt manufacture by auto-vaper compression evaporation
潰食		erosion-corrosion
海水直煮製塩法		salt production by direct evaporation of seawater
外側加熱循環型蒸発缶	立釜	outside-heating type crystallizer
核化	結晶成長	nucleation
加工助剤		processing aid
加熱缶	外側加熱循環型蒸発法	heat exchanger
過飽和		supersaturation
過飽和度		supersaturation degree
完全混合型	外側加熱循環型蒸発缶、蒸発缶	perfect mixing type
逆循環	外側加熱循環型蒸発缶	reverse circulating
キュプロニッケル	伝熱管	cupro-nickel
凝集		aggregation, flocculation, cohesion
凝集塩	凝集	aggregated salt
局部腐食	均一腐食	local corrosion
均一腐食	局部腐食	general corrosion
クラッド鋼		clad steel
グレイナー法		grainer process
結晶缶	蒸発缶	crystallizer
結晶成長	晶析	crystal growth
孔食		pitting corrosion
コジェネレーション	電蒸バランス	cogeneration
混和再製	再製	recrystallization using mixed solution
再製	溶解再製、天日塩再製	recrystallization
再製加工塩	再製	recrystallization salt
SUS	ステンレス鋼	
自己蒸気機械圧縮方式	蒸気加圧法	
縮合リン酸塩		condensed phosphate
蒸気圧		vapor pressure
蒸気加圧法	自己蒸気機械圧縮方式、加圧式製塩法	vapor compression evaporation
晶析		crystallization
蒸発缶	立釜、平釜	evaporator, evaporation pan
蒸発倍数	多重効用法	coefficient of vapor utilization
晶癖	媒晶剤	crystal habit
消泡剤		deforming agent
真空式蒸発缶	真空式製塩法	vacuum pan, vacuum evaporator
真空式製塩法	多重効用法	salt manufacture by vacuum evaporation process

隙間腐食		crevice corrosion	
スケール		scale	
スケール防止剤		anti-scaling agent, scale inhibitor	
ステンレス鋼	SUS	stainless steel	
スラリー		slurry	
正循環	外側加熱循環型蒸発缶	normal-circulating	
繊維強化プラスチック		fiber rein forced plastics	
煎ごう	煮つめ	crystallization, evaporation	
煎ごう終点	煮つめ濃度、にがり	final evaporation point	
ソルチングアップ		salting up	
ソルトアウト法		salting-out method	
ソルトレッグ	外側加熱循環型蒸発缶	salt leg, classifying leg	
多重効用法	真空式製塩法	multiple-effect evaporation	
脱気器		degasser	
脱水機	遠心分離機	dehydrator	
脱成分腐食		selective corrosion, dealloying	
立釜	蒸発缶	vertical pan, vertical evaporator	
種晶	種添加法	seed crystal	
種添加法	種晶	seeded crystallization	
チタン		titanium	
鋳鉄		cast iron	
直煮式製塩法	海水直煮製塩法	salt production method by direct evaporation of seawater	
電位差腐食	異種金属接触腐食	galvanic corrosion	
電気防食		electric protection	
電蒸バランス	コジェネレーション	supply balance of electricity and vapor	
伝熱管		heat transfer tube, heat exchanger tube	
天日塩再製	再製	recrystallization of solar salt	
銅系合金		copper alloy	
同伴母液	母液	accompanying mother liquid	
軟鋼		mild steel	
二相ステンレス鋼		duplex stainless steel	
ニッケル系合金		nickel alloy	
煮つめ	煎ごう	evaporation, crystallization	
煮つめ濃度	煎ごう終点	concentration of mother liquid	
熱伝導度		thermal conductivity	
媒晶剤	晶癖	habit modifier	
薄膜流下型蒸発缶		falling film evaporator	
バロメトリックコンデンサー	真空式製塩法	barometric condenser	
標準缶	蒸発缶	calandria type crystallizer	
平釜	平釜式製塩法	open pan, flat pan	
平釜式製塩法	煎ごう、平釜、平釜塩	open pan system of sait making	
フェライト	ステンレス鋼	ferrite	
フェライト系ステンレス鋼	ステンレス鋼	ferritic stainless steel	
不完全混合型	蒸発缶、平釜	mixed-bed type	
腐食	応力腐食割れ、孔食、隙間腐食、電位差腐食	corrosion	
腐食疲労		corrosion fatigue	
付着母液	母液、にがり塩	adherent mother liquid on crystal	
沸点上昇		elevation of boiling point	
不動態		passive state	
プラスチック系材料		plastic material	
噴霧乾燥法		spray drying	
分離母液	母液	separated mother liquid by centrifugal separation	

用語	参照	英文
ボイラー		boiler
母液	付着母液、にがり	mother liquid
母液注加法		addition method of mother liquid
迷走電流腐食		stray current corrosion
モネル		monel
溶解再製	再製	recrystallization
溶存酸素	溶存ガス	dissolved oxygen
ライニング		lining
粒界腐食		intergranular corrosion
流動床ボイラー		fluidized bed boiler

加工・包装

用語	参照	英文
一貫パレ		whole palletizing system through production to distribution
異物検出器	金属探知機、異物	detector of foreign matter
ウェイトチェッカー		weight checker
塩基性炭酸マグネシウム	炭酸マグネシウム	basic magnesium carbonate
カートン		carton
攪拌機		mixer, stirrer
乾燥機		dryer
吸放湿固結	固結	caking through moisture absorption and release
気流乾燥		flush drying
金属検知器		metal detector
クラフト紙	ポリエチレン	kraft paper
クロス袋		laminated package of plastic and paper
固結	固結防止剤	caking
固結強度		caking strength
固結防止剤	炭酸マグネシウム	anticaking agent
混合		mixing
混合機		mixing machine
サイロ		silo
JANコード	バーコード	JAN code
焼成	焼き塩	burning
除鉄器		metal separator
振動乾燥機		vibrating dryer
振動ふるい		vibrating sieve, vibrating screen
水平振動混合機	混合機	horizontal vibration mixer
ナウターミキサー	混合機	Nauter mixer
バーコード		bar-code
パレット	一貫パレ	pallet
Ｖミキサー	混合機	V-mixer
フェロシアン化物	YPS,YPP	ferrocyanides
フードチェーン		food chain
フレコン		flexible container
粉砕機		crasher
防湿	包装材料	moisture proofing, prevention of moisture
包装材料		packaging material (s)
ポリエチレン	クラフト紙	polyethylene
リボン混合機	混合機	ribbon-mixer
流動乾燥		fluidized drying
リン酸水素ナトリウム		sodium dihydrogen phosphate
ＹＰＳ	フェロシアン化物	yellow prussiate of potash

天日塩・岩塩：湖塩、地下かん水などを含む

用語	参照	英文
井塩		well salt
塩湖	塩水湖、湖塩	salt lake
塩水湖	塩湖	salt lake
塩性土壌	塩砂漠	saline soil
塩泉		salt spring
塩土	塩砂漠	playa
オクセニウス理論	岩塩	Ochsenius Theory
乾式採鉱法	岩塩	dry mining
結晶池	天日製塩法	solar crystallization pond
ゲランド		Guérande
好塩菌		halophile
好塩性微生物		halophilic microorganism
高度好塩菌		extreme halophile
塩砂漠		salt desert
死海	塩湖	Dead Sea
セレックス法	洗浄	selex method
洗浄		washing
ソルトアウト法		salting-out method
天然かん水		natural brine
天日塩田	天日製塩法	solar salt field
天日製塩法	天日塩	salt making of solar salt
土塩		playa salt
溶解採鉱	岩塩	solution mining
らせん洗浄法	洗浄	classifier washing

副産：にがり（苦汁）およびにがり工業製品

用語	参照	英文
越冬にがり		wintering bittern
塩化カリウム	粗製海水塩化カリウム、低ナトリウム塩	potassium chloride
塩化カルシウム		calcium chloride
塩化マグネシウム	にがり	magnesium chloride
塩化マグネシウム含有物	粗製海水塩化マグネシウム	
塩化カルシウム系にがり	にがり	
塩基性塩化マグネシウム	塩化マグネシウム	basic magnesium chloride
塩田にがり	硫マ系にがり、にがり	bittern made in field
カーナライト		carnallite
海水利用工業		seawater industry
苦汁	にがり	bittern
苦汁カリ塩		
苦汁工業	にがり工業	bittern industry
固形にがり	にがり	
酸化マグネシウム		magnesium oxide
臭素	臭物イオン	bromine
蒸発法にがり	にがり、硫マ系にがり	bittern made through evaporation
石こう	硫酸カルシウム	gypsum
粗製海水塩化カリウム	苦汁カリ塩	
粗製海水塩化マグネシウム	にがり	
脱臭にがり	にがり	
炭酸カルシウム		calcium carbonate
炭酸マグネシウム		magnesium carbonate
生にがり	にがり	bittern(fresh bittern, crude bittern)
にがり		bittern
にがり工業		bittern industry
にがり水	にがり	
濃厚にがり	にがり	concentrated bittern
複塩		double salt
芒硝		mirabilite
膜法にがり	にがり	bittern made by membrane method
硫酸カルシウム	石こう、スケール	calcium sulfate
硫酸ナトリウム	芒硝	sodium sulfate
硫酸マグネシウム		magnesium sulfate
硫マ系にがり	にがり	

分析：組成分析、粉粒体の物性など、検査法に関わるもの

用語	参照	英文
ICP発光分光分析法		ICP atomic emission spectrometry
アストラカナイト	複塩	astrakanite
圧縮度	流動性	compression degree
アルカリ度		alkalinity
安息角	流動性	angle of repose
イオンクロマトグラフ		ion chromatography
イオン結合		ionic bond
イオン組成	塩類組成	ion composition
一般生菌数		number of general germs
異物	異物検出器	foreign matter (materials)
浮秤比重計	サリノメーター	hydrometer
ウエットベース	湿量基準、ドライベース	wet -base
X線回折		X-ray diffraction
塩		salt
塩化物イオン		chloride ion
炎光光度法		flame photometry
塩素イオン	塩化物イオン	chloride ion
塩分	塩分量	salinity
塩分計	サリノメーター	salinometer
塩類組成	イオン組成	salts composition
カーナライト	複塩	carnallite
カールの流動性指数		Carr's flowability index
カイナイト	複塩	kainite
かさ密度	見かけ密度	bulk density
かためかさ密度	かさ密度	bulk density of tight packing
カルシウム		calcium
環境ホルモン	内分泌攪乱物質	endocrine disrupters
関係湿度	相対湿度	relative humidity
乾量基準	ドライベース	dry base
乾物基準	ドライベース	dry base
吸光光度法		absorption spectrophotometry
凝固点降下	氷点降下	depression of freezing point
夾雑物		impurity
空隙率		void fraction
屈折率		refractive index
グラウベライト	複塩	glauberite
グラゼライト	複塩	glaserite
クロマトグラフィー		chromatography
蛍光X線分析		X-ray fluorescence analysis
結晶形状		crystal form
結晶水		water of crystallization
原子吸光法		atomic absorption spectrometry
硬度	モース硬度	hardness
固結率		rate of caking
サリノメーター	塩分計、ボーメ比重計	salinometer
残留農薬	環境ホルモン、ポジティブリスト	agricultural chemical residue
シェナイト	複塩	schoenite
塩試験方法		method of salt analysis
色差		color difference
湿量基準	ウェットベース	wet base

臭化物イオン	臭素	bromine ion
重金属		heavy metal
充填率	空隙率	packing fraction
主成分分析		analysis of major component
純度	純分	purity
純分	純度	purity
シンゲナイト	複塩	syngenite
真比重		ture specific gravity
水素イオン濃度	ペーハー、ピーエイチ	hydrogen ion concentration
水分の分析	乾燥減量、加熱減量	analysis of moisture
スクリーニング		Screening
スパチュラ角		spatula angle
精度管理		QC: Quality Control, Proficiency Test
生物検査		biological test
赤外線水分計	水分の分析	infrared moisture analyzer
赤外線分析		infrared analysis
相対湿度	関係湿度	relative humidity
粗充填かさ密度	かさ密度	bulk density of loose packing
大腸菌群数		colibacillus colony
タキハイドライト	複塩	tachyhydrite
定量下限		Quantitation Limit
ドライベース	乾量基準、乾物基準	dry base
内分泌攪乱物質	環境ホルモン	endocrine disrupting chemicals
にがり成分		component of bittern
粘度		viscosity
白色度		whiteness
ppm		Part Per Million
比重	密度	specific gravity
比熱		specific heat
比表面積		specific surface
氷点降下		drop of freezing point
微量成分の分析		analysis of trace components
ファントファイト	複塩	vanthoffite
付着性		adhesion
不溶解分	塩の組成（巻末付表2、3）	insoluble matter
フリーフローイング試験器		free flowing tester
平均粒径	粒径分布	mean particle diameter
pH	水素イオン濃度	pH
ペンタソルト	複塩	pentasalt
飽和		saturation
ボーメ度		Baume's degree
ボーメ比重計	サリノメーター	Baume's hydrometer
ポリハライト	副産塩	polyhalite
マグネシウム	にがり	magnesium
見かけ密度	かさ密度	bulk density
密充填かさ密度	かさ密度	bulk density of tight packing
密度		density
明度		lightness
モース硬度	硬度	Mohs'hardness
有機臭化物	臭化物イオン	organotion bromide
ゆるめかさ密度	かさ密度	bulk density of loose packing
溶解性		solubility

用語	参照		英文
溶解速度			dissolution speed
溶解度			solubility
溶状			solution state
ラングバイナイト	複塩		langbeinite
粒径	粒度		particle diameter
粒径分布	粒度分布		particle diameter distribution
硫酸イオン			sulfate ion
粒度	粒径		particle diameter
流動性			flowability
臨界湿度			critical humidity
レヴェイット	複塩		loeweite
レオナイト	複塩		leonite

塩種：塩の種類、呼称の定義に関するもの

用語	参照	英文
あらじお(粗塩、荒塩)	平釜、フレーク塩	
イオン膜立釜方式	膜濃縮煎ごう法、イオン交換膜	
煎り塩	炒り塩、焼き塩	roasted salt
塩化ナトリウム	塩、食塩	sodium chloride
塩種分類		classification of salt
海塩		sea salt
海洋深層水塩	海洋深層水	
化学塩	自然塩	
加工塩		processed salt
家畜用塩		animal feed salt
家庭用塩		household salt
カリウム添加塩	低ナトリウム塩	potassium fortified (added) salt
顆粒塩		granulated salt
岩塩	オクセニウスの理論	rock salt
乾燥塩		dried salt
球状塩		bead salt
凝集塩	凝集	aggregated salt
局方塩		pharmaceutical salt
グロセル		gros sel
ゲランド		Guérande
原塩	天日塩	crude salt
鉱塩	家畜用塩	animal feed salt
高純度塩		high pure salt
湖塩		lake salt
国産塩	国内塩	domestic salt
国内塩	国産塩	domestic salt
ごま塩		sesami sait
散塩		bulk salt
塩の花	フルードセル	flower of salt
塩の分類	塩種分類	classification of salt
自然塩	化学塩	natural salt
樹枝状塩		dendrite
純国産塩		genuine salt of domestically produced
食塩		(table) salt
食塩代替物		substitute for salt
食卓塩		table salt

針状塩	柱状塩	acicula salt
生活用塩		household salt
精製塩	高純度塩	refined salt
精選特級塩		
泉塩	井塩	
煎ごう塩	煮つめ塩	evaporated salt
センター塩	生活用塩	
洗滌塩	洗浄	washed salt
造粒塩		grained salt, granulated salt
粗粒子塩	育晶	salt of coarse grained
代替塩		substituted salt
大粒	白塩	
大粒ワイド	白塩	
竹塩	焼き塩	bamboo salt
タブレット塩	造粒塩	tablet salt
着色塩		colored salt
柱状塩	針状塩	columnar salt
中粒	白塩	
中粒ワイド	白塩	
つけもの塩		pickles salt
低ナトリウム塩		low sodium salt
天日塩	天日塩田、天日製塩法	solar salt
特殊製法塩	特殊用塩	
特殊用塩		
特級塩		
特級精製塩		
トレミー		tremie
並塩		
にがり塩		
白塩		
薄片状塩		film salt
備蓄塩		stored salt
微粉塩	微粒塩	fine powder salt
平釜	平釜、平釜製塩法	made by open pan system of salt
微粒塩	微粉塩	fine salt
副産塩		by-product salt
ブリケット塩	造粒塩	brick salt
フルードセル		fieurdesel
フレーク塩		flake salt
粉砕塩		crashed salt
分類	塩種分類	classification
膜濃縮煎ごう塩	イオン交換膜電気透析法	vacuum salt using membrane
未乾燥塩		wet salt
ミネラル塩	ミネラル	mineral salt
藻塩	藻塩焼	
焼き塩	炒り塩	baked salt
溶融塩		molten salt
ヨード添加塩		iodine salt
立方晶		cubic crystal

利用：料理に使う、工業的利用などを含む

用語	参照	英文
あく抜き		removal of harsh taste
浅漬け		vegitable lightly pickled
当て塩	振り塩、尺塩	
甘塩		slight salted, salt slightly
塩梅		
閾値		threshold value
いくら	魚卵加工	
板ずり		
炒り塩	煎り塩、焼き塩	roasted salt
一夜干し	一塩干し	
色止め		preservation of color, fixing of color
潮汁		
潮煮		
薄塩	塩加減	slightly salted, lightly salted
旨み成分		umami constituent
梅酢	梅漬け、桜漬け	ume vinegar
梅漬け	梅干し	pickled ume
梅干し	梅漬け	
塩害		salt damage
塩乾		salting and drying
塩酸		hydrochloric acid
塩素		chlorine
塩蔵		salting
塩味	食塩嗜好、食塩欲求	salty taste
塩味調味料		salty seasoning
飾り塩	化粧塩	
褐変防止	酸化防止	prevention of browning
紙塩	塩締め	
皮なめし		leather tanning
官能評価		sensory evaluation
顔料		pigment
魚醤		fermented fish sauce
魚卵加工		roe processing
口塩		
化粧塩		
減塩醤油	醤油	low salt soy-sauce
工業用塩		industrial salt
硬水軟化	樹脂再生	water softening
魚の塩蔵	立て塩、振り塩	salting fish
桜漬け		salted cherry blossom
酸化防止作用		oxidization prevention action
塩打ち		
塩押し		
塩加減		
塩かど		saltiness
塩辛		salted fish guts
塩締め		pretreatment of fish with salt
塩消費量		
塩出し	塩抜き、呼び塩、迎え塩	

塩漬け	塩乾	pickling with salt (or brine), salted food
塩馴れ		salty moderating
塩抜き	塩出し、呼び塩、迎え塩	remove the salt from foodstuff
塩の自給率		the self-sufficiency rate in salt
塩引き		salt-curing
塩干し		salted and dried fish
塩むき		shelled clam
塩灸		
塩蒸し		steaming the salted food
塩目		
塩物		salted fish
塩もみ		seasoning with salt
塩焼き		broil (fish) with salt
塩焼け		salt burning
塩茹で		boil (food) with hot salt water
肉醤	魚醤、塩辛	fermented meat sauce
尺塩	振り塩、当て塩	
樹脂再生	硬水軟化	regeneration of ion-exchange resin
醤油	減塩醤油	soy sauce
浸透圧	逆浸透	osmotic pressure
水酸化ナトリウム		sodium hydroxide
水分活性		water activity
すじこ	魚卵加工	
底塩	口塩	
ソーダ工業	水酸化ナトリウム	chlor-alkali industry
ソーダ工業用塩		salt for chlor-alkali industry
ソーダ電解		electrolysis of sodium chloride for caustic soda
立て塩	塩締め、塩抜き	brine salting or brine washing
たらこ	魚卵加工	
蛋白質凝固作用		protein solidification action
蛋白質溶解作用		protein dissolution action
呈味		gustation
凍結防止塩	道路用塩	deicing salt
道路用塩	凍結防止塩	deicing salt, road salt
土壌処理		soil treatment
軟水用塩	樹脂再生	salt for water softening
練り製品		boiled fish paste
発酵調整		fermentation adjustment
浜焼き		
一塩物		(a fish) slightly salted
一塩干し	一夜干し	a salted cured fish
ひれ塩	化粧塩	
ブライン冷凍		brine freezing
フラックス		flux
振り塩	当て塩、尺塩	
べた塩		
味噌		miso
味蕾		a taste bud
無塩		saltless, salt-free
迎え塩	塩抜き、呼び塩、塩出し	
用途	塩消費量	
呼び塩	塩抜き、迎え塩、塩出し	soaking food in thin salt water

組織・法律：塩に関わる団体、関連する法律と用語

用語	参照	英文
ISO		International Organization for Standardization
安全安心国産塩マーク		The Symbol Mark of Safty for Domestic Salt
安全衛生基準認定マーク		Certification Mark of Harmless and Hygiene
閾値		threshold value
一括表示	枠内表記、原産地表示	package measure of labeling
栄養機能食品		functional food of nutrition
栄養表示基準		nutritional ingredient label,nutritional ingredient claim
FAO	国際連合食糧農業機関	Food and Agriculture Organization
塩業近代化臨時措置法	塩業整備	
買入れ契約等に適用する製造に係る基準	センター塩	Good Manufacturer Practice for contract of purchase about salt
海水総合研究所	塩事業センター	Research Institute of Salt and Sea Water Science
環境基準	生活用塩、製造基準	Environmental Quality Standards of Japan
キャリーオーバー	食品添加物	carry over
強調表示		emphasis label on highlighting
景表法	公正競争規約	Law for Preventing Unjustifiable Extra or Unexpected Benefit and Misleading Representation
計量法		Measurement Law
健康増進法	栄養改善法	Health Regime Act
原産国		country of origin
原産地表示		indication of origin
公正競争規約	景表法	Fair Competition Rules
合同残留農薬専門家会議	残留農薬専門家会議	JMPR
		Joint:FAO/WHO Meeting on Pesticide Residues
国際規格	食用塩国際規格	Codex alimentarius
国際塩シンポジウム		International Symposium on Salt
国際食品規格委員会	CODEX	Codex alimentarius commission
国際標準化機構	ISO	International Organization for Standardarization
国際連合食糧農業機関	FAO	Food and Agriculture Organization
CODEX	食用塩国際規格	Codex alimentarius commission
コンプライアンス		compliance
最大残留基準値	CODEX	MRL：Maximum Residue Limit
残留性有機汚染物質	POPs	Persistent Organic Pollutants
残留農薬専門家会議	FAO, WHO	JMPR
GMP		Good Manufacturing Practice
塩卸売業		salt wholesaler
塩小売人		salt retailer
塩事業センター		The Salt Industry Center of Japan
塩事業法	塩専売法	Salt Business Law
塩製造業		salt industry
塩特定販売業		
塩の品質に関するガイドライン	食用塩の安全衛生ガイドライン	Guideline on the quality of salt
塩元売	塩卸売業	salt wholesaler
塩輸送	一貫パレ	
塩輸入業	塩特定販売業	salt importer
自給率		self-supporting ratio
JAS法		Japanese Agricultural Standard
重要管理点	HACCP、ハザード	Critical Control Points
賞味期限	品質保持期限	shelf life
食品安全委員会	食品安全基本法	Food Safety Commission

食品安全基本法	食品安全委員会	The Food Safety Basic Law
食品衛生法	食品添加物	Food Sanitation Law
食品添加物	食品衛生法	food additive
食品添加物公定書	食品衛生法	Japan's Specifications and Standards for Food Additives
食品添加物専門家会議	FAO、WHO	JECFA:FAO/WHO Joint Expert Committee on Food Additives
食用塩公正取引協議会		The Fair Competition Code of the Salt
食用塩国際規格	巻末付表6	Codex Standard for Food Grade Salt
食用塩の安全衛生ガイドライン	巻末付表7	Guideline of Harmless and Hygiene on Edible Salt
飼料添加物		feed additive
水質汚濁防止法		Water Pollution Control Law
推定一日摂取量	理論最大一日摂取量	EDI：Estimate Daily Intake
製造所固有記号		specific mark of lab
製造物責任法	PL法	Product Liability Act
世界保健機関		WHO：World Health Organization
ソルト・サイエンス研究財団		The Salt Science Reseach Foundation
たばこと塩の博物館	巻末付表8	Tobacco & Salt Museum
WHO	世界保健機関	World Health Organization
動物用医薬品	薬事法	Veterinary Medicinal Product
特定保健用食品		food for specified health use
毒物及び劇物取締法	毒物及び劇物	Poisonous and Deleterious Substances Control Law
特別用途食品	低ナトリウム塩	food for special dietary use
トレーサビリティシステム		traceability system
日本海水学会		The Society of Sea Water Science,Japan
日本塩回送		Nippon Shio Kaiso Co.,LTD
日本塩工業会		The Japan Salt Industry Association
日本自然塩普及会		Association of Natural Salt Prevalence Japan
日本食用塩研究会	日本自然塩普及会	
農薬取締法		Agricultural Chemicals Regulation Law
農薬の水質評価指針	環境基準	Water Quality Guideline for Agricultural Chemicals
HACCP		hazard analysis and critical control points
ハザード（危害要因）	HACCP、リスク	hazard
販売特例塩	特例塩	
品質保持期限	賞味期限	quality preservation period
不正競争防止法		Unfair Competition Prevention Law
不当景品不当表示防止法	景表法	Unfair Competition Prevention Law
保健機能食品		food with health claims
ポジティブリスト	残留農薬	Positive List
POPs	残留性有機汚染物質	
輸入塩		imported salt
リスク	ハザード	risk
リスク管理	リスク評価	risk management
リスクコミュニケーション	リスク分析	risk communication
リスク評価	食品安全基本法、HACCP	risk assessment
リスク分析	リスク評価、リスク管理	risk analysis
枠内表示	一括表示	collectivity labeling

健康

用語	参照	英文
アルキル水銀		alkyl mercury
安全係数	一日許容摂取量	safety factor
胃がん		stomach cancer, gastric cancer
一次性高血圧		primary hypertension
一日許容摂取量(ADI)	無毒性量、無作用量	Acceptable Daily Intake
インターソルト・スタディ		intersalt study
ウイルス		virus
栄養所要量	食塩摂取量	required intake of nutrition
栄養表示基準		nutritional ingredient label
疫学		epidemiology
SHR	自然発症高血圧ラット、SHRSP、高血圧	spontaneously hypertensive rat
SHRSP		spontaneously hypertensive rat stroke prone
LD50		50% lethal dose
塩分欠乏		salt deficiency
塩浴	食塩泉、塩湯	salt bath
汚染物質		contaminant
海洋療法	タラソテラピー	thalassotherapy
カビ毒		mycotoxin
急性毒性	LD50	acute toxicity
血圧	ディッパー	blood pressure
減塩効果	高血圧	effect of salt reduction
ゴイター	甲状腺腫	goiter
高カリウム血症		hyperkalemia
高血圧	血圧	hypertension
甲状腺腫	ゴイター	goiter
高ナトリウム血症		hypernatremia
国民栄養調査	食塩摂取量	national survey of nutrition intake
催奇形性		teratogenicity
細胞外液	ナトリウムポンプ	extracellular fluid
細胞内液	ナトリウムポンプ	intracellular fluid
塩罨法		thermotherapy with salt
塩茶		salt tea
塩貯留		salt (sodium) retention
塩枕		salt pillow
塩マッサージ	マッサージソルト	salt massage
塩湯	塩浴、食塩泉	
塩湯治	塩浴、塩湯、食塩泉	
自然発症高血圧ラット	SHR	spontaneous hypertensive rat
食塩仮説		salt hypothesis
食塩感受性		salt sensitivity
食塩嗜好		salt preference
食塩摂取量	栄養所要量	salt intake
食塩泉	塩浴、塩湯	salt spring
食塩相当量		equivalence of sodium chloride
食塩抵抗性		salt resistance
食塩欲求	塩味、塩分欠乏	salt appetite
食事摂取基準	栄養所要量	dietary reference intakes
人工透析		artificial dialysis
生活習慣病	成人病	life style disease

35

成人病	生活習慣病	
生理食塩水		physiological saline solution
ダイオキシン類		dioxins
ＤASH食		dietary approaches to stop hypertension
タラソテラピー	海洋療法	thalassotherapy
腸炎ビブリオ	好塩性微生物	Vibrio parahaemolyticus
ディッパー	高血圧	dipper
低ナトリウム塩		low sodium salt
低ナトリウム血症		hyponatremia
適塩	減塩効果	moderate salt intake
電解質バランス	ミネラルバランス	mineral balance
毒物・劇物	毒物及び劇物取締法	poisonous substance・deleterious substance
ナトリウム欠乏症		sodium deficiency
ナトリウムポンプ	細胞外液、細胞内液	sodium pump
二次性高血圧	高血圧	secondary hypertension
農薬	農薬取締法	agricultural chemical
ノンディッパー	高血圧	non-dipper
発がん性		carcinogenicity
PCB	ポリ塩化ビフェニル	PCB
必須ミネラル	ミネラル	essential mineral
ポリ塩化ビフェニル（PCB）	ダイオキシン類	polychlorobiphenyl
本態性高血圧	高血圧	essential hypertension
マッサージソルト	塩マッサージ	massage salt
慢性毒性	無作用量	chronic toxicity
ミネラル	必須ミネラル	mineral
ミネラルバランス	ミネラル、ミネラル塩	mineral balance
無塩文化		no salt culture
無作用量(NOEL)		No Observed Effect Level
無毒性量(NOAEL)		No Observed Adverse Effect Level
目標食塩摂取量		recommended upper limit of salt intake
有機燐		Organic Phosphorus
輸液	リンゲル液	infusion of body fluids
ヨード欠乏症		iodine deficiency
理論最大一日摂取量	一日許容摂取量	TMDI：Theoretical Maximum Daily Intake
リンゲル液	輸液	Ringer's solution

文化：歴史、ことわざ

用語	参照	英文
青菜に塩		
揚浜	塩浜、塗り浜	
あじろ釜		
石釜		
入浜塩田	塩浜、塩田、揚浜、古式入浜	
塩業整備		
塩商		salt merchant
塩税		salt tax
塩鉄論		
塩田	天日塩田	salt farm
お祓い塩		
堅塩	御塩殿神社	
釜屋		
鹹砂		
義塩		
傷口に塩		
清め塩	お祓い塩	
古式入浜	塩浜、入浜塩田	
差し塩	真塩	
サラリー		salary
塩廻船		
塩釜		salt pan
塩竃		
塩竃神社		
塩垢離		
塩専売制		salt monopoly system
塩専売法	塩専売制、塩事業法	salt monopoly law
塩断ち		
塩たらず		
塩土老翁		
潮時を見る		
塩なめて来い		
塩の行進		salt march
塩の花		
塩の道		salt road
塩花		
塩は食肴の将		
塩浜	塩田、揚浜	
塩払い		
しおらしい		
塩を踏む		
十州塩		
製塩土器		earthenware to make salt
専売塩		monopoly salt
地の塩		salt of the earth
手塩にかける		
鉄釜		
特例塩		
土俵の塩		

浪の花			
ナメクジに塩			
日本専売公社	塩事業センター	The Japan Monopoly Corporation	
日本たばこ産業株式会社		Japan Tobacco Inc.	
沼井	塩田		
塗り浜	揚浜		
灰塩	藻塩焼		
浜子	塩田、入浜塩田		
米塩の資			
真塩	差し塩		
御塩殿			
味噌に入れた塩			
藻塩焼	藻塩		
盛り塩			
流下式塩田			

総合解説

1. 塩資源
1-1 海水
1-2 岩塩
1-3 その他の塩資源

2. 製 塩
2-1 濃縮方法（採かん）
2-2 晶析方法（煎ごう）
2-3 外国の製塩方法
2-4 晶析後の処理

3. 製 品
3-1 塩の種類
3-2 塩の組成、物性
3-3 塩の業界
3-4 品質や表記に関わる規則
3-5 にがり

4. 利 用
4-1 用途
4-2 塩の役割
4-3 味
4-4 健康

5. 文 化
5-1 歴史
5-2 伝承

1. 塩資源

1.1 海水

塩資源の根元はすべて海水に起因する。岩塩もその起源は海水とする説が一般的である。

海水中の塩類濃度は約3.5%、溶存する塩類の99.9%は表に示してあるイオン類で占められていて主成分と呼ばれている。主成分の組成比は世界中どこの海水をとっても一定である。

海洋の表層（100〜200mの深さまで）では、大気の風の影響で上下の海水混合が起こるので、温度、塩分、組成はほぼ一定である。また、水平方向の速い流れも起こり、物質の水平方向の移動は極めて速い。黒潮はその一例である。太陽光の届く領域は有光層といわれ、プランクトンが成育する場でもある。

微量成分は巻末付表に示しているが、窒素、リン酸、ケイ酸、カドミウム、ヒ素、亜鉛、銅などの植物栄養となる親生物元素（栄養源）は、表層海水中の植物プランクトンによって減少し、生物遺骸が沈降して深層で分解して次第に濃度が高くなる。表層海水では酸素が飽和しており、光がなくなると植物プランクトンは生存できず、生物の分解物が沈降する領域になる。ここでは酸素が少なくなる一方で、酸素極小層ができる。その濃度以下では生物の分解による親生物元素の増加はなくなり、ほぼ一定の濃度になる。

酸素極小層の深さは緯度、環境、海流などで変化するが、日本近海では1000m付近にある。

海水のpHは8付近にある。色は天候、海域、プランクトンの状態、濁り、などで変化する。風波、潮汐、海流、湧昇、鉛直混合、など多くの要因で混合されている。この他、地球規模の深層海水の流れ（ストンメルのモデル、北大西洋から南下し南極海から太平洋、インド洋に流れる深層流）が深さ1500〜4000mにあり、その下に底層水がある。

海洋の汚染物質としては、きわめて広範囲のものが問題視されている。これらは都市周辺部や閉鎖性の海域で汚染の進行がみられ、特に開発途上国などの廃水処理が不完全な地域で顕著である。列記すると際限がないが、現時点で注目される代表的なものとして、廃油、屎尿、農薬、洗剤、環境ホルモン、船底塗料、自動車排ガスの鉛、などがあげられる。沿岸海水で夏期しばしば問題になるのが赤潮である。赤潮はプランクトンの異常増殖によるもので、膜濃縮では海水ろ過層の閉塞を起こし運転停止などの障害を起こす。

製塩原料海水は天日塩田では塩田前面の海水を取水してそのまま濃縮する。したがって沿岸域の海水なので汚染物質の一部が含まれる可能性がある。日本で行われる製塩では工場前面海水を用いる例が多いが、清浄で濃度の高いかん水を求

海水主成分（g/kg-海水）

陰イオン		陽イオン		塩類結合形	
Cl	18.9799	Na	10.5561	CaSO$_4$	1.38
SO$_4$	2.6486	Mg	1.2720	MgSO$_4$	2.10
HCO$_3$	0.1397	Ca	0.4001	MgBr$_2$	0.08
Br	0.0646	K	0.3800	MgCl$_2$	3.28
F	0.0013	Sr	0.0133	KCl	0.72
H$_3$BO$_3$	0.0260			NaCl	26.69
全量	21.8601		12.6215		34.25

めて数km先からポンプ輸送したり、地下浸透海水を汲み上げたりする例がある。膜濃縮では精密なろ過をして海水を使用し、膜濃縮過程で大きな分子の汚染物質は除去されるから安全性は高い。ろ過は通常砂をろ材とする方法で、膜濃縮では2段または3段のろ過が行われる。逆浸透法による海水淡水化で得られるかん水を原料とする方法も、小規模には行われている。海水淡水化の副成かん水は塩化ナトリウム濃度が約5%までであり、濃縮効果は小さいが、副産物として得られるメリットがある。

1.2 岩塩

日本には岩塩がないが、岩塩は世界各地で産出され、世界塩生産2億tのうち2/3は岩塩である。資源量としては莫大で、無限にあるといってよい。岩塩形成は古代の大陸移動や地殻変動で海が締め切られ乾固したものというオクセニウス理論が一般的だが、生物化石がない、マグネシウム塩が少ないなど説明しにくい部分もある。

岩塩の多くは色が付いている。赤または黒が多いが、青、黄なども稀にある。赤は赤鉄鉱、黒は玄武岩、有機物、磁鉄鉱などの場合がある。

1.3 その他の塩資源

①塩湖：塩分の多い湖またはそれが乾固したもの。河川による塩分流入と蒸発によって塩分が濃縮されたもの、岩塩形成の中間過程にあるもの、など様々であり、組成も各塩湖によって特徴がある。中国青海省、内モンゴル、イスラエル死海、アメリカグレートソルトレーク、チリアタカマ、西オーストラリア塩湖などから、現在日本に輸出している。塩湖は地理的に不便な所が多く、奥地では塩は採取せずカリウム、マグネシウム、リチウムなどを採取している場合もある。

②土塩（プラヤ）：塩と土が混じった状態で産出する。水をかけてかん水をとり蒸発させて塩にする。

③塩泉：塩分を含むかん水の湧き出る泉。岩塩層から出るもの、ガスかん水などがある。中世ヨーロッパでは主要な塩資源であったし、また岩塩層発見の端緒となった。イギリスチェシャー、アメリカミシガンなどは有名。中国四川自貢市のガスかん水は古代からのボーリングで有名。日本でもかつて信州、会津など塩の不便な所で食塩泉から塩を取った例が伝えられている。

2. 製塩

日本は岩塩がなく製塩原料は海水しかない。しかも、降雨が多いので天日蒸発による結晶化（天日塩）ができないため、塩を結晶化する前にあらかじめ海水を濃縮して（採かん）、釜で煮つめる方法（煎ごう）で製塩してきている。採かんと煎ごうの2工程の組み合わせで製塩する日本独自の方法は過去も現在も同じである。このように、結晶化までを天日で行わない日本の塩田濃縮は天日製塩とはいわない。日本では天日塩を輸入し、これを溶解後再度煮つめて結晶化する方法が行われる。このような再製加工は塩に混ざる泥などの不純物を取り除く、塩化ナトリウム純度を上げる、結晶の形を変えて特徴を付けるなどの目的で行われる。

2.1 濃縮方法（採かん）

1）膜濃縮法（イオン交換膜法）

1972年、従来の塩田濃縮法に代わって日本で採用された海水濃縮法。陽イオン交換膜（陽イオンを透過するマイナス荷電の膜）と陰イオン交換膜（陰イオンを透過するプラス荷電の膜）を交互に並べ、

直流電気で海水塩分を移動させることにより塩分だけを透過させて濃縮する方法。塩田に比較し、気候に左右されず、広大な面積を必要とせず、生産性を飛躍的に向上させた。

イオン交換膜はスチレンをベースにし、PVC織布などを補強材とした膜で厚さ0.1〜0.2mm、大きさは1m角または1×2mで製作され、陽イオン交換膜と陰イオン交換膜の組み合わせを1対とし、200〜350対を1単位とした膜群（スタック）を6〜20組み合わせた構造で、膜間には網目状のスペーサーを入れ、膜の間隔は約0.5mmに調節する。海水は下から連通孔で供給され、約1/3の塩分がかん水に移行して塩化ナトリウム濃度16〜20%まで濃縮される。

膜は陽イオン交換膜にはスルホン基、陰イオン交換膜にはアミノ基が導入されて、それぞれ陰、陽の電荷が付与される。塩分は陰イオン交換膜を陽イオンが容易に通過し、陽イオン交換膜は陰イオンが容易に通過するため、交互に配置された膜の間に高濃度のかん水ができる。したがってこれはイオン交換反応を利用するものではなく、イオン交換能力を持った膜で膜を正負に荷電させることで生じるイオン篩い効果を利用したものである。膜表面に反対電荷を与えて2価イオンの透過を抑制し、選択的にイオンを選別することができる。この方法で大部分の硫酸イオン、一部のマグネシウム、カルシウムイオンの透過を抑えて、煎ごうでの硫酸カルシウムの析出（スケール）を防止するのが一般的である。

2) 歴史的濃縮法

①藻塩焼：海藻を利用して濃縮する方法。詳細については不明で諸説がある。
②揚浜塩田：砂地や粘土でできた平面を塩田とし、海水を汲み上げて散布して蒸発させ、表面砂を集めて海水またはかん水で塩分を溶かし出して濃いかん水を得る濃縮法。能登半島に残されている。
③入浜塩田：満潮面と干潮面の中間に塩田を作り、満潮時に海水を塩田にみちびくことで海水を汲み上げる労力がなくなった。伊勢神宮御塩浜に残されている。
④流下式塩田：ゆるい勾配の不透水性地盤（粘土、塩ビシート）を作り、ポンプで海水を汲み上げ、上部から流しながら蒸発させて濃縮する方法。多くは立体式濃縮装置と併用した。ポンプ揚水が一般化したことで成立した方法であり、これによって砂を集める労力が不要になった。赤穂海浜公園に再現されている。
⑤立体式濃縮：竹笹を組み上げた上部から海水を流す枝条架式、合成繊維の網を木枠に張ったものの上部から海水を流すネット式、ノズルで噴霧する噴霧式などがあるが、いずれも立体構造物を作り、その中を風が通るようにして蒸発させる方法。土地面積が少なくてすむ利点があった。現在も日本の小規模製塩で使われている。
⑥逆浸透法：海水淡水化の逆浸透法で得られるかん水を利用する。かん水濃度は塩化ナトリウムとして5%程度である。その後の析出点までの濃縮（26%）は他の方法によるため濃縮効果は小さい。副産物として得られるメリットはあるが、淡水化の操業状態に支配されて安定した生産ができない欠点がある。日本の小規模製塩でかん水を利用しているところがある。

2.2 晶析方法（煎ごう）

晶析とは海水またはかん水から塩を結晶させることをいう。外国で行われる天日塩は塩田で晶析が行われるが、日本では地理的条件から釜で煮つめる煎ごう（加熱蒸発）しか方法がなかった。海水は濃

縮が進むにしたがい、硫酸カルシウム、塩化ナトリウム、硫酸マグネシウム、塩化カリウム、塩化マグネシウムの順に塩類が析出する。硫酸カルシウムは石こうスケールといわれ、できる限り除去するが一部は結晶釜に付着して伝熱障害などのトラブルの原因になる。塩化ナトリウムは懸濁状態で釜から排出され、遠心分離機あるいは静置脱水などで塩を固体として分離して製品とする。硫酸マグネシウムなど塩化ナトリウム以外の塩類が析出を始めたあとは「にがり」として排出され利用される。膜濃縮では硫酸イオンがあらかじめ除去できるため、硫酸マグネシウムの析出はなく塩化カリウムが析出し始めると「にがり」として排出される。

1) 真空式（多重効用式）

世界中で最も広く行われる晶析方法。高圧缶から低圧缶まで数本（3〜7本）の密閉した縦長の釜を用意し、圧力による沸点の差を利用し、高圧缶の蒸気を低圧缶の熱源にする。熱源蒸気に比べ数倍の量の蒸発を行わせる効率的方法で、大規模生産に適する。日本では膜濃縮と併用して使用されている。釜の内部を強く攪拌しながら蒸発させる（完全混合型）ので、立方体の結晶ができる。日本では1930年代から使われている。釜形状から平釜に対比して立釜ということがある。

2) 平釜式

鍋状の浅い釜で煮つめる方法。様々なタイプがあり、釜の形、加熱方法などで結晶の形も変わってくる。一般に溶けやすい凝集晶、トレミー晶などあらじお系の塩を作ることができ、小規模生産に使われる。エネルギー効率は悪いが設備投資は少なくてすむ。平釜は古いタイプの塩の煮つめ釜であり、世界的にはほとんど使用されていないが、日本では古いタイプの手作りの塩が高価に販売できるので広く使われている。一般的形式は平釜の前に予熱槽をおき、結晶釜に送られて直火または蒸気で煮つめる。海水からスタートしたかん水では予熱槽でスケールの分離を行う。釜は開放型、密閉型など様々な工夫がされている。1960年頃まで使われた蒸気利用式、温泉熱利用式も平釜の一種で、蒸気利用式は密閉釜を使い発生する蒸気をかん水の予熱に使う方法、温泉熱利用式は熱源として温泉熱を用いる方法の総称で開放型平釜が使われた。真空式に対比して大気圧式という場合がある。

3) その他の方法

①加圧式（自己蒸気圧縮法）：釜の構造は一般的に真空式に類似するが、発生した蒸気をタービン等で圧縮することにより温度を上げて再度加熱蒸気として利用して蒸発させる方法。単缶でできること、真空構成用の多量の冷却水が不要なこと、などのメリットがある。欧米で、冷却水が得にくい溶解採鉱の岩塩かん水からの製塩に広く使われている。日本では1955年頃海水を直接濃縮して製塩する方法（海水直煮）として実用化されたが、膜濃縮の実用化とともに姿を消した。

②噴霧乾燥法（スプレー乾燥）：かん水または海水を霧状に噴霧し、加温減圧下で乾燥するか温風でゆっくり乾燥、または熱板に吹き付けて乾燥するなどの方法により、蒸発乾固させる。海水成分をそのままの組成で塩にすることができる。得られる塩は通常微粉になる。

2.3 外国の製塩方法

1) 天日塩

乾燥した沿岸地帯で行われる方法。粘土などの透水性のない地盤の塩田に海水を導

き、太陽と風を利用して濃縮し結晶させる。塩田は通常数段階に分けられ、初期段階で石こうなどを析出させて除去する。雨期のない砂漠のような所では結晶池の地盤は塩の層である。析出した塩は通常山積みしてにがり分を落として製品とする。通常泥などが混入するので飽和かん水などで洗浄して泥などを除く工程を加える場合がある。世界の塩生産の約1/3が天日塩である。岩塩から得たかん水、塩湖かん水、塩泉のかん水を用いる場合もある。

2) 岩塩

岩塩は乾式採鉱と溶解採鉱がある。乾式採鉱は露天掘り、または坑道を掘って採掘する方法。溶解採鉱は地上から岩塩層に水を送り込み、岩塩層を溶解してかん水を汲み上げる方法。溶解採鉱のかん水はそのままソーダ工業用などに使用する場合、真空式、加圧式などの晶析を行って製塩する場合、天日塩田にかん水を流し込んで結晶化させる場合がある。食用塩とする場合は、多くは溶解採鉱したかん水を炭酸ナトリウムなどで処理してカルシウム塩などを除き、真空式または加圧式で結晶化させる。溶解再結晶したものは岩塩の特性はない。

3) 湖塩

内陸の塩分の濃い湖のかん水を煎ごうするか、湖に析出している塩を採掘する。長年の間陸水から溶出した塩類を濃縮しているので、海水成分と異なる場合がある。

4) ソルトアウト法（塩析法）

メキシコゲレロネグロ塩田だけで行われている。塩田飽和かん水と濃厚にがりを混合すると塩化ナトリウムが析出する。この製塩法を用いると通常微粉になるが、育晶して粒径を大きくしている。

2.4 晶析後の処理

1) 脱水、乾燥

真空式、平釜、天日塩など液体から製塩した場合は、塩と母液（やや薄いにがり）が混ざった懸濁液（スラリー）として排出されるので、脱水して製品の塩とする。脱水の方法は①積み上げて静置する、②簀の子状の床（居出場）笊などに入れて静置する、③遠心分離機で脱水する、といった方法が使われる。脱水の度合いは粒径によって変わるが、遠心分離機では水分1〜2％、静置脱水では水分5〜10％になる。乾燥には熱風を使うが、一般的に箱形の流動乾燥機かパイプ型の気流乾燥機が一般的である。品温は100〜200℃になる。

2) 包装

包装は、小容量（5kg以下）にはポリエチレン袋、厚紙カートン、プラスチック容器、防湿紙、ガラス容器などが一般的に使われる。中容量（10〜50kg）には防湿紙、ポリエチレン袋が多い。大容量（500〜1000kg）にはフレコン袋（プラスチック製）が用いられる。包装しない製品は「散塩」という。

3) 異物除去

製品への異物混入防止は工程全般の管理で行われる。煎ごう塩では異物は少ないが、天日塩、岩塩、湖塩では異物が多い。外国塩などですでに異物が混入している製品については、溶解再結晶または洗浄が一般的であり、ときには肉眼選別や色相などによる選別機が使われることもある。

4) その他の処理

粉砕：岩塩、天日塩など大きな固まりで生産されるものを用途に応じて砕く。微

粒塩を製造するなどの目的がある。
篩い分け：ユーザーの要望に応じて篩による粒度調節を行う。
造粒：大粒の塩を作るためにプレス機械で球状や板状に成形する。
混合：特殊な塩を作るために、塩化カリウム、にがり、各種食品、香料、旨味調味料、粒度の違う塩、などが混合されることがある。

焼成：焼き塩を作る際に高熱で焼く。多くはキルン型の炉が使われる。温度は300～600℃の高温で焼成されるが、品温が200℃以下の焼き塩もあり、乾燥塩と差のないものもある。

3. 製品

3.1 塩の種類
食用塩の種類

製法	装置	原料生産(千t/y)	商品名の例	特徴
煮つめ（煎ごう塩）	真空式（立釜※）	海水(1000)	（国産）食塩、並塩、白塩、特級塩、瀬戸のほんじお、いそしお	標準的食用塩、汎用性あり、サラサラで使いやすい
		天日塩(70)	精製塩、食卓塩、クッキングソルト	
		岩塩(1)	（輸入）モートンソルト、アルペンザルツ、山菱岩塩	
	平釜	海水(5)	（国産）能登の浜塩、磯の華、瀬讃の塩、粟国の塩、海の精	溶けやすい、柔らかい、くっつきやすい
		天日塩(80)	（国産）伯方の塩、沖縄の塩、あらじお、ヨネマース	
天日蒸発（天日塩）	塩田	海水(300)	（輸入）原塩、粉砕塩、日精天日塩、カンホアの塩、グロセログリ、皇帝塩	溶けにくい、硬い、泥、細菌あり
採掘（岩塩）	採掘	岩塩(1)	（輸入）サーディロッチャ、アンデスの塩、ドイツ岩塩、シシリー岩塩、マグマ塩	溶けにくい、硬い、鉱物混じり
全蒸発	スプレー乾燥	海水(1)	（国産）雪塩、ぬちマース、宗谷の塩	ミネラル多い、微粉

※立釜とは形状として平釜と対比したもので真空式または加圧式製塩の縦長の完全混合型蒸発缶をいう。

1）一般塩の分類
いくつかの代表的な視点からの塩の分類を列記する。
原料：海水、天日塩、煎ごう塩、岩塩、湖塩、土塩
濃縮：イオン膜、逆浸透膜、天日塩田、立体濃縮
結晶製法：真空式煎ごう塩（煮つめ）、平釜式煎ごう塩、天日塩、岩塩採掘、噴霧乾燥塩

粒子の形：立方晶（サイコロ状）、トレミー（ピラミッド）、フレーク、破砕形（不定形）、凝集、造粒
水分：乾燥塩、湿塩
添加物：カリウム添加塩、にがり含有塩、旨味調味料添加、食品香辛料添加市販塩は、これらの組み合わせによって多くの種類があるが、すべての組み合わせが製品化されているわけではない。現在の市販塩について消費者視点からの一つの分類の例を示す。（次頁表参照）

2) 加工塩

塩の加工を目的別に大別すると、一部前頁の表と重複するが、一般の塩を再加工したものである。

加工塩の種類

塩種	内容	主目的
立釜再製	天日塩、岩塩の溶液を真空式、加圧式で再結晶	高純度、異物除去、粒径調節
平釜再製	天日塩を溶解し平釜で再結晶	異物除去、溶けやすさ、粒径調節
粉砕	天日塩、岩塩を粉砕	粒径調節
焼き塩	煎ごう塩を高熱で焼く	サラサラ、固まりにくい
にがり含有塩	にがりを残す、にがりを加える	ミネラルイメージ
カリ含有塩	塩化カリウム添加	減塩
固結防止剤添加	炭酸マグネシウムなどを添加	固結防止、流動性向上
旨味調味料添加	グルタミン酸ソーダなどを添加	旨味向上
食品香辛料添加	ゴマ、ハーブなどを添加	食味向上
ミネラル添加	鉄塩、ヨードなどを添加	ミネラル補給

3) 法律上の分類（財務省統計分類）

生活用塩：主に小売店から販売される塩で、家庭用および飲食店等において使用されるもの。5kg以下の包装で販売される場合が多い。総量約23万t（2005年）で、塩事業センターを通じて販売される塩が約1/2、内80%が「食塩」となっている。

ソーダ工業用塩：水酸化ナトリウム、炭酸ナトリウム、などのソーダ工業製品原料としての塩。全量輸入。2003年度707万t。

特殊用塩：医薬用、試薬用、メッキ用、ミネラル含有の塊状塩、塩化ナトリウム60%以下の塩、試験販売品などで、2003年度7万t。

特殊製法塩：副産塩（ゴミ処理場や化学工場でできる塩）、真空式以外の塩、食品が混和された塩、葬祭用の塩、2003年度18万t。

4) 日本の塩の特異性

日本では岩塩がなく雨が多いため天日製塩もできないため、古来、海水を原料とし濃縮工程と煎ごう（煮つめ）工程を分離して製塩が行われてきた。現在も、日本の塩の大部分は膜濃縮をした後、煮つめは真空式製塩によって作られる。膜濃縮は日本で開発された海水濃縮法であり、日本以外では韓国、台湾で行われている。

1973年、流下式塩田濃縮から膜濃縮に全面転換したとき、高純度塩よりも純度の低い塩が健康によいと標榜する自然塩運動が起こり、従来法の塩を残すこと、塩の種類の多様化を図ること、などをテーマとして、現在の特殊製法塩市場ができた。

自然塩、天然塩、ミネラル塩、などの言葉が市場に浸透したが、これは主として平釜で煮つめる方法が採用され、水分、にがり分が多く、凝集晶、フレークなどの結晶で溶解性のよい塩が中心で、高価に販売されるようになった。平釜による製塩、水分の多い塩、にがり分の多い塩を高く評価する国は世界的に極めて稀である。しかし、根拠なく良質の塩をイメージさせることにより消費者を混乱させるものとして、「自然」、「天然」、「ミネラルたっぷり」などの表現は規制の方向にある。

3.2 塩の組成、物性

1) 分析項目

塩の主成分は慣例上、次の8成分を重量%単位で表記する。水分（乾燥減量）、不溶解分、塩化物イオン、カルシウム、マグネシウム、硫酸イオン、カリウム、ナトリウムを記載する。表記方法には、これらを塩分の分子形で表記することができる。その場合は、硫酸カルシウム、塩化カルシウム、硫酸マグネシウム、塩化マグネシウム、塩化カリウム、塩化ナトリウムとして記載する。微量成分については特に定めがない。分析方法は塩事業センター「塩試験方法」に準拠する。表示は湿式基準（ウエットベース、水分を含んだ重量%）による。外国では乾式基準（ドライベース、水分を除いた重量%）によるところもある。

2) 塩組成

にがり分の含有量：海水を原料とする塩では、塩化カルシウム、塩化マグネシウム、硫酸マグネシウム、塩化カリウム、大部分の微量成分、一般的に塩のミネラル分と通称する成分は、塩に同伴するにがり分の量によって定まる。塩のにがり分の残存量は、製造後に添加しない場合は脱水の方法、結晶の形状（保水性）によって定まる。精製塩では、原料塩水を炭酸ナトリウムなどによってマグネシウム、カルシウムを除去するため、にがり分はなくなる。平釜塩の場合、結晶形状が複雑で脱水しにくくにがりの保持性がよいため、にがり分を多くしやすい。天日塩再製の場合は再結晶になるため、にがり量は極めて少なくなる。噴霧乾燥塩はにがりの分離をしないので原料海水またはかん水のにがり成分がそのまま塩に移行する。

膜濃縮法と蒸発濃縮法の差：膜濃縮では、硫酸イオンの透過をある程度抑制しているためにかん水中の硫酸イオンが極めて少なくなるので、カルシウムは塩化カルシウムとして存在する。通常の膜はカリウムや臭化物が通りやすく、蒸発濃縮法よりやや多くなる。蒸発法では塩析出前に硫酸カルシウムが析出するが、かん水に硫酸カルシウムの残存量が多いので、塩の中に硫酸カルシウムが混入することが多く、にがりの中にも硫酸マグネシウムが含まれる。膜濃縮の塩やにがりを「塩カル型」、蒸発法の場合は、「硫マ型」という場合がある。

不溶解分および異物：岩塩は採掘時に多くの泥や鉱石を含んでいる。天日塩は塩田の泥や堆積時の砂などが混入する。煎ごう塩は基本的に泥、砂の混入はない。天日塩では好塩菌があるが、好塩菌は多くの場合有害ではない。異物の多くは突発的事故やミスによって混入するものが多く、工程の管理によって防止できるものが大部分である。

水分：外気中の湿度によって常に吸湿、乾燥を繰り返して変動する。乾燥塩ではその変化が顕著である。水分量によって塩の物性は変動する。

微量成分：塩結晶に微量成分が入る量は極めて少なく、大部分はにがりの混入によって塩に入る。蒸発法の濃縮では海水起源の微量成分は大部分はにがりに移行する。そのにがりが塩結晶に混入した場合、塩にも移行する。膜法の場合、大きな分子の有機物は膜によってろ過されるので海洋汚染の有機物はほぼ完全に除かれる。無機微量成分の一部は、膜を透過しにがりに移行していると考えられる。精製塩では、炭酸ナトリウムおよび水酸化ナトリウムによってマグネシウムおよびカルシウムを除去するので、その際に共沈して微量成分は少なくなっている。

3）塩の粒子特性（物性）

粉粒体としての物性は主に使い勝手に関わるもので、塩を使うときには組成とともに重要な要素である。粉粒体の物性として重視される項目は次のようなものがある。物性はこのほかに用途に応じてきわめて多様な項目がある。

なお、純粋な塩、塩化ナトリウムの一般的物性として、代表的なものは、分子量58.443、色は無色透明、比重2.16、融点800℃、沸点1413℃、モース硬度2～2.5、溶解度26.3g/100g(0℃)、水溶液pH7、氷点降下−21.3℃(飽和)、その他、屈折率、電気伝導度など多くの物理特性が必要に応じて測定されている。なお、塩が通常白色なのは結晶表面の凹凸などで乱反射しているからである。市販塩のpHはしばしばアルカリ性を示すが、これは塩と共存する塩化マグネシウムが塩基性塩化マグネシウムに変化するためである。

塩の粉粒体物性項目一覧表

項目	主要な関連用語
粒径分布	正規分布、平均粒径、篩い分け、均一度
かさ密度	粗充填、密充填、見かけ密度、圧縮度
結晶形状	立方晶、トレミー、凝集晶、不定形、造粒、画像解析
溶解速度	溶解速度定数、食材へのなじみ
流動性	サラサラ性、カール指数、フリーフローイング
安息角	傾斜角、静的安息角、動的安息角
固結しやすさ	固結強度、固結率、破壊強度
比表面積	空気透過法、BET
溶状	濁り、着色
吸湿性	潮解性、臨界湿度、平衡水分
付着性	使用条件での比較テスト
硬さ	モース硬度、破断加重
混合性	使用条件での比較テスト
保水性	使用条件での比較テスト

3.3 塩の業界

・**製塩業**：海水から製塩する事業（狭義の製塩業）および塩を加工する事業（狭義には塩加工業）をいう。大規模な製塩は真空式製塩で行われる。塩事業法上真空式製塩および輸入塩の単純な粉砕加工をする事業を塩製造業とし、平釜等による製塩、および塩加工は特殊製法塩メーカーに分類されている。真空式製塩は5社、特殊製法塩および特殊用塩製造は約550社がある（2006年）。真空式については財務大臣の登録、それ以外は財務大臣（財務局）への届出が必要。

・**輸入業**：専売制時代には指定大手商社が行っていたが、自由化に伴い参入業者が多く30ヵ国以上の国から輸入されている。財務大臣（税関長）届出が必要。

・**卸売業**：専売制時代からの塩元売と新規参入した一般食品卸がある。このほかメーカー直販、輸入品卸などもあって錯綜している。財務省届出が必要。

・**小売業**：届出の必要はなく、完全に自由化されている。小物商品はスーパー、デパートなどのウエイトが高くなっている。

・**塩輸送業**：塩専門の輸送業としては日本ソルトサービス、日本塩回送がある。

- **研究機関**：塩事業センターに海水総合研究所がある。この研究所は塩の専門的分析機関でもある。
- **行政機関**：塩に関する主務官庁として財務省理財局内にたばこ塩事業室がある。上記のような生産、輸入、卸業などの塩事業を行うには財務大臣（財務局）の登録または届出、生産販売に関する報告が必要になる。食品衛生に関しては厚生労働省、枠内表示に関しては農林水産省など、共通的事項についてはそれぞれの担当官庁が関係する。
- **塩事業センター**：財務省所管の財団法人、生活用塩の供給、研究開発、緊急用塩備蓄の管理などを行う。
- **日本塩工業会**：真空式製塩4社で作る業界団体。食用塩安全衛生ガイドラインに関する検査などの活動を行っている。
- **ソルト・サイエンス研究財団**：主として大学の塩に関する研究に対し助成を行う財団。
- **日本海水学会**：日本塩学会として発足し、その後海水資源全般に発展した学会で、塩関係の会員が多く、塩に関する学術研究団体として実績が多い。

3.4 品質や表記に関わる規則

塩独自の品質や表記に関する公的な法律、規則はない。

関連する規則として
- **塩事業法（平成8年）**：第1条に良質な塩の安定的供給の確保と我が国塩産業の健全な発展を目的とすることが記されている。内容は事業の登録届出や塩事業センターの役割等の規定である。ただし財務大臣は全登録業者への業務改善命令の権限がある。

食品一般に関するルールで密接に関連するものとして
- **加工食品品質表示基準、農水省告示第1015号（平成18年）**：枠内表示。
- **食品衛生法（昭和22年）**：食品に関する一般的ルールが適用される。
- **健康増進法に基づく栄養表示基準、厚労省告示第176号（平成15年）**：ミネラル表示。

食品として販売に供するものに関して行う健康保持増進効果等に関する虚偽誇大広告等の禁止及び広告等適正化のための監視指導等に関する指針（ガイドライン）について、
- **厚労省医薬食品局通達、薬食発第0829007号（平成15年）**
- **不当景品類及び不当表示防止法（景表法、昭和37年）及び運用指針**
- **食用塩安全衛生ガイドライン**：業界基準として日本塩工業会が定めており、真空式6工場に適用されている。
- **公正競争規約**：平成16年の公正取引委員会、東京都などからの勧告を受けて食用塩に関する公正競争規約作成の作業が進められており、平成18年4月食用塩公正取引協議会準備会が発足している。
- **食用塩国際規格**：1985年CODEX委員会が国際規格を定めた。国内での法的制約はないが影響力を持っている。

3.5 にがり

海水を濃縮すると塩が析出した後に残る液体をにがりという。岩塩からにがりはできない。主成分はマグネシウム塩である。膜濃縮法では硫酸がなくカルシウム塩を含む。蒸発濃縮ではカルシウムがなく硫酸塩を含む。製塩の際の濃縮の程度により組成は変動する。通常は製塩量の約1/4程度のにがりができる。

従来はにがりの大部分は工業用のマグネシウム塩、カリウム塩および臭素原料として使われてきたが、最近、マグネシウム飲料、マグネシウムサプリメントなどとしての用途が注目されるようになっ

た。豆腐凝固剤としてのにがり利用も一部あるが、豆腐用については塩化マグネシウムを使用した場合も「にがり使用」と表記することが許されている。

4. 利用

4.1 用途

日本での塩の利用は、その85％がソーダ工業用である。ソーダ工業とは水酸化ナトリウム、炭酸ナトリウム、塩素、次亜塩素酸ナトリウム、などの工業製品である。食用は現在年間120万tで、人口一人あたり10〜11kg/年という数値は、社会情勢の変化があっても変わらない。食品の用途内訳は食習慣に対応して少しずつ変動する。

4.2 塩の役割

塩は、食材のほとんどすべてに使われ、食の根幹となるものである。塩の最大の役割は、食べ物においしい味を付け、食欲を増し、生きていくために必要な塩化ナトリウムを補給して、健全な食生活のもととなることである。しかしそれ以外に食の中で大きな役割があって、それを利用しながら食品を加工している。これらは単独に働くのではなく、多くの作用が複雑に絡み合って食品を作っていくが、分析的に見たときにどのような働きがあるか、以下にその代表例のいくつかをあげる。

腐りにくくする：有害な細菌の繁殖を抑えて保存性をよくする。
発酵を助ける：味噌、醤油、チーズなど発酵食品の発酵を助ける。
脱水：漬物、塩魚など、細胞内水分を適当に抜いて加工しやすく、おいしさが逃げないようにし、食べやすくする。
蛋白凝固の促進：塩をした肉、魚、卵などは蛋白質凝固が低温で起こるのでおいしさが逃げない。
蛋白質溶解：小麦粉を練ってパン、麺などを作るときや魚肉で蒲鉾を作るときに粘りを出す。

実際の食品加工では、永年の経験を通して、塩の量、使うタイミング、どのような形で使うか（そのまま、溶液で、だしに溶いてなど）、塩の種類、などが定められている。個人の嗜好の差、嗜好の歴史的なあるいは地理的な変化、など多くの要素が絡んでおり、最善の使い方を求めながら常に変化している。

4.3 味

塩味は基本的な味（5基本味）の要素であり、おいしさを大きく支配する。旨味調味料グルタミン酸ナトリウムも塩があると味みは引き立つ。水溶液とした場合の塩味を感じる濃度（認知閾値）は0.2%位である。0.05%程度では甘みと感じる人も多い。汁物の適度な塩味は0.8〜1.0%である。料理の味付けとしては、酒の肴で

塩の用途別消費量（単位：万トン）

区分	2003年度	2004年度	2005年度
小売用	24	22	22
漬物	9	10	9
味噌	6	4	5
醤油	21	19	17
水産	23	21	21
調味料	14	14	16
加工食品	13	12	12
その他食品	11	12	13
食品計	121	114	115
諸工業*	20	23	25
家畜	7	6	6
医薬	5	4	4
融雪	47	55	64
その他	2	1	2
合計	202	203	216

※諸工業：ソーダ工業用を除く諸工業用

は薄味になるが、ご飯のおかずではご飯で希釈されるためやや濃い味付けが好まれる。

汁粉に少量の塩を加える、西瓜に塩を付ける、など塩を加えて甘みを強くする（対比効果）、だしに少量の塩を加えて旨味を出す（隠し味）、など少量の塩を加えることで食材の味を引き立たせる働きがある。塩は隠し味として多くの料理に生かされている。

肉、魚、などの旨味成分の増加により、塩を少なくしてもおいしい調理が可能になる。減塩が必要な人には酢のような他の強い味付けで塩を減らすことも行われている。塩以外の材料で代替することも多く研究されているが、市販品に使われているのは塩化カリウムを食塩に加えるという方法だけであり、加える量が多くなると味も悪いので塩の代用というわけにはいかない。

4.4 健康

食塩の過剰摂取は高血圧の原因とされる。厚生労働省が定めた成人一人あたりの塩の目標摂取量は一日10gである。国民栄養調査では12〜13gを食べている。世界的な高血圧調査研究インターソルト・スタディでは、世界の塩摂取量は8〜13g/日で、日本は塩をよく摂る民族に入るが高血圧罹患率は最も低い民族でかつ最も長寿の民族のグループに入る。

高血圧と塩の関係は医学界の永年の論争があり決着を見ていないが、塩によって敏感に血圧が上昇する塩感受性の人と塩によって容易に血圧が上がらない食塩非感受性の人があり、食塩の許容摂取量は人によって異なることが明らかになっている。

過度の食塩摂取制限は、スポーツや肉体労働で脱水症を起こすなどの急激な症状もあるが、一般に人間の活力をそぐものと考えられている。一方、食塩の過剰摂取は胃がんの可能性があることが疫学的に指摘されているが、塩の摂取は胃がんとは関係ないとする反論もある。

塩を外用として使う健康法があり、塩水浴、塩マッサージ、うがい、歯磨き、鼻洗浄、洗眼、罨法による温熱療法、塩枕、などが比較的広く知られている。

特定の塩を食用にすることで健康になると訴える自然塩健康法があるが、医学的に立証されたものはない。またミネラルが豊富で健康上の効果があるようなPRが行われることがあるが、塩から摂取できるミネラル量は少なく、医学的に健康上の効用を認めることができる水準ではない。

医薬品としての利用は、生理食塩水として点滴などへの使用、腎臓透析、など輸液の原料として広く使われている。

5. 文化

5.1 歴史

塩をいつから人間が利用するようになったか、塩を採取することを始めたかは、地理的にそれぞれ違うと考えられるが、いずれもきわめて古く、有史以前の、いずれも神話の世界においてである。多くの地域で塩は必須の、またきわめて重要な生活物資であったことは明らかである。日本では塩土爺が塩釜神社、伊勢神宮、鵜戸神宮など古い神社に塩の神様としてまつられている。多くの製塩土器が全国的に発掘され、古い時代のものは関東に多く、縄文後期（おそらく3000〜3500年前）とされている。その後古い形式の塩浜（塩田）に移行していったと考えられている。

日本の塩生産は、すべて濃縮技術と煮つめ（煎ごう）技術の組み合わせで発達してきたが、濃縮技術は、藻塩焼き、揚

浜塩田、入浜塩田、流下式塩田、膜濃縮、などが行われてきた。煎ごう技術は、土器製塩、平釜製塩、真空式製塩の順に技術開発が進み現在に至っている。

塩流通は、日本では塩の道による船または陸送として、塩商人によって運ばれてきた。塩は多くは租税の対象であり、江戸時代は藩政の重要な柱のひとつとなってきたところが多い。藩によっては藩専売に近い行政関与がなされた。

外国でも中国の塩専売、フランスの塩税制度など、過酷な税制として有名なものもあるし、また多大な収益を得る商売として豪商を生む基礎となっている。世界各国の塩の歴史を見ると、塩に関しては自給の体制がとられてきた。これは塩は人間が生きていくために必須のものであるためと推測される。日本も食用とする塩については自給体制がとられてきた。現在、日本の塩需要の85%を占めるソーダ工業用塩は輸入に依存しているが、食用の130万tについては自給体制が確立されている。

明治38年、日本では塩専売制が施行され、塩の需給及び価格の安定と塩産業の基盤強化が図られた。平成9年塩専売制は廃止され、92年間の専売制の歴史は終わった。これは世界的な貿易の自由化、規制緩和の波に抗しきれなくなったためである。食用塩自給体制の維持の方針については国会決議されているが、外国との価格差などを考慮すると、今後、自給体制が守られるか危惧されている。

5.2 伝承

塩は生活に密着しており、きわめて身近な食品であったために、塩に関わる多くの習慣やことわざなどが、生活に密着して生まれている。習慣として今も目立つものとしては、例えば、相撲の塩撒き、地鎮祭や料理店の盛り塩、葬式の清め塩など、塩によって清める習慣は広く残っている。

家庭の中での塩の使用が減ってきたためか、習慣的用語として塩を例示した言葉は近年あまり使われなくなったが、「青菜に塩」のような使い方は今も生きている。

塩のことば

あーるおー　RO
reverse osmosis 〔採かん〕
　参照：逆浸透

あいえすおー　ISO
International Organization for Standardization 〔組織法律〕
　同義語：国際標準化機構

　ジュネーブに本部を置き、電気・電子分野を除く分野の標準化を推進する民間非営利団体。各国独自の技術規格あるいは標準によって製品が作られるが、国際間の商取引が進む中で、国ごとに異なることが国際貿易上、障壁が生じることとなった。そこで「民間自身が民間のために民間規格を作る機関」として1947年に設立された。会員資格は各国の代表的標準化機関1つに限られており、日本からは1952年より日本工業標準調査会（JISC）が参加している。品質関連規格にISO9000、環境関連規格にISO14000などがある。

あいしーぴーはっこうぶんこうぶんせきほう　ICP発光分光分析法
ICP atomic emission spectrometry 〔分析〕

　溶液中にどのような元素が入っているかを調べたり（定性）、その元素の濃度を求める（定量）装置。ICPはInductively coupled plasma（誘導結合プラズマ）の略。プラズマの中に溶液を噴霧し、溶液中の微量元素の分析を行う。プラズマは非常に高温（6,000～10,000℃）において電離した陽イオンと、それとほぼ同数の電子、中性子および原子からなる中性電離気体である。このプラズマの中に溶液を噴霧すると、溶液中に含まれている元素が光を発する（発光）。その光は各元素固有の波長を示すため、波長の測定により元素の種類が同定でき、光の強さ（発光強度）の測定により元素量を測定することができる。塩試験方法では特殊微量成分分析法として採用され、広範囲の塩の微量成分分析に応用される。

あおなにしお　青菜に塩 〔文化〕
　青い葉っぱに塩をかけると脱水されてしぼむさまから転じて、意気消沈。

あかしお　赤潮
red tide, water bloom, harmful algal bloom 〔海水〕

　海域にプランクトンが大量増殖し、海水を変色させる現象。赤潮が発生すると、海水は一般に赤みがかった色になるが、色は原因となる生物の種類により異なり、ときには黄緑色、黄色などになる。原因となる生物は、主に鞭毛藻類、珪藻類、夜光虫であるが、藍藻類、繊毛虫類、かいあし類などによる場合もある。赤潮発生時には、多量のプランクトンのため海水は粘度を増し、ときには悪臭を放つ。日本近海の発生場所としては、東京湾、相模湾、三河湾、伊勢湾、瀬戸内地方などがあげられる。海水ろ過を行う工場ではろ過設備の閉塞を起こし、ろ過水質およびろ過能力の低下のため工場の生産能力が低下し、ときには操業を停止しなくてはならない場合がある。

あくぬき　あく抜き
removal of harsh taste 〔利用〕

　野菜・山菜などのあく（食品中に含まれる、渋み・にがみ・えぐみ・不快臭など）を抜くこと。塩を使うあく抜きの例としては、塩ゆで（塩を入れた熱湯でゆでてあくを出す方法）、板ずり（塩をなじませてあくを抜く方法）がある。

あげはま 揚浜〔文化〕

参照：塩浜、塗り浜　巻頭写真6

塩浜による製塩方法のひとつで、干満差が少ない日本海側や、外海に面し波が荒く干潟が発達しない太平洋側の地域に多く分布した。揚浜は、基本的に塩浜を満潮時の海水面より高い場所に作り、海水を人力で塩浜まで汲み上げる方法。海水は人力で塩浜に撒いて蒸発させ、塩分が付着した砂を集めて海水を注いでかん水を抽出し、釜で煮つめて塩の結晶を得た。揚浜の多くは、自然の砂浜を利用する構造だったが、岩場で砂浜のない能登半島や九州南部には、粘土で塩浜の地盤を作り、その上に砂を撒いた「塗り浜」とよばれるものもあり、能登半島の揚浜は、塩田廃止後も無形文化財としてその技術が保存され現在も稼働している。

あさづけ 浅漬け
vegitable lightly pickled〔利用〕

同義語：新漬け、一夜漬け

数時間から半日程度の短期間で風味よく漬け込んだ漬物の総称である。一夜漬け、当座漬けも含む。漬け込む期間が短いため、野菜に含まれる成分を失いにくいが、漬物特有の旨味に乏しい。そこで、風味を増すため、みりん、昆布、麹、しょうが、味噌、唐辛子などを加える。保存を目的としないので、2〜4%程度の薄塩で漬ける。現在は調味浅漬けとして販売

浅漬けの製造工程

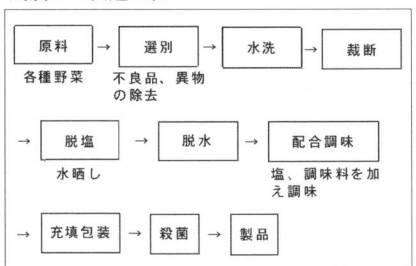

原料（各種野菜）→ 選別（不良品、異物の除去）→ 水洗 → 裁断 → 脱塩（水晒し）→ 脱水 → 配合調味（塩、調味料を加え調味）→ 充填包装 → 殺菌 → 製品

される。大根、胡瓜、茄子などを醤油、旨味調味料、酸調味液などとともに袋に入れたもの、生野菜をキムチ風調味液などに漬けたものなどが多い。

あじろがま あじろ釜〔文化〕

明治中期まで鹿児島県下で使用された煮つめ釜。竹を編んだ籠状の釜の芯に、石灰粘土を表裏に塗りつけて塩釜とし、何ヵ所かで吊る構造の釜である。1釜の容量は約八斗、1日約三釜を煎ごうした。釜の製作価格は安いが、わずか1週間で新しくするために多くの費用と労力を必要とした。

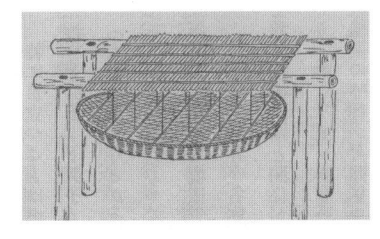

あっしゅくど 圧縮度
compression degree〔分析〕

参照：流動性

粗充填かさ密度と密充填かさ密度の比。シリンダーにゆっくり詰めた後、繰り返し床に落とし、密に詰めたときの容積の減少度合いをいう。

$$圧縮度 = \frac{密充填かさ密度 - 粗充填かさ密度}{密充填かさ密度} \times 100$$

物質の流動性*が悪いほど高い値となるため、流動性の評価法としても用いられている。

代表的な市販塩の測定例

製品名	圧縮度（％）
食塩	2
アジシオ	1
天塩	38
伯方の塩	28

あてしお　当て塩〔利用〕
　同義語：振り塩

　材料に塩を振ること。味つけ、魚介類の身を締まらせる、生臭みをとる、野菜をしなやかにするなど、基本的な調理手段。まんべんなく振ることが大切で、そのため30cmくらいの高さからスナップを利かせて振る（尺塩*）。塩の量、振るタイミングは調理内容、材料、材料の大きさ、脂ののり具合などで加減する。例えば、肉では塩を強く振って時間をおくと身が硬くなるなど、個々の料理で変えなくてはならない。使用する塩は乾燥したサラサラの塩が適しており、湿った塩では鍋で軽く水分をとばしてから使う。

あまじお　甘塩
slight salted, salt slightly〔利用〕

　干物や塩蔵品、漬物などで、その塩加減*の薄いこと。うすじお*。食品により塩加減は異なる。

あらじお　粗塩、荒塩〔塩種〕
　参照：平釜、フレーク

　「あらじお」の言葉の起源や古い使われ方は明確ではない。恐らく普通の塩という程度の意味で、真空式、加圧式の立釜*タイプの塩に対して平釜*の塩をいったものと推定される。

　現在「あらじお」として市販されているものは、商品として極めて多様に使われ、料理の解説などでは単に塩の種類に関係なく「あらじお」と呼称されることもあって、共通の定義ができないが、次のようなケースで使われる場合が多い。
1) フレークタイプ：結晶がフレーク状で溶けやすくかさばった塩。平釜で製造される。にがり量は多いものも少ないものもある。
2) 粗塩タイプ：にがりが多いことを特徴とするもので、粉砕天日塩ににがり添加したものや平釜塩でにがりを多く残したものなどがある。
3) 粗粒タイプ：粒が比較的大きいことを特徴とする塩、天日塩などの粉砕塩等に使う。
4) 水分の多い塩：乾燥塩に対比して使っている例がある。

あるかりど　アルカリ度
alkalinity〔分析〕

　試料に含まれるアルカリ成分の総量を示す値である。酸消費量ともいい、試料を中和するために要する酸（硫酸もしくは塩酸）の量から求める。中和するpH*によって指示薬が異なるため、炭酸塩・水酸化物を主とするフェノールフタレインアルカリ度（pH8.3）、炭酸水素塩・炭酸塩・水酸化物を主とするメチルオレンジアルカリ度（pH4.8）に区分されることもある。

あるきるすいぎん　アルキル水銀
alkyl mercury〔健康〕

　水銀がアルキル基と結合している有機化合物。環境基本法では、アルキル水銀としてメチル水銀、エチル水銀を指す。無機水銀と比較して生体内に吸収、蓄積されやすく、水俣病の原因として知られている。環境基準では検出されないこととされている。

例：塩化メチル水銀　化学式 CH_3HgCl　分子量 251.08　耐容一週間許容量 0.0016 mg/kg体重

あんぜんあんしんこくさんえんまーく　安全安心国産塩マーク
The Symbol Mark of Safety for Domestic Salt〔組織法律〕

　日本塩工業会キャンペーンマーク。

海の子ソルティ

あんぜんえいせいきじゅんにんていまーく
安全衛生基準認定マーク
Certification Mark of Harmless and Hygiene〔組織法律〕

　日本塩工業会食用塩安全衛生ガイドラインの安全衛生基準に合格した工場の製品に付けられるマーク。

安全衛生基準認定工場
(社)日本塩工業会

あんぜんけいすう　安全係数
safety factor〔健康〕
　参照：一日許容摂取量、無毒性量
　ある物質について、人への一日摂取許容量*（ADI）を計算する際に、動物における無毒性量*（NOAEL）に対して、更に安全性を考慮するために用いる係数。
　動物試験で得られたNOAELより人へのADIを推定する場合、動物と人との種差として10倍を、さらに人の個体差として10倍の安全率を見込み、それらをかけ合わせた100倍を安全係数として用いる。データの質によっては、より大きい係数を用いる。ADIはNOAELを安全係数で除して求める。

あんそくかく　安息角
angle of repose〔分析〕
　参照：流動性
　粉体のように多数の粒子の集合体である物質は、一定の高さまで堆積すると側面が崩れ落ちる。安息角とは、このように崩れ落ちた粉体の側面の底面となす角度（単位＝deg）を表す用語である。安息角は物質の流動性*が悪いほど高い角度となるため、流動性の評価法としても用いられている。

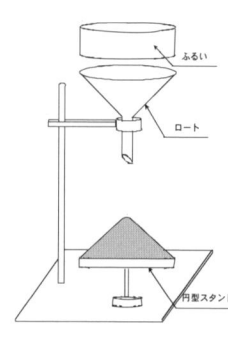

市販塩の測定例

製品名	安息角(deg)
食塩	38
アジシオ	42
天塩	53
伯方の塩	61

あんばい　塩梅〔利用〕
　一般に料理の塩加減を調えること。また、その味加減のこと。各種調味料がなかった昔、塩と梅酢を用いて調味していたところから生まれた言葉とされる。転じて、物事のほどあいや加減、特に体の具合、ほどよく並べたり、ほどよく処理したりすることを意味する。

いえん　井塩
well salt〔天日塩岩塩〕
　参照：せいえん（井塩）
　正しくはせいえん（井塩）という。

いおん　イオン
ion〔採かん〕
　正または負の電気をもつ原子または原子団。電解質は水に溶かすと電離作用によってイオンを生じる。例えば塩（NaCl）を水に溶かすと、正の電気をもつイオン（陽イオン、カチオン）であるナトリウムイオン（Na^+）と負の電気をもつイオン（陰イオン、アニオン）である塩化物イオン（Cl^-）に電離する。

いおんくろまとぐらふぃー　イオンクロマトグラフィー
ion chromatography　〔分析〕

溶液中のイオン成分を分離して分析する手法で、塩試験方法*には塩中の硫酸イオン(SO_4^{2-})の分析法として記載されている。

イオン交換樹脂を充填させたカラム中に溶液を導入すると、溶液中の各イオンが、親和力や価数、半径の違いにより分離される。分離されたイオンは、電気伝導度もしくはUVにより検出される。主な測定対象イオンは、陰イオンとしてF^-、Cl^-、NO_2^-、Br^-、NO_3^-、SO_4^{2-}が有機酸であり、陽イオンとしてLi^+、Na^+、NH_4^+、K^+、Ca^{2+}、Mg^{2+}が挙げられる。

いおんけつごう　イオン結合
ionic bond　〔分析〕

参照：塩類結合

陽イオンと陰イオンの間の静電引力によって形成される化学結合のことである。ナトリウム原子と塩素原子の間では、前者から後者へ1個の電子が移行して、陽イオンNa^+と陰イオンCl^-になり、イオン結合してNaClをつくることができる。

塩類組成*表示をする際のイオンの結合順位または結合計算をすることをイオン結合と略称することがある。

いおんこうかん　イオン交換
ion exchange　〔採かん〕

ある種の物質を塩類の水溶液と接触させた場合、この物質中のイオン*(A^+)と水溶液中の同符号イオン(B^+)とが入れ替わる現象($AR+B^+ \rightarrow BR+A^+$)。入れ替わるイオンが陽イオンである場合、陽イオン交換、陰イオンである場合、陰イオン交換という。

いおんこうかんまく　イオン交換膜
ion exchange membrane　〔採かん〕

参照：イオン交換膜電気透析法

イオン交換機能を持つ膜。膜の内部に膜構造の一部として荷電が固定されており、陽イオン交換膜はマイナス、陰イオン交換膜はプラスの荷電をもつ。この他、両方の荷電を膜に与えたものにバイポーラ膜、モザイク荷電膜がある。基本素材として使用される材料から炭化水素系膜とフッ素系膜とに分類され、炭化水素系膜は主として製塩用、フッ素系膜は主としてソーダ電解用に用いられる。この他、海水、食品、飲料、牛乳などの脱塩、廃水処理、排ガス処理、酸アルカリの回収、燃料電池、など広範な用途がある。

製塩用の炭化水素系膜は主としてスチレンとジビニルベンゼンの共重合体より合成され、内部に補強材としてネットを含む。これをスルホン化($-SO_3H$基の導入)することにより陽イオン交換膜、アミノ化($-NR_3Cl$の導入)することにより陰イオン交換膜がそれぞれ作られる(図参照)。更に1価イオンの選択性を与えるため、表面に反対の荷電を与える処理をする場合がある(1価イオン選択性膜)。

イオン交換膜はイオン交換能力を有する膜ということで命名されているが、その分離機構はイオン交換能力によって作られる膜の荷電を利用して分離するもので、イオンを通過するイオン篩として働く。従って荷電を持たない有機物などは通過できない。水は透過するイオンとの同伴水として、また濃度差拡散により一部膜を通過する。膜細孔は通常$5 \sim 10$Åとされるが、通過機構は高分子鎖の熱運動によるゆらぎと排除体積効果によると考えられる。

製塩用イオン交換膜の性質の例
陽イオン交換膜

商品名	交換容量 mEq/g	電気抵抗 Ωcm²	厚さ mm	強度（下注）
ACIPLEXK172	1.5～1.6	1.9～2.2	0.11～0.13	2.6～3.3[a]
SelemionCSV(L)		1.0～2.0	0.11～0.13	1.5～2.5[b]
NEOSEPTACMS	2.2～2.5	1.5～1.6	0.14～0.17	3.0～4.0[b]

陰イオン交換膜

商品名	交換容量 mEq/g	電気抵抗 Ωcm²	厚さ mm	強度（下注）
ACIPLEXA172	1.8～1.9	1.7～2.1	0.13～0.15	2.2～3.0[a]
SelemionASV(L)		1.5～2.5	0.11～0.13	1.5～2.5[b]
NEOSEPTAACS	2.0～2.5	1.5～1.9	0.15～0.20	4.0～6.0[b]

（注）強度　a：引張強度kg/mm²，b：破裂強度kg/cm²

イオン交換膜製造工程

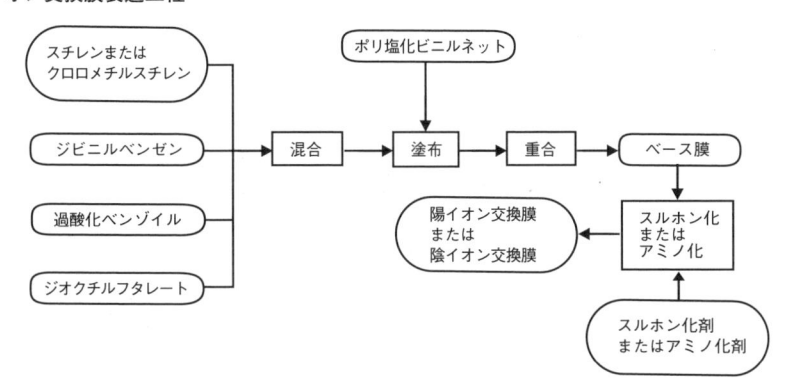

スチレンまたはクロロメチルスチレン、ジビニルベンゼン、過酸化ベンゾイル、ジオクチルフタレート → 混合 → 塗布（← ポリ塩化ビニルネット） → 重合 → ベース膜 → スルホン化またはアミノ化（← スルホン化剤またはアミノ化剤） → 陽イオン交換膜または陰イオン交換膜

いおんこうかんまくせいえんほう　イオン交換膜製塩法
salt manufacture by ion exchange membrane〔採かん〕
　参照：膜濃縮煎ごう法

いおんこうかんまくでんきとうせきそう　イオン交換膜電気透析槽
electrodialyzer〔採かん〕
　巻頭写真1参照
　イオン交換膜電気透析法による海水濃縮に用いられる装置。締め付け型と水槽型があり、現在は締め付け型のみが製塩に利用されている。一般的な締め付け型電気透析槽の装置概要を図-1（次頁）、透析槽における給液経路を図-2（同）、及び潮道の構造を図-3（同）に示す。
　国内の製塩に用いられているイオン交換膜電気透析槽における海水、およびかん水の流れを以下に説明する。原料となる海水は砂ろ過器等でろ過し濁質を除いた後、電気透析槽に供給される。供給された海水は、③より、スタック下部の海水用連通孔を通って各④の配流部（潮道*）より通電面に入る。通電面にはスペーサー*と呼ばれる斜交網があり、これにより海水は通電面にできるだけ均一に分散され、同時に流れを乱して限界電流密度*

を上昇させて水解*が起こることを防いでいる。通電面を透過した海水は、上部の配流部を通って連通孔に集められ③の上部にあるノズルより排出される。かん水は、③より、スタック下部の海水用連通孔を通って各⑤の配流部(潮道*)より通電面に入る。通電面には④と同様スペーサー*とよばれる斜交網があり、水解が起こることを防いでいる。通電面を透過したかん水は、上部の配流部を通って連通孔に集められ④の上部にあるノズルより排出される。かん水はかん水タンクに貯水され、電気透析槽内を循環しており、増加分だけ煎ごう工程に送られている。

【関連用語】

・がすけっと　ガスケット
　gasket〔採かん〕

　　④や⑤などの枠をガスケットと呼ぶ。ガスケットの材質は通常ゴム材質であるが、最近では熱可塑性シートも使用されている。

・しおみち　潮道
　distributor〔採かん〕

　　図-3に示す、④や⑤に見られる、海水、かん水用連通孔から脱塩室、濃縮室への流路。

・すたっく　スタック
　stack〔採かん〕

　　図-1に示す、④、⑥、⑤、⑦により構成される繰り返し単位を1対と呼び、これを150〜400対ごとに⑧により両端を締め付けたものを1スタックと呼ぶ。電気透析槽1槽は通常6〜20スタックで構成されている。

・すぺーさー　スペーサー
　spacer〔採かん〕

　　電気透析槽内の脱塩室*や濃縮室*に設置する高分子製の斜交網。スペーサーを設置し脱塩室および濃縮室を流れる溶液を乱流化することにより、限界電流密度*を増加させ、水解*の発生を防ぐ。

・だつえんしつ　脱塩室
　diluting compartment〔採かん〕

　　図-1に示す脱塩室枠④により形成される空間。脱塩室には海水が供給される。

・のうしゅくしつ　濃縮室
　concentrating compartment〔採かん〕

　　電気透析槽図に示す濃縮室枠⑤により形成される空間。濃縮室にはかん水が循環供給される。

・きょくしつ　極室
　electrode room〔採かん〕

　　電気透析槽図に示す極室枠により形成される空間。陽極側を陽極室、陰極

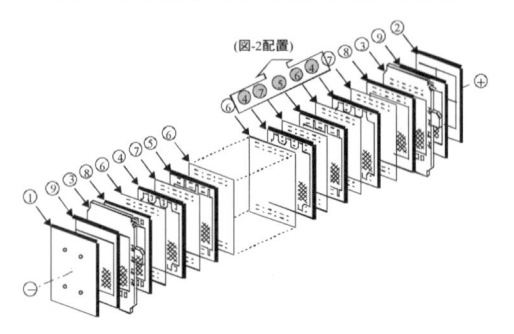

図-1　イオン交換膜電気透析槽

1	陰極板	CATHODE PLATE
2	陽極板	ANODE PLATE
3	締付兼給液枠	INTERMEDIATE PLATE
4	脱塩室用枠	DILUTION CELL FRAME
5	濃縮室用枠	CONCENTRATION CELL FRAME
6	陽イオン交換膜	CATION-EXCHANGE MEMBRANE
7	陰イオン交換膜	ANION-EXCHANGE MEMBRANE
8	締付枠	PRESS FRAME
9	極室用枠	ANODE or CATHODO FRAME

(図-2配置)

図-2 イオン交換膜電気透析槽構造

海水用連通孔
通電面
かん水用連通孔
海水の給液経路

通電面
かん水用連通孔
かん水の給液経路

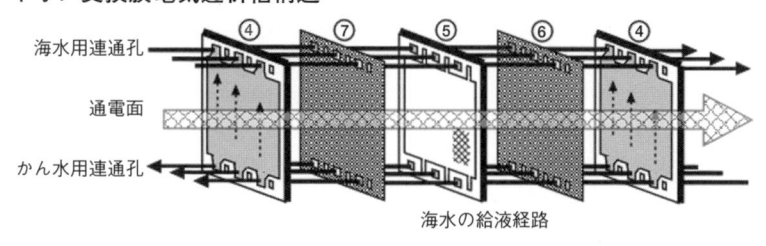

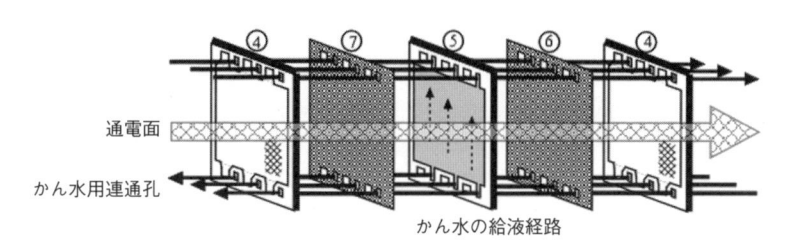

図-3 潮道構造

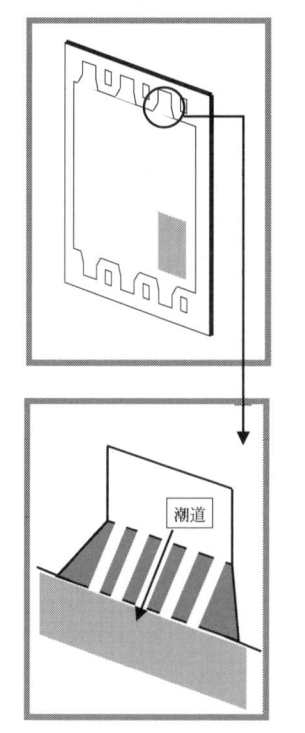

潮道

図-4 電気透析槽のイオンの動き

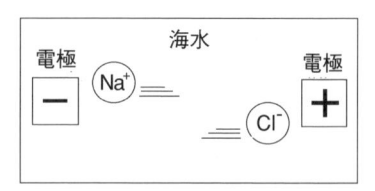

電極　海水　電極
Na^+
Cl^-

図-5 イオン交換膜におけるイオンの動き

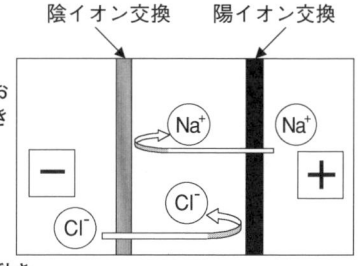

陰イオン交換　陽イオン交換
Na^+　Na^+
Cl^-　Cl^-

図-6 透析槽構造とイオンの動き

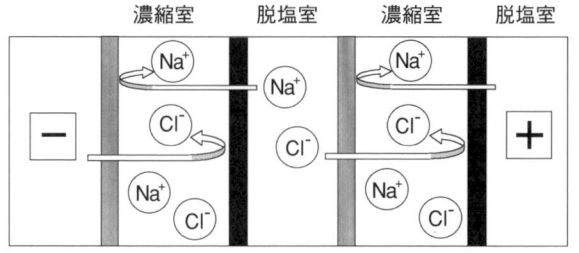

濃縮室　脱塩室　濃縮室　脱塩室
Na^+　Na^+　Na^+
Cl^-　Cl^-　Cl^-
Na^+　Na^+
Cl^-　Cl^-

側を陰極室という。陰極側は水酸化物イオンの発生による膜の損傷を抑えるため、塩酸が添加されている。

いおんこうかんまくでんきとうせきほう
イオン交換膜電気透析法
ion exchange membrane electrodialysis 〔採かん〕

参照：イオン交換膜製塩法、
　　　イオン交換膜、膜濃縮

通常「イオン交換膜法」、「イオン膜法」あるいは単に「膜濃縮」という。日本の主たる大規模製塩で採用されている海水濃縮方法。海水原料の国産塩の約99%はこの方法を採用している。日本独自で開発された純国産技術で1972年塩田濃縮法からいっせいにイオン交換膜法に転換した。

イオン交換膜電気透析法の原理

海水中に電気を流すと、海水中のイオンはそれぞれ図-4に示すように移動する。すなわち、ナトリウムイオンなどのプラスイオンはマイナス電極の方向に、また、塩化物イオンなどのマイナスイオンはプラス電極の方向に移動する。

このとき、図-5に示すようなマイナスイオンだけが通ることのできる特殊な膜（陰イオン交換膜）とプラスイオンだけが通ることのできる特殊な膜（陽イオン交換膜）を海水中に交互に配置すると、膜に囲まれた部分にイオンを集めることができる。図-5に示す配置を繰り返すことで（図-6）、海水中の塩分が脱塩される部屋（脱塩室）と濃縮される部屋（濃縮室）が繰り返される構造となる。イオン交換膜電気透析法とはこのような特性を利用し、海水中のナトリウムイオンや塩化物イオンを集める方法をさす。

いおんそせい　イオン組成
ion composition 〔分析〕

参照：塩類組成

海かん水、塩、にがりなどの分析は各イオンの定量によって行われるが、イオン形で組成を表示する場合、塩類組成*に対比してイオン組成という。ナトリウムは通常イオン組成から計算によって求める。

いおんまくたてかまほうしき　イオン膜立釜方式 〔塩種〕

同義語：膜濃縮煎ごう法
参照：イオン交換膜

イオン交換膜濃縮と真空式蒸発缶を組み合わせた製塩法。昭和47年以後、日本の大部分の製塩はこの方式である。従来の塩田濃縮平釜方式と比較して燃料が少なくてよい、広大な土地を必要としない、気象に影響されない、自動化される、製品の安全性が高い、等多くの特徴がある。製法表示の検討過程で消費者に分かりやすい表示を求められて用いられるようになった。

いがん　胃がん
stomach cancer, gastric cancer 〔健康〕

胃にできる腫瘍である。変異原性物質あるいは発癌性物質によってできるといわれている。ヘリコバクター・ピロリ（細菌）や高食塩摂取量によっても胃がんになると言われている。しかし、高食塩摂取量と胃がん発症との関係をレビューしたCohenらの論文（1997）では無関係とも報告されている。

いきち　閾値
threshold value 〔利用〕

味覚では物質の水溶液について、ごく薄い溶液から徐々に濃度を高めていき、人が味を感じ始めた濃度をその物質の閾値（刺激閾）という。すなわち、閾値は感知できる刺激の最小値である。だいたい食塩0.2%、砂糖0.5%、酢酸0.0012%、カフェイン0.006%、L-グルタミン酸ナトリウム0.03%程度であるが個人差が大きい。

毒性においては、有害な化学物質が、ある一定以上体内に加えられた場合にのみ毒性を示すとき、その値を（毒性発現の）閾値または「しきいち」ともいう。人に対する毒性における閾値は、急性毒性について示されることが多い。このため、閾値のない物質(発がん性*など)も存在する。

いくしょう　育晶
growing of crystals 〔煮つめ〕

結晶を成長させること、または成長させる操作。通常は蒸発缶の運転操作で結晶成長*を制御するが、大粒の塩を作る場合には育晶のために育晶缶と呼ばれる蒸発缶を用いる。育晶缶にはオスロ缶*、逆円錐缶などが使われる。また、別途に育晶槽をもうけて過飽和溶液中で成長させる場合もある。

いしがま　石釜 〔文化〕

瀬戸内海沿岸の十州地方において、最も広く使われた製塩用煮詰め釜。石（花崗岩の割石）を並べて釜の底面とし、間を漆喰で埋め、石柱を竈中に立てて釜底を支え補強のために吊り下げる構造になっている。石釜の形状は長方形であった。大きさはだいたい縦一丈二尺、横八尺、深さ四寸であり、石釜の保存期間はだいたい30日くらいである。石釜も保存期間が短く、新しい釜だと塩の品質が悪く、築造に手数と費用を要した。明治期に入ってから、洋式の鉄釜への転換が進められた。

昭和37年石釜復元時の写真

いしゅきんぞくせっしょくふしょく　異種金属接触腐食 〔煮つめ〕
bimetaric corrosion

同義語：電位差腐食*

異なる金属が接触することで起こる腐食。

いだしば　居出場 〔煮つめ〕

参照：平釜

平釜*を使った製塩で塩の懸濁物（スラリー）を静置脱水するために使う。簀の子状に作られた場所または装置。平釜のすぐそばに木または竹で簀の子状に作られる。釜から取り出したスラリーは居出場に放置され、にがりは簀の子の下のにがり壺に集められる。1～10日間静置脱水して製品とする。

いたずり　板ずり 〔利用〕

巻頭写真7参照

材料に塩をまぶし、まな板の上で押しながら転がすこと。板の上でするので板ずりという。主にキュウリ、フキのような青物に行う下処理法である。材料の色出しのほかに、表皮の組織が多少壊れて味がなじみやすくなり、フキは皮がむきやすくなる効果がある。また、魚介類の

すり身、ひき肉をまな板に取り、包丁の面でするように練って粘りを出すことも板ずりという。

いちにちきょようせっしゅりょう（えーでぃーあい）　一日許容摂取量（ADI）
Acceptable Daily Intake　〔健康〕

参照：無毒性量、無作用量

ある物質を一定量、一生涯にわたって摂取し続けても、健康へ悪影響がないと推定される一日当たりの摂取量。通常、体重当たりの物質量で示される（例：mg/kg〈体重〉/日）。動物試験などによる無毒性量*や無作用量*から計算されることが多い。日本人の場合、体重は50kgで計算される。似た言葉として耐容一日摂取量(TDI) Tolerable Daily Intakeがある。ADIはその物質が使用することにメリットがあるために、許容できる量であることに対して、TDIは本来混入することが望ましくない物質(汚染物質など)に耐えられる量を示す。

いちやぼし　一夜干し〔利用〕
参照：一塩干し

いっかつひょうじ　一括表示
package measure of labeling〔組織法律〕

同義語：枠内表記

参照：原産地表示

一括表記ともいう。加工食品品質表示基準（農水省告示1051号平成18年）に基づき、定められた項目について加工食品の容器または包装に一括して表示しなくてはならない。枠の中に一括して記載するため「枠内表記」ということがある。

いっかんぱれ　一貫パレ
whole palletizing system through production to distribution〔加工包装〕

塩の輸送システムの一種である一貫パレチゼーションの略。塩の輸送システム。生産工場から大口消費者または卸店まで積み替えなしでパレット*を使って輸送し、また回収する方法。

いっぱんせいきんすう　一般生菌数
number of general germs〔分析〕

一般生菌数は標準寒天培地を用いて35℃、48時間培養した後に発生した数えられる菌を測定したものである。測定することによって、生産環境の細菌汚染状況、食品の安全性、保存性などの総合的な評価手段となる。塩の場合は昔から食品の保存に使われてきたことなどにより、世界的な食用塩の国際規格*（CODEX STANDARD for FOOD GRADE SALT, CX STAN 150-1985）にも細菌等の基準はない。国内では（社）日本塩工業会の自主規格「食用塩の安全衛生ガイドライン*」により一般生菌数は300個/g以下と定めている例がある。

塩製品の一括表示

名称	塩または食塩と表示する
原材料名	海水、天日塩、岩塩など。食品添加物は食品衛生法施行規則第5条に従って記載する。原料原産地の括弧内表記が進められている。
内容量	グラムまたはキログラムの単位で、単位を明記する。
賞味期限	塩については品質の変化が極めて少ないことから省略できる。
保存方法	具体的保存方法を記載する。塩の場合は通常で保存できるので省略できる。
原産国名	輸入品については記載する。
製造者	住所、氏名記載。輸入品の場合は「輸入者」、販売者が表示する場合は「販売者」とする。

いぶつ　異物
foreign matter (materials)　〔分析〕
　参照：異物検出器
　食品衛生検査指針では「食品中に侵入した有形外来物」をいう。顕微鏡でないと確認できないような微細なものまでは対象とせず、一般的には肉眼で認識できる大きさのものをいう。塩製品の場合、大別すると動植物性異物（昆虫など）、鉱物性異物（鉄錆、石など）、海水起因異物（石こうなど）に分けられる。天日塩の場合、海水を池で濃縮し、野外に蔵置されることが多く、岩塩も多くの鉱物と併産し、坑内作業、野外蔵置が行われるため、設備の密閉構造が可能な煎ごう塩に比較して異物が多い。煎ごう塩では異物混入防止策として、耐食性材料の使用、鉄系異物防止のための磁力選別機の使用、包装室などの管理の徹底、全製造工程の外界からの遮断などを図っている。天日塩、岩塩では、製品になった後、溶解再製、洗浄、異物選別機などを使う例がある。異物混入は食品衛生上好ましくないが、完全ゼロではない。食用塩安全衛生ガイドライン*では1kgの検塩を縮分し、100gの試料を2点取り、白紙上で肉眼により精査する。

いぶつけんしゅつき　異物検出機
detector of foreign matter　〔加工包装〕
　参照：金属検知器、異物
　製品に毛髪、プラスチック片、石、虫、金属類等の異物が混入しないように検出する装置。金属検知器、X線透視装置、画像処理装置等がある。

いりじお　煎り塩
roasted salt　〔塩種〕
　同義語：炒り塩
　参照：焼塩

直火で焼いて水分を飛ばした塩。弱アルカリ性焼塩のように温度は上がっていないが、部分的に高温に晒され短期間はサラサラになり、塩の味もまろやかになるとされる。振り塩にするときに湿った塩を鍋で加熱して水分を飛ばし、サラサラにすることで振り塩をしやすくする場合も煎り塩という。

いりはまえんでん　入浜塩田　〔文化〕
　参照：塩浜、塩田、揚浜塩田、
　　　　古式入浜　巻頭写真6
　揚浜式塩田が人力で海水を汲み上げるのに対し、干満差を利用して海水を塩田に導く方法を入浜塩田という。古式入浜*の採かん原理を基礎に、近世以後、瀬戸内海沿岸を中心に発達した塩田で、16世紀末播磨の大型塩浜開発以降を入浜塩田として区別されることもある。海浜の三角州や砂州の発達した場所に構築された。採かんを行う塩田の地盤は海水干満の中間位の高さに作られ、塩田の周囲は大規模な防潮堤で囲まれ、堤に設けられた樋門の開閉によって、塩田内部への海水の導入や雨水等悪水の排水ができる。塩田に導入された海水は、毛細管現象により塩田面に上昇して蒸発し、地盤面に散布した撒砂に供給される。海水を含んだ砂は、太陽と風力により水分が蒸発してかん砂（塩分が附着した砂）となり、これを集めて「沼井」*に入れ、海水をかけて、かん水（濃い塩水）を採取する。かん水は沼井から釜屋*へ送られ煮詰めて塩にする。

　近世以降、整備が進んだ入浜塩田は、当時の大規模な農業干拓技術と築堤技術の発達を背景として確立した、従来の塩浜とは大きく異なる画期的な塩田として位置付けられる。おおよそ7反から1町5反を1軒（戸）とする広大な面積の塩田は、1軒単位ごとに釜屋が付設された。

こうした瀬戸内海沿岸の10藩を中心とする大規模な塩田の成立（「十州塩田」*）は、製塩業を専業化する一方で、商品としての塩が、産地周辺だけでなく全国規模で流通し、藩権力や問屋制資本とも関連しながら、新たな産業形態を生み出した。結果的には、江戸時代において、十州塩田が産する塩は「十州塩」とよばれ、生産量で全国の約7割を占めた。この入浜塩田は、明治以降、煎ごう工程に洋式の鉄釜が導入され、燃料が木材から石炭に変換するといった変遷はあったものの、基本的な製塩方法は大きく変化することなく、流下式塩田に変換される昭和30年代まで、日本の塩作りの主流であった。

いろどめ　色止め
preservation of color, fixing of color
〔利用〕

色がさめたり落ちたりしないようにすること。調理の場合、変色を防ぐ方法をいう。塩を使う色止めの例としては、①青野菜を塩ゆでし冷水にとって色止めをする、②切った野菜や果物を塩水につけて切り口の変色を抑えるなどがある。食塩や酢水は酸化酵素の作用を抑える。レンコン、ゴボウ、ウドなどは酢水で白く仕上がる。塩以外の色止め効果では茄子の漬物に釘を入れたり、サツマイモを茹でるときにミョウバンを入れるなど野菜の変色を防ぎ料理を色よく仕上げる等の例がある。

いんいおんこうかんまく　陰イオン交換膜
anion exchange membrane 〔採かん〕

参照：イオン交換膜

プラス荷電をもち、陰イオンを透過する性質をもつイオン交換膜。

いんたーそると・すたでぃ　インターソルト・スタディ
intersalt study 〔健康〕

1988年に発表された国際的な塩と高血圧の関係に関する大規模疫学調査。32ヵ国、52ヵ所、25歳から55歳までの10079人で行われた学術調査である。血圧の測定法を統一し、ナトリウム摂取量は一日の尿を集めて凍結して、ベルギーの分析センターに送り、そこでナトリウム、その他の成分を分析するなど、厳密な方法が用いられた。日本でも3地域が参加した。調査結果は52ヵ所で見ると、食塩摂取量と弱い正相関が見られたが、無塩文化と呼ばれる4ヵ所を除いた文明社会だけで見ると正相関がなくなった。この結果が出てから全員に一律の減塩を強いることの是非が問題とされだした。この生データは総て公表されたので、加齢に伴う血圧上昇についての統計処理法に問題ありと批判された。そこでデータを再分析して、食塩摂取量と血圧上昇との関係が一層強いと修正報告したが、修正報告書のデータについては公表せず、問題を一層複雑にして論争が続いている。

ういるす　ウイルス
virus 〔健康〕

たん白質の殻とその内部に核酸を持つ、最も簡単な構造の微生物の一種。感染性を持つ。ウイルスは、他の生物に感染し、その細胞を利用して増殖できる。それ自身では成長、増殖ができない。

うぇいとちぇっかー　ウェイトチェッカー
weight checker 〔加工包装〕

製品包装後の製品重量が正しいことを確認する装置。不良品を排除する装置も併せて組み込まれる。

うえっとべーす　ウエットベース
wet-base〔分析〕
　同義語：湿量基準
　参照：ドライベース
　分析結果を表現する場合に、水分を含めて100%とする表示法で、日本での塩の分析値の表現に採用されている。塩化ナトリウム純分を重視する場合に便利。

うしおじる　潮汁〔利用〕
　酒を加えた水で魚介類を煮て旨味を引き出し、塩または塩と酒で味をつけた汁物。海水のような味がある。鯛やハマグリが代表的。素材の味を生かした吸い物。

うしおに　潮煮〔利用〕
　鮮度のよい魚の頭、中落ち、あら、貝などを塩水で煮た料理。本来は海水だけで仕立てたといわれ、海水のように塩味だけで仕立てるという意味で潮煮と呼ばれる。

うすじお　薄塩
slightly salted, lightly salted〔利用〕
　参照：塩加減
　塩加減*が薄いこと。薄い塩加減に調理してあること。魚介類や肉類、野菜類に少量の塩を振りかけること。これにより、材料に薄く下味をつけることのみならず、魚介類や肉類の生臭みを取り、身をしめる効果がある。また、生野菜の場合は、水分が除かれて青臭みが取れ、次の味付けで味がなじみやすくなる。

うまみせいぶん　旨味成分
umami constituent〔利用〕
　昆布のグルタミン酸、かつお節のイノシン酸、椎茸のグアニル酸を三大旨味成分という。旨味成分はアミノ酸系と核酸系の二種類に分類され、昆布、醤油、味噌、野菜のグルタミン酸は「アミノ酸系」の旨味成分であり、かつお節や煮干しや肉のイノシン酸と、干し椎茸やきのこ類のグアニル酸は核酸系の旨味成分であり、このアミノ酸系と核酸系の旨味成分をかけあわせると相乗効果を発揮して、旨味が倍加する。旨味成分は多くは単独では旨味を発揮せず、塩の共存によって旨味を呈する。

うめず　梅酢
ume vinegar〔利用〕
　参照：梅漬け、桜漬け
　梅の実を塩漬けにし、重しをしてしみ出る酸味の強い汁。そのままのものを白梅酢、シソを加えて赤くしたものを赤梅酢という。そのまま調味料として使うほか、赤梅酢はショウガ、ミョウガ、カブなどの色づけに使う。

うめづけ　梅漬け
pickled ume〔利用〕
　梅の実を塩漬けにしたもので、若い青梅をそのまま漬けたシワのないものを梅漬け（どぶ漬け）、土用の頃に日干しをしてシワをつけたものを梅干しという。通常食塩約22%を含む。減塩梅漬けでは食塩を10%程度まで減らしたものがある。その場合はアルコールなどで保存効果の向上を図っている。この他石灰を併用して漬けたカリカリ小梅も梅漬けである。瓜・大根などを梅酢に漬けた梅酢漬けを梅漬けという場合がある。

うめぼし　梅干し〔利用〕
　参照：梅漬け

えいようえんるい　栄養塩類
nutrient salts〔海水〕
　参照：海洋深層水

67

生物に必要な塩類をいう。必須栄養素は生物によって異なり、人間に必要なもの、植物に必要なものなどそれぞれ異なる。海水の栄養塩類はしばしば海洋の植物性プランクトンや海草類の栄養源をいい、代表的なものは窒素、リン、ケイ酸をいう。巻末付表1；海水の元素組成の中の分類に記載されている。海洋表層では光合成が活発であり栄養塩類が少なく、深さを増すに従って栄養塩類は増加する。また、河川や都市の生活排水の流入する沿岸水域では富栄養が問題となり、表層下部（通称深層水）では富栄養をメリットとしている。

えいようきのうしょくひん　栄養機能食品
functional food of nutrition〔組織法律〕
栄養機能食品とは、健康機能食品*のうち、規格基準に適合していれば、個別の審査・許可を必要とせず、高齢化やライフスタイルの変化等により、通常の食生活を行うことが難しく1日に必要な栄養成分を取れない場合に、その補給・補完のために利用する食品である。栄養機能食品には、現在、ミネラル類5成分、ビタミン類12成分の栄養成分の規格があり、1日当たりの摂取目安量に含まれる栄養成分量の上・下限値に適合していれば、栄養成分の機能を表示することができる。ただし、定められた栄養機能表示、注意喚起表示、厚生労働大臣による個別審査を受けたものではない旨の表示をする必要がある。塩の場合は1日10gが標準摂取量であり、通常はミネラル含有量が基準値に達しないため、栄養機能食品の規格基準に適合しない。

えいようしょようりょう　栄養所要量
required intake of nutrition〔健康〕
参照：食塩摂取量

1日当たり必要な栄養素の摂取所要量である。厚生労働省は5年毎に栄養所要量を定め、国民の栄養摂取量の指針としている。年齢、性別、生活活動状況別に脂質、タンパク質、ビタミン、ミネラル等が定められている。ミネラルの中ではカルシウム、マグネシウム、鉄等の他に、食塩の所要量は目標摂取量として食塩摂取量は高血圧予防の観点から、15歳以上では10g/日未満とすることが望ましい、となっている。これに対して毎年の国民栄養調査が行われ、実際の摂取量が食品中の全ナトリウム量を食塩に換算して摂取量として発表している。

厚生労働省は「日本人の食事摂取基準[2005年版]」を策定し、これまで使用してきた言葉である栄養所要量を「食事摂取基準」に変更した。これに伴って、食塩の目標摂取量が目標量となり、12歳以上の男性で10g未満、10歳以上の女性で8g未満と設定された。

えいようひょうじきじゅん　栄養表示基準
nutritional ingredient label, nutritional ingredient claim〔健康〕
一般消費者に販売される加工食品等、輸入食品、鶏卵、添加物の加わらない食品そのものなどに栄養表示をしようとする場合、健康増進法*に定める栄養表示基準に従い、成分表示を行わなければならない。この栄養表示基準は、加工食品の栄養表示に一定のルール

表示対象外
名称：‥‥‥
原材料名‥‥‥
　　・・カルシウム
原材料名のみに栄養成分表示があり他に一切記載がない場合

表示対象
| 名称　マグネシウム含有食品 | カルシウム |
| 原材料名‥‥‥ | ビスケット |

原材料以外の部分に栄養成分に関する記載がある場合

p化を図り、消費者が食品を選択する上で適切な情報を提供することを目的としている。

栄養表示基準が適用される対象は、一般加工食品、輸入食品等の日本語で栄養表示をしようとする食品で、生鮮食料品は原則対象外とされるが、鶏卵は対象となる。ただし、原材料名の欄のみに表示する場合は対象外となる。
栄養表示基準が適用される栄養成分
　　熱量（エネルギー）、たんぱく質、脂質、炭水化物
　　ミネラル：亜鉛、カリウム、カルシウム、クロム、セレン、鉄、銅、ナトリウム、マグネシウム、マンガン、ヨウ素、リン
　　ビタミン：ナイアシン、パントテン酸、ビオチン、ビタミンA、ビタミンB1、ビタミンB2、ビタミンB6、ビタミンB12、ビタミンC、ビタミンD、ビタミンK、葉酸
栄養成分の表示項目と順番
　1. 熱量
　2. たんぱく質
　3. 脂質
　4. 炭水化物
　5. ナトリウム
　6. 栄養表示しようとするその他の栄養成分
　上記の栄養成分外にも、総称や別名称、構成成分、前駆体、これらを示唆する一切の表現も適用の対象になり、例えば「ミネラル」という総称語を製品に表示しようとすると、栄養表示基準が適用されるミネラル12成分全てを栄養表示する必要がある。
　また、「高○○」「○○入り」などの栄養成分が補給できる旨の表示や「低○○」「○○控えめ」などの適切な摂取ができる旨などの強調表示*をする場合は、予め決められた基準値を満たしていなければ表示することができない。

えきがく　疫学
epidemiology 〔健康〕
　生活習慣、社会習慣、環境要因といったいろいろな因子と病態疾患とを幅広く調査し、ある因子と疾患との関係を推定する学問。例えばインターソルト・スタディ*。

えきほう　液胞
liquid inclusion 〔煮つめ〕
　結晶中に包含された母液*。塩に液胞が存在する場合は、存在しない場合に比べて純度が低下すると共に、結晶が壊れ易くなる。一般的には天日塩*に多く、岩塩*に少ない。

えすえいちあーる　SHR
spontaneously hypertensive rat 〔健康〕
　同義語：自然発症高血圧ラット
　参照：SHRSP、高血圧
　高血圧ラット同士を掛け合わせて、食餌に関係なく自然に高血圧になるラットを選抜した高血圧症モデル動物。このことから、高血圧症は遺伝病とされるようになった。食塩摂取量の環境因子が加わるとSHRラットでは高血圧発症率が高くなる。

えすえいちあーるえすぴー　SHRSP
spontaneously hypertensive rat stroke prone 〔健康〕
　脳卒中易発症自然発症高血圧ラット。食事に関係なく、自然に高血圧症になった上で必ず脳卒中で死ぬラットを選抜した高血圧症、脳卒中の研究用モデル動物である。

えぜくたーかあつほう　エゼクター加圧法
ejector compression system　〔煮つめ〕

工業的に煮つめ*を行う場合の蒸発缶*への熱源供給方式の一種。スチームエゼクターと呼ばれる蒸発蒸気圧縮装置に駆動用の高圧蒸気を供給することにより、蒸発缶の蒸発蒸気を熱源として再利用する。日本の製塩工場では昭和30年代に加圧真空併用方式として広く使われた。

えっくすせんかいせつ　X線回折
X-ray diffraction　〔分析〕

固体試料がどのような化合物かを知るための分析装置。例えば、結晶が硫酸カルシウム2水塩か無水塩かを判別する。X線は波長が0.01～数十nm程度の範囲の電磁波をいう。結晶に原子間距離とほぼ等しい波長のX線束を照射すると、X線入射角度と結晶内原子間距離に起因し、ある方向で強め合い、または打ち消し合う干渉現象が生じ、回折線を生じる。回折線から結晶格子の種類・間隔・構造因子などの情報が得られ、未知結晶物質の同定（どのような物質からできているかを確かめる）および結晶構造解析が可能となる。

えっとうにがり　越冬にがり
wintering bittern　〔副産〕

塩田で夏場に採取したにがりは温度の低い冬場を越すと硫酸マグネシウムが析出し、にがり中の硫酸マグネシウム濃度は低くなる。このようなにがりを越冬にがりという。
分析例（「海塩の化学」）
$MgSO_4$ 3.9%、$MgCl_2$ 20.0%、KCl 3.5%、NaCl 1.9%

えふあいち　FI値
fouling index　〔海水・採かん〕

参照：濁度、MF値

海水水質を示す尺度の一つ。ろ過抵抗によって測定する。逆浸透膜やイオン交換膜などの工業的利用の分野で、膜面に付着しやすい圧縮性懸濁物の海水中の量を選択的に測定するために用いられる。測定方法は、200kPaの加圧下で試料水を孔径0.45μmのメンブレンフィルターでろ過し、最初の500mℓをろ過する時間t_0、開始15分後の500mℓをろ過する時間t_{15}を計測し、下記の式により算出する。
FI = 100/15×(1−t_0/t_{15})

通常、海水淡水化や製塩の分野では膜に供給する原料海水の水質基準はFI＜4.0である。

えふえーおー　FAO
Food and Agriculture Organization　〔組織法律〕

同義語：国際連合食糧農業機関

世界の人々の栄養水準および生活水準を向上させるとともに、農業の生産性を高め、特に農村に居住する人々の生活事情を改善していくことを使命として、農業、林業、水産業および農村開発のための指導機関として1945年に設立された。FAOは政府間組織であり、現在175の加盟国にEC（加盟機関）を加えて構成されている。塩に関する国際規格*を定めている。

えむえふち　MF値
membrane filtration time　〔海水〕

参照：濁度、FI値

海水水質を示す尺度の一つ。ろ過抵抗によって測定する。逆浸透膜やイオン交換膜などの工業的利用の分野で、膜面に付着しやすい圧縮性懸濁物の海水中の量

を選択的に測定するために用いられる。測定方法は、1ℓの試験水を孔径0.45μmのメンブレンフィルターを用いて260mmHgの真空で吸引ろ過したときのろ過所要時間(秒)を25℃のろ過時間に換算したものをMF値という。

えるでぃー50　LD₅₀
50% lethal dose 〔健康〕

半数致死量または50%致死量*ともいう。急性毒性試験において実験動物に化学物質を投与し50%の動物が死亡した用量を体重1kg当たりの量で表し、毒性の目安とする。LD_{50} 30mg以下を毒物、300mg以下を劇物、300mg以上を普通物に分類する。

LD_{50}の測定例（単位mg/kg）

塩化ナトリウム	3000
塩化カリウム	3000
塩化マグネシウム	2800
塩化カルシウム	1000
硫酸マグネシウム	1030
臭化ナトリウム	3500

えん　塩
salt 〔分析〕

陽イオンと陰イオンが荷電を中和する形で生じた化合物の総称。塩化ナトリウムは代表的塩（エン）である。（シオ）という場合は一般に塩化ナトリウムを主成分とする食塩、（エン）という場合は広義のイオン結合化合物をいう。

塩（エン）は酸と塩基の反応や、金属を酸に溶かしたときにできる生成物のことである。構造の中にH^+を含む塩（例：$NaHCO_3$）を酸性塩、OH^-またはO^{2-}を含む塩を塩基性塩（例：塩基性塩化マグネシウム（$Mg(OH)_3Cl \cdot 4H_2O$）どちらも含まない塩を正塩（例：$NaCl$、$CaSO_4$、KBrなど）という。塩を形成する結合力は、イオン的な力が主力の場合、特定イオン間に共有結合性を帯びた静電力が働く場合、固体全体に共有結合性を帯びた静電力が働く場合などがあるが、イオン的な結合によって生成された塩は、水に溶けやすい性質を持つ。

えんがい　塩害
salt damage 〔利用〕

1) 海岸近くで潮風のために受けるコンクリートの被害。コンクリートに侵入した塩分が鉄筋を腐食させ、膨張させることで、コンクリートにひび割れが発生する。コンクリートのひび割れにより、さらに塩分が侵入し、被害が拡大していく。
2) 土壌に塩分が集積し、土壌環境や農業に被害をもたらすこと。干ばつ時の地下からの海水の侵入、河川への海水の逆流、高潮などによる海水の侵入などによって土壌に塩分が蓄積され、農作物などが被害をうける。
3) 道路融雪用などに使用した塩が溶解して周辺植物に障害を与える例がある。植物の耐塩性は植物によって大きな差がある。外国の研究では通常の使用では道路の端0.5～1m程度までが塩害を受ける範囲とされるが、日本では雨が多く地勢的に勾配が急なため排水が速く相対的に塩害は少ないとされている。

えんかかりうむ　塩化カリウム
potassium chloride 〔副産〕

参照：粗製海水塩化カリウム、
　　　低ナトリウム塩

元素記号：KCl、分子量：74.55、溶解度：25.6%(20℃)、融点：768℃　臨界湿度：85%　食品添加物に収載、急性経口毒性LD_{50}：3g/kg

無色の結晶。アルコールに難溶。苦い辛味を呈し、純粋なものは潮解性はない。

天然にはシルビン（カリ岩塩）として産出する。工業的にはにがり副産物またはカーナル石などの鉱石から分別晶析によって得る。用途はカリ肥料、医薬品、その他のカリウム塩の原料など多方面に利用されている。海水にもカリウムイオンは0.38g/kg海水（塩化カリウムで示すと0.72g/kg）程度存在するので、海水から食塩を製造し、残りの高温のにがり液を冷却すると粗製海水塩化カリウムおよびカーナライト*が得られる。精製するためにはそれを熱水で溶解後、冷却して再結晶させると塩化ナトリウム*が除かれ、塩化カリウムが得られる。高血圧対策として塩化ナトリウムの代替及びナトリウム排泄を目的として塩化カリウムを添加する例がある。

えんかかるしうむ　塩化カルシウム
calcium chloride 〔副産〕

元素記号：$CaCl_2$、分子量：110.99、1,2,4,6水塩がある。無色、吸湿性、潮解性がある。無水物比重：2.22　溶解度：59.5%（0℃）、74.5%（20℃）、136.8%（60℃）、159%（100℃）。急性経口毒性LD_{50}：1g/kg

一般にはアンモニアソーダ法のソーダ灰製造および塩素酸カルシウム製造の副産物である。

膜濃縮の塩およびにがりに含まれる。蒸発濃縮では塩化カルシウムは含まれない。これは膜濃縮では硫酸イオンが膜を透過しにくく塩化カルシウムはかん水に残り、蒸発濃縮では塩析出前にカルシウムが硫酸カルシウムとして除去されるためである。

無水物は極めて吸湿性が強いので良好な乾燥剤として用いられる。また、濃厚な水溶液は低温（-54℃）まで凍らないことにより、冷凍機の冷却水に用いられ、冬期には道路の凍結防止剤・融雪剤に使用される。融氷雪剤として、塩化ナトリウムに比べて価格は高いが、速効性は高く、潮解性は大きく、低い気温で使用可能である。豆腐の凝固剤にも使われる。

えんかなとりうむ　塩化ナトリウム
sodium chloride 〔塩種〕

類似語：塩、食塩

元素記号：NaCl、分子量：58.44。無色の結晶。溶解度：35.7%（0℃）、39.8%（100℃）。急性経口毒性LD_{50}：3000mg/kg。

食塩の主成分。人や動物の生命を維持するために欠くことができない物質であり、また化学工業原料としても重要であることから、古くから種々の方法で大規模に採取されてきた。海水中には約2.8%含まれ、また岩塩として地下からも採掘される。岩塩はヨーロッパや北アメリカ、中国に分布するが、日本には産出しない。海水から塩化ナトリウムを得るためには大量の海水を濃縮して結晶を析出させる必要があるので、熱帯地方では海水を天日で乾固させる方法がよく用いられる。雨の多い日本ではイオン交換膜を用いた膜濃縮により濃厚な海水をつくり、これを加熱して結晶を取り出す独自の方法により製造されている。岩塩や海水から得られた粗結晶は多くの不純物を含むが工業的にはそのまま用いられることもある。再結晶により精製することができる。

料理用、調味料の製造、食塩貯蔵用に広く用いられるほか、溶融体や水溶液の電解によって得られる塩素、ナトリウムや水酸化ナトリウム、さらにそれらからつくられる塩酸や種々のナトリウム塩の原料としてもきわめて重要である。生理食塩水・リンゲル液など医薬品の原料としても用いられる。

えんかぶついおん　塩化物イオン
chloride ion　〔分析〕

参照：塩素、塩素イオン

表示記号：Cl⁻、その1.65倍が塩分量（塩化ナトリウム含有量）になる。食塩の組成表示で、「塩化物イオン」、「塩素」、「塩素イオン」、「Cl」などと表記される。塩素、塩素イオンは古い表記方法。日本の塩試験方法では硝酸銀による滴定が用いられるが、ISO国際基準では硝酸水銀による滴定法が採用されている。

えんかまぐねしうむ　塩化マグネシウム
magnesium chloride　〔副産〕

参照：にがり

元素記号：$MgCl_2$、分子量：95.21　通常は6水塩、無色潮解性結晶。比重：2.32　アルコール可溶。食品添加物に収載。急性経口毒性LD_{50}：2.8g/kg

海水中に塩化ナトリウムに次いで多い成分。にがりの主成分で、潮解性があり、苦味がある。粗製の食塩が潮解性であるのはこの存在による。水に溶けやすく、熱する(180℃以上)と加水分解して塩基性塩(塩基性塩化マグネシウム*)となり潮解性を失い、さらに強熱すれば(600℃)酸化マグネシウムとなる。塩を焼けば、塩の結晶表面に存在する塩化マグネシウムが潮解性を失い、さらさら性が持続できることとなる。

塩化マグネシウムの製造は、にがりから臭素、石こう、苦汁カリ塩等のカリウム塩を除去して濃縮して製造する。豆腐の凝固用、耐火物製造原料などに使われる。

えんかまぐねしうむがんゆうぶつ　塩化マグネシウム含有物　〔副産〕

同義語：粗製海水塩化マグネシウム

にがり*の別名。食品衛生法で定める食品添加物であるにがりに対する旧公式名称。現在の名称は粗製海水塩化マグネシウム。

えんかるけいにがり　塩カル系にがり
〔副産〕

参照：にがり

「膜法にがり」ともいう。海水の濃縮にイオン交換膜濃縮を用いたにがりで、塩化カルシウムを含有する。

えんかん　塩乾
salting and drying　〔利用〕

魚介類を貯蔵できる状態にするために、いったん塩漬けをしてから乾燥させること。塩漬けにすることによって水分を一部除くと同時に、食塩の防腐作用により乾燥中の変質を防ぐことができ、また塩味がついているので調味せずに食用とすることができる。最近は、食品流通の発達、家庭における冷蔵庫の普及などにより以前ほど保存性を重くみず、むしろ風味など食味が重要視されており、生干しが主体となってきている。種類としては、アジ、サンマ、サバなどの開き、イワシなどのめざし、ほおざし、丸干しなどがある。

えんきせいえんかまぐねしうむ　塩基性塩化マグネシウム
basic magnesium chloride　〔副産〕

参照：塩化マグネシウム

塩結晶の表面には母液（にがり）が付着しているが、その主成分の一つである塩化マグネシウム*が長時間加熱されると、塩基性塩化マグネシウム（$Mg_2(OH)_3Cl \cdot 4H_2O$など）を形成して溶けにくく白濁の原因となる。食塩を製造する場合に加熱乾燥を行うが、水分をより低レベルにするために乾燥温度を上げることを行

った場合に生じやすい。また、この不溶物の生成は必ずしも乾燥直後に生成するのではなく、乾燥後の多湿環境の吸湿条件下での保管によって促進される。

えんきせいたんさんまぐねしうむ　塩基性炭酸マグネシウム
basic magnesium carbonate〔加工包装〕
　参照：炭酸
　通常単に「炭酸マグネシウム」という。
$3MgCO_3 \cdot Mg(OH)_2 \cdot 3H_2O$

えんぎょうきんだいかりんじそちほう　塩業近代化臨時措置法　〔組織法律〕
　参照：塩業整備
　1971年（昭和46）に施行された「塩業の整備及び近代化の促進に関する臨時措置法」のこと。「新技術（イオン交換膜法）による製造方法への転換を基本に塩の価格を国際水準に近づけ、塩業自立化の基盤を醸成すること」を目的としている。日本の塩田が全廃され、膜濃縮・煎ごう法の製塩に全面転換する根拠となった法律。

えんぎょうせいび　塩業整備　〔文化〕
　日本の塩専売制時代に4回にわたって行われた非効率塩田の廃止、技術革新に伴う製塩方式の変更を中心とした産業改革をいう。この結果、日本の塩田はなくなり、規模拡大とリストラによる合理化が進み大規模製塩は膜濃縮・煎ごう法となることで、日本塩業が生き残り、現在の食用塩自給体制ができた。（表参照）

えんこ　塩湖
salt lake〔天日塩岩塩〕
　同義語：塩水湖
　参照：湖塩　巻頭写真4
　塩分が濃い湖をいう。大昔、海だったところが地殻の変動で陸に封じこめられ、水分が蒸発して濃度が濃くなった湖（濃い塩水の湖）または閉鎖された湖で、長い歴史的年月の間に塩分が流れ込んで濃縮してできる。塩湖は海水と類似した組成の場合もあるが、析出の過程の違いや周辺土壌の成分などに影響されて独自の組成をもつものが多い。乾燥した地域に多く、天日製塩と同じ方法で塩がつくられるが、季節によって自然に塩が結晶する塩湖や、乾固している塩湖もある。泥と塩が一緒になり、溝を掘ると飽和塩水が貯まるような状況になったものも塩湖として扱われる。死海（イスラエル）、グレートソルトレイク（USA）、アタカマ湖（チリ）、ジランタイ（内蒙古）などが有名である。乾固している場合は採掘、湖水の場合は煎ごうまたは天日塩方式で製塩する。

塩業整備の歴史

次数	第1次	第2次	第3次	第4次
実施年	1910、明治43	1929、昭4	1959、昭34	1971、昭46
内容	非能率塩田整理	不良塩田整理	過剰生産の解消	膜濃縮への移行
製造人（千人）	28→12(-16)	5→3.5(-1.5)	3.6→2.2(-1.4)	1.8→0.007
工場数	14000→7000	4500→3400	306→36(-270)	36→7
従業員数（千人）	105→64(-41)	45.6→37(-8.6)	9→4.6(-4.4)	4.6→3 (-1.6)
製塩量（千t）	595→530(-65)	643→553(-90)	1337→933(-404)	920→1050(+130)
交付金	267万円	1200万円	114億円	180億円

（注）製造人とは製造単位の代表者の数

えんこうこうどほう　炎光光度法
flame photometry〔分析〕

塩の分析で主としてカリウムの分析に使用する。試料を高温の炎に噴霧し、元素固有の波長の光を選び出して測定する定量分析方法である。用いられる波長は可視部および近紫外部であり、ナトリウム、カルシウム、マグネシウムなどのアルカリ金属およびアルカリ土類金属の迅速分析に適している。

えんさん　塩酸
hydrochloric acid〔利用〕

化学式：HCl　分子量：36.46　ソーダ工業の生産品。塩化水素の水溶液で、工業的には食塩電解槽で発生する塩素と水素を燃焼して塩化水素ガスとし、水に吸収させて製造する。強酸で、水溶液中ではほとんど完全に解離している。多くの金属と反応して、水素を発生し、塩酸塩をつくる。脊椎動物には胃酸として胃中に存在し、ペプシンの消化を助ける。染料、香料、医薬、農薬などの製造原料など広い用途がある。目や皮膚に触れると炎症を起こす。また、塩生産での使用は炭酸カルシウムの析出防止のためにpH制御に塩酸を添加する。

えんしゅぶんるい　塩種分類
classification of salt〔塩種〕

統一的分類法はなく、目的に応じた分類方法がある。（次頁表参照）

えんしょう　塩商
salt merchant〔文化〕

「塩商人」は塩の移送・販売の流通において主要な役割を果たした。京都では「塩座」（塩を扱う組織された集団）が早くから発達したが、中世末には屋号を有する「塩商」となり、江戸時代初期慶長年間（AC1600）には仲間をつくり株組織を形成した。「塩商」は塩問屋を経由して塩の供給をうけ、これをさらに塩小売人（地買仲間）という。または、直接需要者（味噌、醤油を醸造する大口需要者は他所買仲間を結成した）に販売していた。塩問屋は「元塩屋」と称し、権力をもち指導的地位にあった。中国やヨーロッパでは中近世に塩商人は国家権力と結合して富と権力を握った。

えんしんぶんりき　遠心分離機
centrifuge, centrifugal machine〔煮つめ〕

巻頭写真1参照

スラリー*を入れた有孔容器（バスケット）を高速で回転させ、発生する遠心力によって固体と液体の分離を行う装置。遠心機ともいう。運転操作によって回分式、連続式がありバスケットの向きによって、横型、縦型がある。身近な分離機には洗濯物と水分を分ける家庭用電気洗濯機の脱水機がある。製塩では結晶化した塩と母液*を分離するために使われる。分離操作と同時ににがりを添加してマグネシウム量の調整、結晶の洗浄を行う例がある。

えんぜい　塩税
salt tax〔文化〕

社会生活で必需品である塩は、人頭税的性格をもった収税の対象品として古くからいろいろな国で塩税の制度があった。古くは紀元前3世紀のイタリア、紀元前1世紀の中国が有名。その後安定した収税手段として多くの国で塩の専売制が行われたが、貧民にもれなく税金を課す悪税としての評価が多い。日本では収奪の手段として全国的な塩税を課した歴史はない。

えんせいしょくぶつ　塩生植物
halophyte, halophytic plant, salt plant
〔海水〕

塩分の多い土壌で生育する植物（ときに微生物）。日本では、アッケシソウ群集、チシマドジョウツナギ群集、ハママツナ群集、ナガミノオニシバ群集などがみられる。

参照：塩砂漠

塩性土壌とは、高い塩濃度の土壌をいう。世界中の半乾燥地や乾燥地（年間降水量500mm以下）、沿岸地域、湛水・排水不良地などでは、土壌中に塩類が濃縮して塩性土壌となり、高い浸透圧や重要な微量元素の吸収抑制が発生し、植物の生育が困難となっている。

えんせいどじょう　塩性土壌
saline soil　〔天日塩岩塩〕

えんせん　塩泉
salt spring　〔天日塩岩塩〕

市販塩種分類方法の例

分類方法	内容例示
製法	真空式煎ごう塩、平釜式煎ごう塩、天日塩、岩塩採掘、噴霧乾燥塩、加工塩
原料	海水、天日塩、煎ごう塩、岩塩、湖塩、土塩
粒の形	立方晶（サイコロ状）、トレミー（ピラミッド）、フレーク、破砕形（不定形）、凝集、造粒
粒の大きさ( )内は目安	粗大粒（>5mm）粗粒（1.2～5mm）大粒（0.45～1.2mm）中粒（0.25～0.45mm）微粒（<0.25mm）
純分( )内は目安	高純度塩（>99.5%）普通塩（95～99.5%）低純度塩（<95%）
水分( )内は目安	乾燥塩、湿塩（<2%遠心分離機使用）、高水分塩（>2%静置脱水）
法律上の分類	生活用塩、一般用塩、工業用塩、特殊用塩、特殊製法塩
加工方法	カリウム添加塩、にがり含有塩、焼き塩、旨味調味料添加、食品添加、香辛料添加など

塩種分類：代表的食用塩分類方法の一例

製法	装置	原料生産(ft/y)	商品名の例	特徴
煮つめ (煎ごう塩)	真空式 (立釜)	海水 (1000)	(国産) 食塩、並塩、白塩、特級塩、瀬戸のほんじお、いそしお	標準的食用塩、汎用性あり、サラサラで使いやすい
		天日塩 (70)	精製塩、食卓塩、クッキングソルト	
		岩塩 (1)	(輸入) モートンソルト、アルペンザルツ、山菱岩塩	
	平釜	海水 (5)	(国産) 能登の浜塩、磯の華、瀬讃の塩、粟国の塩、海の精	溶けやすい、柔らかい、くっつきやすい
		天日塩 (80)	(国産) 伯方の塩、沖縄の塩、あらじお、ヨネマース	
天日蒸発 (天日塩)	塩田	海水 (300)	(輸入) 原塩、粉砕塩、日精天日塩、カンホアの、グロセロリグリ、皇帝塩	溶けにくい、硬い、泥、細菌あり
採掘 (岩塩)	採掘	岩塩 (1)	(輸入) サーディロッチャ、アンデスの塩、ドイツ岩塩、シシリー岩塩、マグマ塩	溶けにくい、硬い、鉱物混じり
全蒸発	スプレー乾燥	海水 (1)	(国産) 雪塩、ぬちマース、宗谷の塩	ミネラル多い、微粉

塩分を含む泉または井戸。地下水が岩塩層を溶かし濃い塩水になったもの（地下かん水という）、ガスかん水の一部で地表から噴出しているものをいう。塩資源としての利用は少ない。

えんそ　塩素
chlorine　〔利用〕
元素記号：Cl　原子量：35.453

ハロゲン元素の一つ。単体はCl_2で室温で黄緑色の気体。単体の色を表すギリシャ語が元素名の起源となった。地殻中におもに岩塩（NaCl）として産出し、海水中にも豊富に含まれている（19.0g/kg-海水）。単体は特異な刺激臭をもつ気体で有毒。塩水（NaCl）の電気分解により製造されている。反応性が高く、多くの金属と常温または高温で直接反応する。主な二次製品を列記すると、さらし粉、ポリ塩化アルミニウム、塩化第二鉄、塩化亜鉛、塩化リン、臭素、塩化メチレン、塩化メチル、シリコン、二塩化エチレン、塩化ビニル、塩化ビニリデン、トリクロロエチレン、パークロロエチレン、トルエン塩化物、クロロベンゼン、クロロプレン、エピクロロヒドリン、エポキシ樹脂、合成塩化ゴム、ウレタン、四塩化チタン、モノクロロ酢酸、などがある。

えんぞう　塩蔵
salting　〔利用〕

食塩を使って食物を貯蔵すること。主な原理は食塩濃度を高めると浸透圧*が上昇し、その浸透圧作用によって食品が脱水され乾燥に近い状態になる。そのため、食品の水分活性*が低下し、微生物の繁殖が抑えられる。また、高濃度の塩水中では細菌が原形質分離を起こして発育しにくくなる。塩蔵は歴史的に最も古くから使われた食品保存の方法であり、貯蔵とともに発酵などにより食味の改善を行うことで、多くの食文化の発展の基礎となった。

えんてつろん　塩鉄論　〔文化〕

中国の漢王朝時代、紀元前119年になり、歴史上最初の全国的規模の塩の専売制を確立した。政府は塩産業を接収し、その役人は金持ちの塩商人から選ばれた。この専売制に対する賛否が有名な論争をひきおこし、紀元前86年から81年まで続いた。論争は桓寛の「塩鉄論」の中に記録されている。財政収入と貧民対策、官僚主義と封建的私有の是非の両論が論じられている。

えんでん　塩田
salt farm, salt field　〔文化〕
参照：天日塩田　巻頭写真6

日本における塩田は海水を濃縮してかん水を得るためのもので塩田で結晶化した塩をとるものではない。塩田は古くは「塩浜」といった。塩田という言葉は明治以降地目として塩浜を塩田といったことに始まる。藻塩焼*の時代を経て、塩の需要が増大するに従い、海水からかん水を採取する採かん作業に、海水中の塩分が付着した海浜の砂（塩砂）を利用する塩浜法が発達した。『日本書記』に見る「塩地」は、こうした製塩のための特別な場所を指すと考えられる。塩浜法は、自然の砂浜を利用する段階から始まり、大きくは「揚浜*」と「入浜*」という二つの形態に別れて発展し、塩田として整備されていった。近世以降、製塩環境に恵まれた瀬戸内海地域を中心に、大規模な入浜塩田が開拓され「十州塩田*」として、我が国最大の塩の生産地となった。一方で、他の地域でも、それぞれの環境に適合した形態の塩田での製塩が見られ

た。塩田での製塩は、明治38年の塩専売制の施行以降、段階的に整理・統合が進み、1950年代にはポンプを利用する流下式*・枝条架*塩田が開発され労働が軽減されるとともに、生産性が著しく向上した。1972年のイオン交換膜による海水濃縮の導入によって、最終的に塩田は姿を消したが、伊勢神宮の御塩浜や能登半島の揚浜が、神事用や無形文化財として残された。現在では、兵庫県赤穂市など数ヵ所に、社会教育施設として塩田が復元され、塩づくりを通しての体験教育の場として活用されている。

外国の塩田は海水を濃縮して結晶化した塩を作るもので天日塩田*という。ただし、歴史的には濃縮のみの塩田も古く中国、欧州などで行われたことが知られている。現在日本に塩田は歴史保存用に残るものや観光用にしか残されていない。濃縮してかん水までの濃縮（採かん）でとどめた後、煮詰めて塩をとる（煮詰め）二段階方式は日本独特のものである。

えんでんにがり　塩田にがり
bittern made in field 〔副産〕
　同義語：硫マ系にがり
　参照：にがり、粗製海水塩化マグネシウム
　海水を塩田等の蒸発法で製塩した後に残る「にがり」のことであり、主成分は塩化マグネシウム*である。膜法製塩に比較した特徴として、カルシウムがなく、硫酸マグネシウム*が含まれている。これは、塩田の濃縮過程で石膏（硫酸カルシウム*）としてほとんどのカルシウムが取り除かれるためである。膜法にがりに比べやや食塩残存量が多くなりやすい。

えんど　塩土
playa 〔天日塩岩塩〕
　同義語：プラヤ
　参照：塩砂漠、塩性土壌、土塩
　塩土とは土塩（プラヤ：playa）とよばれる塩砂漠の土のことをいう。これに水をかけてかん水をとり、そのまま利用するか、水分を蒸発させて固形として利用する。この方法で作られる塩を土塩という。

えんぶん　塩分
salinity 〔分析〕
　参照：塩分量
　固体・液体に含まれる塩類の量。食品によく使われる用語。食品の成分表示の場合はナトリウム塩の量を示し、ナトリウム×2.54を食塩相当量とする。他の塩類は無機質として表す。

えんぶんけつぼう　塩分欠乏
salt deficiency 〔健康〕
　激しい運動や高熱環境作業での多量な発汗、激しい下痢等によって体内の塩分が欠乏することがある。炎天下の運動で起こす熱射病は、塩分欠乏を起こしたときの症状の一つである。体液（細胞外液）の塩分濃度は一定に維持されており、その濃度が低下して電解質バランスを崩した状態では、血液量が低下し、循環量が少なくなって、低血圧となり、臓器の血流障害が起こる。また、体温上昇による熱中症（熱射病）、痙攣、意識不明などを起し、時に死に至る。このような場合には緊急処置として食塩水を与え、輸液療法が必要になる。

えんぶんりょう　塩分量
salinity 〔海水〕
　同義語：塩分濃度
　あるものの中に含まれる塩類の量または塩化ナトリウムの量である。単に「塩分」ともいう。

- 海水の塩分量：1960年代から、海水の電気伝導率を測定して塩分を算出する方法が、それまでの塩素イオン濃度の滴定によって塩分を算出する方法の代わりに広く用いられるようになった。そのために、政府間海洋委員会の取り決めで、純粋な塩化カリウム32.4356gを含む1kgの水溶液の15℃、1気圧における電気伝導率に等しい電気伝導率をもつ海水の塩分を35.000と定義して、計算によって海水の塩分を求めることになった。実際には、塩分が正確に知られている標準海水と塩分未知の海水の電気伝導率の比から塩分を求める。したがって、その値は単に比であるので、塩分は無名数であるが（例えば塩分=34.7と書く）、「実用塩分」ともいわれる（例えば、（実用）塩分=34.7psuと書くこともある）。1982年以降はこの塩分を使用することが国際的に推奨されている。塩分（実用塩分）は従来用いられた塩分（単位プロミル‰）の基礎的な意味である「海水1kg中に溶存している塩類の全量」とは全く無関係に定義されているが、数値的にはよく一致しており、過去のデータもそのまま使うことができる。
- かん水中の塩分量：溶存している固形物質の全量をグラムで表したもの。固形物量は主成分分析値からナトリウム量を分析しており、炭酸イオン、臭素イオンおよびヨウ素イオンは分析してないので、結果的に全ての炭酸塩は酸化物に変えられ、全ての臭素とヨウ素が塩素で置き換えられたものとなる。
- 食塩中の塩分量：食塩中の塩分は通常塩化ナトリウム含有量をいう。「純分」という場合がある。無機物含有量全体をさす場合は「全塩分量」という。固結防止剤として加えられたものは全塩分量には含まれない。
- 食品中の塩分量
ナトリウム量で表す場合が多い。ナトリウム×2.54が塩化ナトリウムの概略値になる。

えんみ　塩味
salty taste 〔利用〕
参照：食塩嗜好、食塩欲求

塩味とは食塩（塩化ナトリウム）で代表される味である。甘味・酸味・塩味・苦味・旨味の中でも最も基本的な味で、調味上重要である。料理の中の適正な食塩量の範囲は狭い（口中で0.5～1%）。塩味は、他のほとんどすべての味と調和し、相互作用を持っている。塩味には、甘味や旨味を引き立てる対比効果、酸味をやわらげる抑制効果がある。塩味は味蕾で感じるが、体の中の食塩が不足した状態では食塩欲求が強くなり、脳中枢の働きで濃い塩味を好むようになる。

食品や調味料に含まれる塩化ナトリウム量の目安

品名	量	塩分量
食塩	小さじ1	5.0 g
ソース	大さじ1	1.3 g
醤油	大さじ1	2.6 g
減塩醤油	大さじ1	1.3 g
味噌	大さじ1	1.9 g
食パン	1枚 (65g)	0.8 g
うどん（ゆで）	1玉 (300g)	0.9 g
即席ラーメン	1袋 (120g)	7.7 g
バター	大さじ1杯 (13g)	0.2 g
マーガリン	大さじ1杯 (13g)	0.2 g
チーズ（プロセス）	3切 (45g)	0.6 g
ハム（ロース）	薄切り3枚 (30g)	0.8 g
塩ざけ	1切 (50g)	0.9 g
たらこ	中1腹分 (80g)	3.7 g
さつまあげ	1個 (50g)	1.0 g

参考文献：
『毎日の食事のカロリーガイドブック』（女子栄養大学出版部）
『暮らしの食品成分表』（一橋出版）

えんみちょうみりょう　塩味調味料
salty seasoning　〔利用〕

料理に塩味をつける調味料。食塩、醬油、味噌が代表的。

えんよく　塩浴
salt bath　〔健康〕

参照：食塩泉、塩湯

入浴時に浴槽に塩を入れて入浴する方法。海水を温めて入浴する場合も塩浴という。末梢血管の血流がよくなり湯冷めをしなくなる、冷え性に効果がある、風邪を引きにくい、といわれている。また、皮膚の表層の角質を軟化させて取り除くので肌がすべすべになる効果がある。アトピー性皮膚炎の症状改善にも効果が認められる場合がある。食塩泉と同様の効果を期待することができる。通常180ℓに少なくとも15g以上を加えて使用する。

えんるいそせい　塩類組成
salts composition　〔分析〕

参照：イオン組成

塩または高い塩分濃度の液体を構成する成分のことで、主に塩化ナトリウム、塩化カリウム、塩化カルシウム、硫酸カルシウム、塩化マグネシウム、硫酸マグネシウム、硫酸ナトリウム（それぞれ NaCl、KCl、CaCl$_2$、CaSO$_4$、MgCl$_2$、MgSO$_4$、NaSO$_4$）が挙げられる。主成分*の各イオンの分析結果を塩類組成計算法の計算式に当てはめて求める。塩の場合、製造する方法によって塩類組成が異なるため、製造法の推定にも利用できる。

おーすてないと　オーステナイト
austenite　〔煮つめ〕

参照：ステンレス鋼

鉄は温度によってα鉄、γ鉄、δ鉄と安定な結晶構造が異なる。911〜1392℃で安定なγ鉄は面心立方構造をとり、これに合金元素が溶けこんだものがオーステナイトといわれる。

オーステナイト系の合金として代表的なものにクロム—ニッケル系のオーステナイト系ステンレス鋼があり、JISではクロム約18%—ニッケル約8%を含有するSUS304やクロム約18%—ニッケル約

塩類組成計算法

[KCl] = [K] × 1.9068
[CaCl$_2$] = ([Ca] − [SO$_4$] × 0.4172) × 2.7692
↓
・[CaCl$_2$]が＋の場合
　[CaSO$_4$] = [SO$_4$] × 1.4172
　[MgCl$_2$] = [Mg] × 3.9173

・[CaCl$_2$]が−の場合
　[CaSO$_4$] = [Ca] × 3.3969
　[MgSO$_4$] = ([SO$_4$] − [Ca] × 2.3969) × 1.253
　[MgCl$_2$] = ([Mg] − [MgSO$_4$] × 0.2019) × 3.9173
↓
・[MgCl$_2$]が＋の場合
　[NaCl] = ([Cl] − [KCl] × 0.4755 − [MgCl$_2$] × 0.7447) × 1.6485
・[MgCl$_2$]が−の場合
　[Na$_2$SO$_4$] = ([SO$_4$] − [Ca] × 2.397 − [Mg] × 3.9524) × 1.4786
　[NaCl] = ([Cl] − [KCl] × 0.4756) × 1.6485

塩類組成と対象試料の分類

塩類組成計算結果	塩類系	対象試料
[CaCl$_2$]が＋	塩カル系	イオンかん水およびそのせんごう塩
[CaCl$_2$]が−、[MgCl$_2$]が＋	硫マ系	天日塩、海水
[CaCl$_2$]が−、[MgCl$_2$]が−	芒硝系	精製塩、岩塩

12%−モリブデン2%を含有するSUS316が代表的である。製塩ではオーステナイト系ステンレス鋼は配管やバルブ、ポンプ等に使用され、そのクラッド鋼*は蒸発缶や加熱缶に使用されている。

おうりょくふしょくわれ　応力腐食割れ
stress corrosion cracking 〔煮つめ〕

金属に引張応力を与え徐々に大きくしていくと、ある値の応力を超えてから破断する。また、破断せずに耐え得る最大の応力(引張強さ)以下の状態でも、腐食*環境中に置くと割れが発生することがある。これを応力腐食割れといい、腐食と引張応力の共同作用により生じる。製塩環境では、オーステナイト*系ステンレス鋼*の溶接部や研磨部等に施工時の応力が残留して、応力腐食割れが発生することがある。

おくせにうすりろん　オクセニウス理論
Ochsenius Theory 〔天日塩岩塩〕

参照：岩塩

1870年代にドイツのオクセニウスが提出した岩塩形成理論で、その後多くの研究者によって修正され、現在最も有力な岩塩形成過程の理論として知られている。海洋の水が砂州で外海から部分的に遮断され湾内の海水が蒸発した分だけ外海から海水が入ってくる状態で母液や生物は外に逃げ最終的に乾固して岩塩層ができる。

岩塩形成モデル

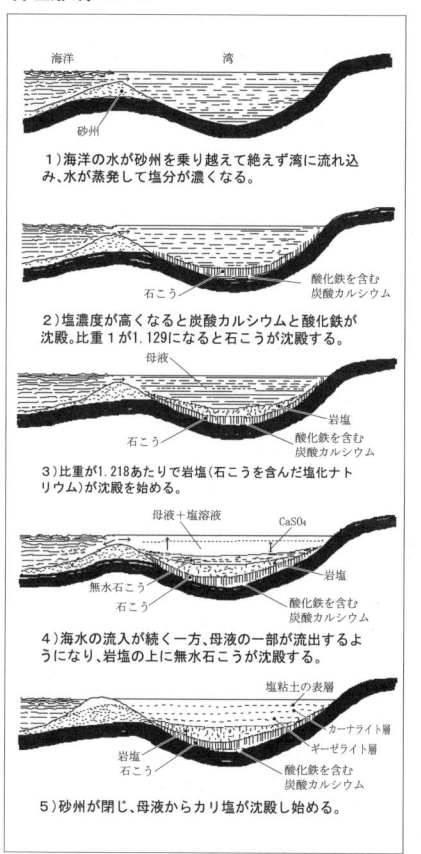

1) 海洋の水が砂州を乗り越えて絶えず湾に流れ込み、水が蒸発して塩分が濃くなる。

2) 塩濃度が高くなると炭酸カルシウムと酸化鉄が沈殿。比重1が1.129になると石こうが沈殿する。

3) 比重が1.218あたりで岩塩(石こうを含んだ塩化ナトリウム)が沈殿を始める。

4) 海水の流入が続く一方、母液の一部が流出するようになり、岩塩の上に無水石こうが沈殿する。

5) 砂州が閉じ、母液からカリ塩が沈殿し始める。

おすろかん　オスロ缶
Krystal-Oslo type crystallizer 〔煮つめ〕

参照：育晶

クリスタル−オスロ型晶析装置の略称。装置は蒸発部(過飽和発生部)①と結晶成長部②に分離されている。蒸発部で過飽和状態となった母液*は結晶成長部の下方より供給され、上昇し、ポンプ③を通

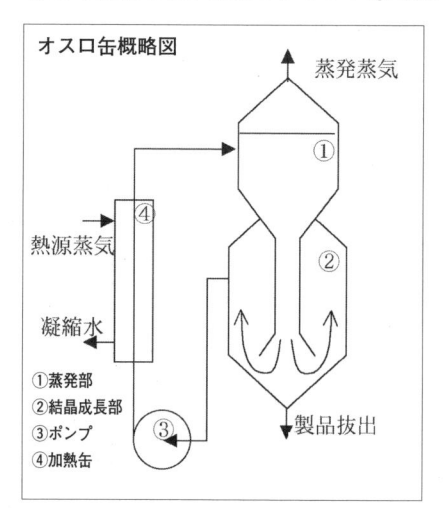

オスロ缶概略図

①蒸発部
②結晶成長部
③ポンプ
④加熱缶

って加熱缶④へ送られ、再び蒸発部へ戻される。したがって、結晶成長部が分級層となり、所望の粒径以上に成長した結晶が選択的に沈降し抜出される。他の蒸発缶より大きな粒径の塩を製造するのに適する。

おせんぶっしつ　汚染物質
contaminant〔健康〕

食品において汚染物質とは、食品に意図的に添加されたものと異なり、食品の生産・製造・加工・流通・販売（容器・包装など）行為の結果または環境汚染の結果として、食品中に存在する物質のこと。

おはらいしお　お祓い塩〔文化〕

「清め塩」ともいう。塩は昔から貴重かつ神聖なものであり、例祭や地鎮祭等で、穢れを払う目的で塩をまいて清める例が多い。清浄の場として結界を作るためという説もある。また葬儀などのあと、塩を振って清める清め塩の風習がある。穢れを払うではなく藝枯れまたは気枯れを祓い活力を得るためとする説もある。祓い清めるものとして塩を振る、塩をなめるなどの風習は多いが、その起源や意味については諸説あり確定が難しい。葬儀店などが配布しているものにはシリカゲルなどを混合する場合がある。

おんせんねつせいえん　温泉熱製塩
salt production by hot-spring water
〔煮つめ〕

熱源として温泉熱を利用する製塩方法。明治12年に青森県庁で温泉熱を利用した製塩が試験的に行われたのが最初。明治36年青森県浅虫温泉で最初に実用化された。この方法は、蒸発鍋（縦2m、横1.7m、深さ21cm）を238枚並列して、温泉熱によ り水分を蒸発させ、12～13%のかん水を得て、これを鉄釜によって煮つめた。戦後の自給製塩の時期には、伊豆半島熱川温泉、鹿児島県指宿温泉、長崎県小浜温泉でも行われた。現在は青ヶ島（東京都）で地熱を利用した製塩がある。

かーとん　カートン
carton〔加工包装〕

厚紙を円筒または箱状にした塩包装容器。必要に応じて内装にポリエチレンをラミネートする場合がある。

かーならいと　カーナライト
carnallite〔副産・分析〕

塩化カリウムと塩化マグネシウムの複塩で、化学式$KCl \cdot MgCl_2 \cdot 6H_2O$で表される無色の結晶。イオン交換膜法にがりを濃縮し、放冷すると析出する。塩田製塩にがりでは、カーナライトが析出する前に、苦汁カリ塩（$MgSO_4$, $NaCl$, KClが混合した析出物）を生成するが、その母液を冷却するとカーナライトが析出する。

かーるのりゅうどうせいしすう　カールの流動性指数
Carr's flowability index〔分析〕

R.L.Carrによって提唱された、粉体の流動性*を総合的かつ定量的に表現するための評価指数（単位＝無次元）。一定の条件で測定した圧縮度*、安息角*、スパチュラ角*、均一度*の4種類によって粉体の流動性を評価する。

測定例：食塩　安息角34°(21点)、圧縮度3.5%(25点)、スパチュラ角54°(16点)、均一度1.9(23点)、Carrの流動性指数85

かあつしきせいえんほう　加圧式製塩法
salt manufacture by auto-vaper compression evaporation〔煮つめ〕

同義語：自己蒸気加圧法、
　　　　自己蒸気機械圧縮方式

　蒸発缶から出た蒸気蒸気を蒸気圧縮機（コンプレッサー）で加圧することで蒸気温度を上昇させ、その蒸気を再度熱源蒸気として利用する製塩方法。ボイラー*蒸気を使わず、コンプレッサーの電力で製塩するため、大型ボイラーおよび石炭等の燃料が不要になるが多くの電力を使う。また、多重効用法*のように蒸発蒸気を冷却して凝縮させる必要がないため冷却水が要らない。大陸内部の冷却水が十分に得られない場合に使われる例が多い（スイス、ドイツ）。日本では1950年代に電力が余剰になったときに海水直煮製塩*として実用化されたが1972年に膜濃縮の実用化にともない廃止された。

かいえん　海塩
sea salt〔塩種〕

　海水を原料にしてできた塩の総称。岩塩、湖塩と対比して使われる。

かいしょく　潰食
erosion-corrosion〔煮つめ〕

　液の流れなどによる機械的な作用（エロージョン）と電気化学的な腐食（コロージョン）が相互作用して進行する腐食現象を潰食（エロージョンコロージョン）とよぶ。流体中に塩の結晶などの固体粒子が混入している場合（スラリー）には、エロージョン効果は著しくなり、装置に被害を及ぼすことがある。

かいすいそうごうけんきゅうしょ　海水総合研究所
Research Institute of Salt and Sea Water Science〔組織法律〕

　参照：財団法人塩事業センター

　日本で唯一の塩を専門とする研究機関。財団法人塩事業センター*の付属研究所。製塩技術、塩の品質などに関する研究を主たる目的としており、(1)製塩技術に関する研究（製塩工程および品質の計測・制御技術や海水濃縮技術など次世代製塩技術）(2)塩および海水資源の利用に関する研究（商品化技術および海水科学）(3)塩の品質に関する研究（分析技術、食用塩の品質調査・解析）(4)塩の品質検査の受託業務（国際的試験所認定規格ISO/IEC17025を1999年取得）を行っている。所在地：神奈川県小田原市酒匂4-13-20

かいすいたんすいか　海水淡水化
desalination〔採かん〕

　海水を原料に淡水を生産すること。海水淡水化の方法としては大別して蒸発法、膜法、冷凍法がある。世界の総造水量のうち、約60%が蒸発法の多段フラッシュ法、約30%が膜法の逆浸透*法により生産されている。海水淡水化では淡水の

海水主成分[mg/kg海水]

陰イオン		陽イオン		塩類結合形	
Cl	18.9799	Na	10.5561	CaSO$_4$	1.38
SO$_4$	2.6486	Mg	1.2720	MgSO$_4$	2.10
HCO$_3$	0.1397	Ca	0.4001	MgBr$_2$	0.08
Br	0.0646	K	0.3800	MgCl$_2$	3.28
F	0.0013	Sr	0.0133	KCl	0.72
H$_3$BO$_3$	0.0260			NaCl	26.69
計	21.8601	計	12.6215	計	34.25

採取と同時に、海水の約2倍に濃縮されたかん水が生産されるため、これを利用した小規模の製塩が行われているところがある。

かいすいちょくしゃせいえんほう　海水直煮製塩法
salt production by direct evaporation of seawater 〔煮つめ〕

参照：直煮式製塩法

塩田を使用せず海水を直接煮つめて製塩する方法。東北地方の三陸沿岸では古くから海水直煮製塩法が行われていた。大規模な工業としては1952年専売公社小名浜製塩工場稼働以降に加圧式あるいは加圧・真空併用式で実用化されたが、1971年膜濃縮・真空式製塩法*に変わり廃止された。

かいすいのそせい　海水の組成
composition of seawater 〔海水〕

巻末付表1　海水の元素組成参照

外洋海水では3.5%程度の塩類濃度を含有する。河川水の影響があるときは希釈されているし、小雨地域の湾内などで濃縮されている例がある。河川水など陸水の影響がある場合は表層に淡水が入るため表層と底層で著しい濃度差ができる。日本の沿岸の大部分は陸水の影響で希釈されている場合が多い。海水中には、多くの無機電解質が溶解している。主成分は、ナトリウム、マグネシウム、カルシウム、カリウム、ストロンチウム、塩素、硫黄、重炭酸イオン、臭素、ホウ素、フッ素の11元素が挙げられ、無機イオン濃度の99.9%を占めている。主成分組成比は世界中ほぼ一定になっている。その他にほぼ全部の元素が海水から検出されている。塩類としては塩化ナトリウムが最も多く全塩類の78%を占める。

また、生物（植物性プランクトン）に関係する栄養成分（親生物元素*）は深さ方向でその濃度が著しく異なり、深層水の湧昇や陸水の影響がなければ生物密度の高い表層では一般に希薄である。

かいすいのぶっせい　海水の物性
physical property of seawater 〔海水〕

海水の物性上の特性は、他の化合物と比較すると、真水と同様に比熱、潜熱、表面張力、熱伝導率が高い。真水の最大密度の温度は4℃だが、海水では温度が低い方が密度は大きくなる。したがって、海洋では深度が深い方が密度が大きく低温となる。表は常温付近の平均的濃度の海水物性の例である。ただし、沿岸海水では河川水などの影響があり希釈されている場合が多いので、この測定例より淡水側に近づいた物性になる場合が多い。

海水の物性の測定例

密度	g/cm^3	1.0234
比熱		0.9544
電導率	Ω-1cm-1	0.05303
屈折率		1.3388
表面張力	dyne/cm	72.81
相対粘度		1.078
蒸気圧	mmHg	21
浸透圧	atm	25.5
熱伝導率	Kcal/mhr℃	0.521
pH（相模灘）		8.4
氷点	℃	−1.623

かいすいまえしょり　海水前処理
the seawater pretreatment process
〔海水〕
参照：海水ろ過、砂ろ過

製塩原料海水を清澄にする操作。製塩では主として砂ろ過が使われるが、繊維素材によるろ過も使われる例がある。また、塩化第二鉄による凝集処理が併用される例がある。海水取水配管閉塞の防止のための次亜塩素酸ナトリウム溶液の添加、水温制御、pH制御は通常海水前処理に含めない。

かいすいりようこうぎょう　海水利用工業
seawater industry〔副産〕

海水を資源として利用している工業は、製塩をはじめとしていくつかある。魚類、藻類などの養殖は通常海水利用工業に含めない。
・塩：世界では年間約21千万tの塩を生産しているが、そのうち約35%は海水を原料として主に塩田法により生産している。日本では約135万tを主に膜濃縮-煎ごう法*により海水を濃縮して生産している。
・溶存資源（塩を除く）：海水から直接採取する資源として、水酸化マグネシウムおよび臭素がある。にがり*中の成分を利用した苦汁工業*として、マグネシウム、臭素、カリウムなどの採取が行われている。その他、海水からの直接採取ではウランやリチウムの回収も研究されている。
・海水淡水化*：海水に含まれる塩分を除去して飲料水に転換する淡水化技術は、蒸発法、膜を使った逆浸透法などが行われている。離島や慢性的な水不足に悩む地域における渇水対策として活用され、日本では福岡県、沖縄県などで逆浸透法が実用化されている。
・冷却水：火力および原子力発電所において、タービンを回転させるための高温・高圧の蒸気を冷却するために海水が使用される。発電所が海岸に立地しているのは、冷却水として大量の海水を必要とするのが大きな理由である。

その他、海洋深層水*の産業利用やリハビリやアトピー治療に有効とされるタラソテラピー（海洋療法*）施設が近年盛んに検討されている。特に海洋深層水は政府・地方自治体の支援もあって食品、飲料水や化粧品等多くの分野への利用が広がっている。

かいすいろか　海水ろ過
filtration of seawater〔海水〕
参照：砂ろ過　巻頭写真1

海水中の懸濁粒子などの粒子状のものを分離する操作。10〜数μmまでの粒子分離には砂ろ過などの粒状ろ過、さらに精密なろ過になるとメンブレンフィルター、ウルトラフィルターなどの膜ろ過が用いられる。通常、イオン膜製塩工場では、砂ろ過*を用い、海水中の懸濁粒子を排除してイオン交換膜電気透析槽へ海水を供給する。ろ材としては砂以外に、ろ過層を二層にするアンスラサイト（無煙炭粒）、高速ろ過に適する繊維ボール、繊維束、等を併用する例がある。この海水ろ過の工程を海水前処理工程*とよぶ。

がいそくかねつじゅんかんがたじょうはつかん　外側加熱循環型蒸発缶
outside-heating type crystallizer〔煮つめ〕
参照：立釜　巻頭写真1

単に外側缶または外側加熱缶という場合がある。加熱部②が、蒸発部③と分離され、ポンプ①でスラリー*を強制的に循環させる型式の蒸発缶*。加熱部は加熱缶とよばれる。図の(1)のように循環方式によって正循環（蒸発部の上部から下部に向かって循環する方式）と、図の

外側加熱循環型蒸発缶概略図

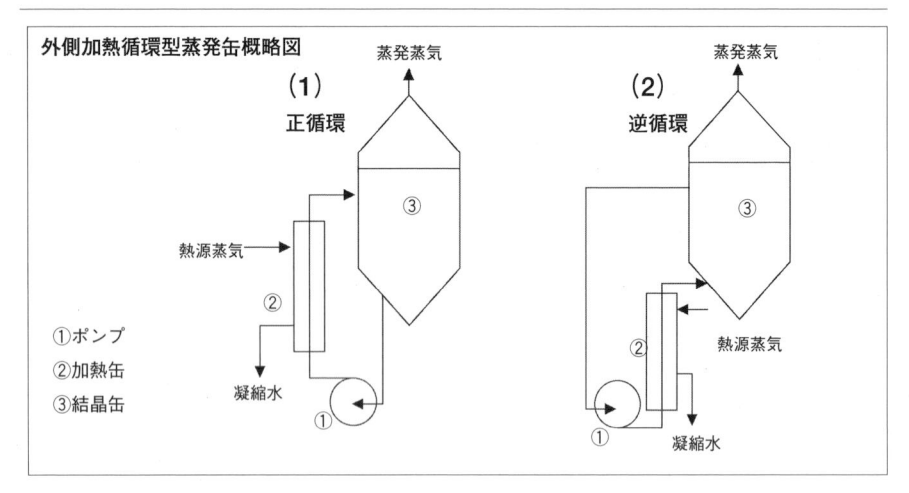

(1) 正循環
(2) 逆循環

熱源蒸気
蒸発蒸気
凝縮水

①ポンプ
②加熱缶
③結晶缶

(2)のように逆循環（蒸発部の下部から上部に向かって循環する方式）に分類される。装置内は結晶および母液が完全に混合される（完全流動型蒸発缶）。日本の製塩工場では最も主流な型式である。食用塩公正競争規約では立釜*の一種として分類される。装置材料としては加熱缶に銅合金、チタン*、本体にステンレス鋼*、モネル*等が使われている。

【関連用語】

・**かねつかん　加熱缶**
heating exchanger〔煮つめ〕

外側加熱循環型蒸発缶*の加熱部。本体の外側に設置され、円筒形で、内部には伝熱管とよばれる多数の配管が垂直方向に設置されている。本体内の塩水をポンプで抜出し、加熱缶下部に供給する。伝熱管内を下から上に塩水を通し、伝熱管の外面に加熱用の蒸気を当て、塩水を加熱する。加熱された塩水は上部より抜出され、本体に戻される。多くは銅合金、チタンなどが用いられる。

・**そるとれっぐ　ソルトレッグ**
salt leg, classifying leg〔煮つめ〕

晶析*装置の下部にある沈降脚部。沈降してきた結晶を製品として抜き出す採塩装置。

かいようおせん　海洋汚染
marine pollution〔海水〕

参照：天日塩、残留農薬

国際連合による海洋汚染の定義は、「人間による直接あるいは間接的な海洋の生物資源に対する危害、人間の健康に対する危険、漁業などの海洋活動に対する障害、海水利用の品質低下、そして海洋レジャーの縮小といった有害な結果をもたらす物質あるいはエネルギーの海洋環境への導入」とされている。

海洋汚染に関する一般情報として環境GISがある。主な汚染源は、生活排水、工場排水、農畜産からの排水、農薬の流出などの陸上からの流入、養殖業の給餌による汚染、船舶による石油の流出、船底塗料の溶出などが挙げられる。また、堤防やテトラポットによる海流変化やダム建設などの貯水設備による陸上の栄養物質や土砂、砂の供給不足などが原因で、

海洋環境が変化して生態系が破壊される場合もある。

　このような海洋汚染は、工業地帯や人口密度の高い地域で顕著に見られ、代表的な例としては海洋の富栄養化、赤潮などの生物の異常発生、有害金属の生物濃縮などがある。製塩への影響として、天日塩や海水をそのまま濃縮する方式での汚染物質の塩、にがりへの移行が懸念され、天日塩を食用に利用することを制限している例もある。

かいようしんそうすい　海洋深層水
deep sea water〔海水〕

　参照：海洋深層水塩、親生物元素

　深層水は概念的には表層水と対比された用語で、明確に定義されていない。混合層を表層とする場合約100mが表層になり、水温躍層以下なら1000m以深になる。最近の海水利用の中で問題とされる深層水はミネラル量を問題にすることから有光層（光合成層）と考えると約120m以上になる。大洋の深層循環などの議論では1000m以深の深い領域を対象にする。製塩に使われる海洋深層水は、多くは水温が10℃弱で一定（温度差3℃以下）に保たれ、海洋表層水と比較すると大腸菌や一般細菌が少なく、窒素、燐などが若干多いという特徴がある。

かいようしんそうすいえん　海洋深層水塩〔塩種〕

　参照：海洋深層水

　海洋深層水で造った塩。現在製造されているのは水深200～500mからの取水または湧昇流が期待できるところの海水を使用して製塩している。現時点では表層海水の塩との差異は見出されておらず、その効用は未だ不明。

かいようみねらる　海洋ミネラル
marine mineral〔海水〕

　参照：栄養塩類、ミネラル、
　　　　親生物元素

　定義が明確ではないが、栄養塩類をさす場合が多い。

かいようりょうほう　海洋療法
thalassotherapy〔健康〕

　参照：タラソテラピー

かがくえん　化学塩〔塩種〕

　参照：自然塩

　自然塩に対比して生まれた商業上の用語。1970年代に自然塩のキャンペーン活動で専売塩は化学塩であるというように使われ、体に悪い塩のイメージづくりに利用された。「化学合成している」、「化学反応で処理されている」、「精製され過ぎて健康に害がある」、等の根拠のない誹謗宣伝が行われ、今なお誤った認識が残っている。化学合成で作られる塩は副産塩*以外にはなく、化学的に合成された塩は市販されていない。

かくはんき　撹拌機
mixer, stirrer〔加工包装〕

　塩に添加物を混合する際に使われる機器。主に特殊製法塩で食品を混合したり、にがりなどを混合する場合に使われる。円錐型スクリュー混合機（ナウターミキサー）、複軸パドル型混合機（パグミル）、小規模では水平円筒型や二重円錐型撹拌機が使われる場合が多い。

かこうえん　加工塩
processed salt〔塩種〕

　塩の利用価値を高めるため、塩の形状を変え、又は塩の不純物を除去し、もしくは塩を変質させた塩をいう。加工手段

としては、狭義には再結晶、添加混合、焼成、造粒をいうが、広義には乾燥、粉砕、粒度調整、洗浄、異物除去なども含める。

かこうじょざい　加工助剤
processing aid　〔煮つめ〕

製品の製造や加工に使用される添加物で、最終の製品には残らないか、残っても微量であり製品に効果を持たないもの。食品においては食品添加物として認められたものを使用するが、表示義務はない。製塩においては、消泡剤*、スケール防止剤*などがある。

かさみつど　かさ密度
bulk density　〔分析〕

同義語：見かけ密度

粉粒体のような粒子の集合体を1つ固体として捉えたときの密度*(単位＝g/cm³、kg/m³)を表す用語であり、容器に充填*した物質の質量を容器の体積で除した値。真密度*と異なり空隙の体積が含まれるため、同一物質においても充填方法等により変動する。

自然落下したときの密度を「粗充填かさ密度」(ゆるめかさ密度)といい、充填容器をタッピング(繰り返し床に落とす)してできるだけ充填したときの密度を「密充填かさ密度」(かためかさ密度)という。下表に代表的な市販塩の測定例を示す。

製品名	粗充填かさ密度 (g/cm³)	密充填かさ密度 (g/cm³)
食塩	1.41	1.44
アジシオ	1.20	1.21
天塩	0.83	1.33
伯方の塩	0.83	1.15

自然落下したときの密度を「粗充填かさ密度」(ゆるめかさ密度)といい、充填容器をタッピング(繰り返し床に落とす)してできるだけ充填したときの密度を「密充填かさ密度」(かためかさ密度)という。下表に代表的な市販塩の測定例を示す。

かざりしお　飾り塩　〔利用〕
参照：化粧塩

がすけっと　ガスケット
gasket　〔採かん〕

参照：イオン交換膜電気透析槽

イオン交換膜を組み立てるときに使うゴム枠。

かたじお　堅塩　〔文化〕
参照：御塩殿神社

日本で昔行われた塩の保存方法。煮詰めて結晶にした塩を土器に詰めて焼き固めると、にがり成分が変化し保存性が向上した。現在、伊勢神宮で神事用に使われる三角錐形に焼き固めた堅塩も、この古来からの堅塩の一種といえる。

かためかさみつど　かためかさ密度
bulk density of tight packing　〔分析〕

参照：かさ密度

かちくようえん　家畜用塩
animal feed salt　〔塩種〕

家畜飼料として使われる塩。すべての家畜に生理的に塩が必要とされ、塩そのものとして、あるいは飼料に混合して与えられる。家畜用で最も多いのは乳牛用で、鉄、銅、ヨード、カルシウムなどのミネラルの粉末、あるいは予防薬が添加され加圧成形してブロック状にして使われる。成牛の塩所要量は1日50～80gである。商品名「鉱塩」が長い実績をもち、

家畜用ブロック塩の代名詞となっている。飼料に混合する濃度の目安（米国栄養必要量委員会推奨値）は、肉牛0.2%、乳牛0.46%、羊0.5%、豚0.33%、馬0.5〜1%、鶏0.15%、犬1%、などとなっている。

かっぺんぼうし　褐変防止
prevention of browning　〔利用〕

食品が、加工・調理または保存中に褐色に変わるのを防止すること。塩によるりんごの褐変防止が典型。りんごに含まれる酵素（ポリフェノールオキシターゼ）による酸化反応を0.3〜0.6%の塩分で止めることができる。この他アスコルビン酸による還元作用、クエン酸による金属封鎖を利用する方法などがある。

かていようえん　家庭用塩
household salt　〔塩種〕

家庭用塩とは、家庭での使用に適し、量、包装形態の塩製品の一般名称。特に製品規格はないが、通常5kg以下の包装形態となっている。なお、塩事業センター生活用塩に「新家庭塩」という商品がある。

かねつかん　加熱缶
heat exchanger　〔煮つめ〕

参照：外側加熱循環型蒸発缶

かびどく　カビ毒
mycotoxin　〔健康〕

かびが農作物などに付着・増殖して産生する化学物質（天然毒素）。

かほうわ　過飽和
supersaturation　〔煮つめ〕

溶質の量が溶解度以上に増加した状態。この状態は不安定で、外部からの刺激によりすぐに平衡状態に戻る。製塩では母液がその温度での溶解度以上に塩化ナトリウムを含んでいる状態を表す。

【関連用語】
・かほうわど　過飽和度
supersaturation degree　〔煮つめ〕

過飽和の程度を表す指標。過飽和状態と平衡状態との差を濃度あるいは温度換算で表す。例えば、濃度過飽和度としては（溶液濃度）−（飽和濃度）、（溶液濃度）／（飽和濃度）、温度過飽和度では（溶液温度）−（飽和温度）などが用いられる。

かまや　釜屋　〔文化〕

塩田時代、かん水から塩を結晶させる釜が設置してある小屋を釜屋といった。塩田の規模によって釜屋の構造や規模はさまざまなものが見られた。瀬戸内海の入浜塩田で使われた石釜の場合、釜屋は9m四方で、屋根は麦藁ぶき、棟には左右の湯気抜きを造って、せんごう釜の上部を板で囲み、設備は中央に釜、竈ならびに温め釜（余熱を利用）を設置した。また、温め釜のそばにかん水汲揚井を堀った。掻き出した塩からにがりを除く居出場＊や薪や石炭などの燃料置場と炊事場もあった。

かみしお　紙塩　〔利用〕

巻頭写真8参照

塩締めの一手法。魚介類や肉類などを塩でしめる際、材料を紙（和紙）で覆い、その上から塩をかけ、水で湿して味をなじませ、身を穏やかにしめる方法である。材料全体に均等に塩が回り、旨味成分の溶出を防ぐ。キスやサヨリのような身が薄く柔らかい魚に塩味をつけるときや、刺身および材料を保存する場合などに用いられる。振り塩よりは塩の量は少な目にする。

かりうむてんかえん　カリウム添加塩
potassium fortified (added) salt　〔塩種〕

参照：低ナトリウム塩

塩化カリウムを添加した塩で、高血圧向けとして減塩*やカリウムによるナトリウム排泄を目的とした塩化カリウム40％以上の塩と、調理時の味の向上を目的とした塩化カリウム15％以下の塩があり、またその中間の製品もある。減塩用の塩化カリウムが多い塩は味がかなり悪くなる。塩化カリウムが多くなった場合は腎臓に負担が大きく、医師の指示のもとに使うことが望ましい。

かりゅうえん　顆粒塩
granulated salt　〔塩種〕

顆粒塩はデンプンやデキストランなどを成形剤として造粒して作る。ごま塩用の塩に見られるように見かけ密度が小さくなり、ごまと塩が分離せず均一に振りかけられる効果がある。

かるしうむ　カルシウム
calcium　〔分析〕

海水中には0.041％程度含まれている。膜濃縮ではかん水にカルシウムが含まれるから、にがりに塩化カルシウムとして含まれ、それが付着母液として塩にもカルシウムが存在する。塩田などの蒸発法では海水濃縮過程で硫酸カルシウムとして大部分が除去され、一部が固体として塩に混入する。蒸発法のにがりにはカルシウムを含まない。塩田法で石こう分離が悪い場合に増加する。健康上重要なミネラルであり、成人1人当たり1日目標摂取量は600mgで、マグネシウムとの同時摂取が有効とされている。一般分析法としてはEDTAによる滴定を行うが、微量の場合は原子吸光光度法で定量される。

かわなめし　皮なめし
leather tanning　〔利用〕

生皮を水洗後飽和食塩水に浸漬したのち、塩を散布して数日おき脱水する。この塩蔵操作を数回繰り返す。塩使用量は豚10kg、牛12kg、馬15kg程度になる。塩蔵後、水漬け、皮下脂肪除去、脱毛、腐敗物質除去などの工程を経て、食塩7％程度を含む硫酸液につけ塩基性クロム液に浸漬した後、仕上げなめしを行う。製品t当たり60〜90kgの塩が使われる。

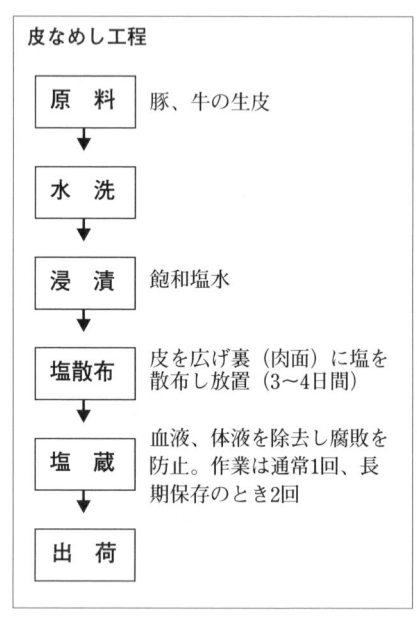

```
皮なめし工程

┌──────┐
│ 原 料 │　豚、牛の生皮
└──┬───┘
   ↓
┌──────┐
│ 水 洗 │
└──┬───┘
   ↓
┌──────┐
│ 浸 漬 │　飽和塩水
└──┬───┘
   ↓
┌──────┐
│ 塩散布 │　皮を広げ裏（肉面）に塩を
└──┬───┘　散布し放置（3〜4日間）
   ↓
┌──────┐
│ 塩 蔵 │　血液、体液を除去し腐敗を
└──┬───┘　防止。作業は通常1回、長
   ↓　　　　期保存のとき2回
┌──────┐
│ 出 荷 │
└──────┘
```

がんえん　岩塩
rock salt　〔塩種〕

参照：オクセニウスの理論、
　　　乾式採鉱法、溶解採鉱
　　　巻頭写真4

岩塩とは地中にある塩化ナトリウムを主成分とする鉱石を総称する。一般には海水の蒸発乾固を起源とするという説が有力である。析出過程やその後の地殻変動の影響を受けて、組成や物性が大きく

異なる。石こう、シルビン（KCl）、カーナライト（KCl・MgCl$_2$・6H$_2$O）、カイナイト（KCl・MgSO$_4$・3H$_2$O）、ポリハライト（K$_2$SO$_4$・MgSO$_4$・2CaSO$_4$・2H$_2$O）、キーゼライト（MgSO$_4$・H$_2$O）、グラウベライト（Na$_2$SO$_4$・CaSO$_4$）などの鉱物を含むことがある。色は赤と黒が多いが、そのほか白、褐色、黄、青など変化に富む。着色は鉄、石こう、マンガンなど共存する鉱物に原因する場合が多い。一般に多くの不溶性鉱物を含む。直接掘り出す乾式採鉱法*（dry mining）と、水を注入してかん水として汲み出す溶解採鉱*（solution mining）がある。通常岩塩という場合は岩塩層から乾式採鉱で掘り出した塩のことをいうが、しばしば塊状または大粒天日塩を洗って岩塩といって販売されたり、溶解採鉱の精製塩を岩塩と表記して販売される場合があるので、注意する必要がある。用途により粉砕、泥などとの選別などの工程を経て利用される。先進国での利用は溶解してかん水としての利用か、融雪用としての利用で、食用には溶解採鉱した塩水をろ過し化学処理して精製し立釜で煮つめた精製塩として利用することが多い。世界の塩利用の2/3は岩塩である。

かんきょうきじゅん　環境基準
Environmental Quality Standards of Japan
〔組織法律〕
参照：生活用塩

生活環境を保全するために環境基本法第16条により定められている基準。大気、水質、土壌、騒音を対象に設定されている。環境基準においては、水質について、水質汚濁に係る環境基準が設定されており、人の健康の保護に関する環境基準と、生活環境の保全に関する環境基準がある。塩事業センター*の買入れ契約等に適用する製造に係る基準*における海水の基準に、人の健康の保護に関する環境基準が採用されている。

かんきょうじーあいえす　環境GIS
Geographic Information Science for environment〔海水〕
参照：海洋汚染

環境に関する地理学的データベースで、海水環境データに関しては国立環境研究所環境情報センターが公共用水域測定調査として、環境基準に関する測定項目24項目などの全国各水域のデータを提供している。

かんきょうほるもん　環境ホルモン
endocrine disrupters〔分析〕
同義語：内分泌攪乱物質

種々のホルモンの分泌異常を起こして代謝機能や生殖機能を破壊する物質。極微量で作用する。環境庁は67種の内分泌攪乱物質を指定したが（1997）、1000種類以上の物質が疑われている。ダイオキシン、PCB、ディルドリンなどの農薬、フタル酸エステルやビスフェノールなどのプラスチック関連物質、ノニルフェノールなどの界面活性剤などが挙げられている。環境中でわずかな物質が食物連鎖の中で動物体内に濃縮される。プラスチック関連物質（例えばフタル酸エステル）のように環境中に極めて広く拡散しているものもある。

かんけいしつど　関係湿度
relative humidity〔分析〕
同義語：相対湿度

かんしきさいこうほう　乾式採鉱法
dry mining〔天日塩岩塩〕
　参照：岩塩　巻頭写真4

　岩塩を掘り出す一般的方法。通常は坑道を作り火薬で爆破した後搬出し適当な粒度に粉砕して製品としている。地表近くに岩塩層がある場合には、「露天掘り」で採塩されている（例：チリ岩塩）。

　採鉱の終了した坑道は各種燃料や核廃棄物の貯蔵庫に使われたり、空気が清浄で静寂な環境であることから、喘息患者のサナトリウムとして使われている例がある。

かんしゃ　鹹砂〔文化〕

　塩田の塩田地盤上に撒く砂（散砂）に供給された海水から水分が蒸発し塩分が付着した状態の砂。このかん砂を沼井に入れてかん水を採取する。なお、かん水を採取した後の砂は骸砂（がいしゃ）とよばれた。骸砂は海水の蒸発を促進するために散布し、上昇してきた海水が蒸発してこれに結晶塩を付着させる。これに結晶塩が付着した砂がかん砂である。これを集めて「沼井*」に入れてかん水をとる。

かんすい　鹹水
brine〔採かん〕

　かん水とは、一般的に塩分を含む水をいう。その起源により「塩田かん水」、「膜濃縮かん水」、「地下かん水」、「天然ガスかん水」等と表現する。海水からの製塩においては海水より濃い塩水をいう。なお、ラーメン製造に使われるかん水は炭酸カリウムを主成分とし、製塩用かん水とは全く異質のものである。

かんすいせいせい　かん水精製
refining of brine〔採かん〕

　天日塩の再結晶で精製塩を作る場合、溶解採鉱の岩塩かん水から精製塩を作る場合、ソーダ工業用に塩水を作る場合等で、それぞれ塩化ナトリウム以外の不純物を除去する操作をかん水精製という。一般的には、後述のように炭酸ナトリウム、水酸化ナトリウム、二酸化炭素等を用いて、マグネシウム、カルシウムを炭酸塩または水酸化物として沈殿分離する方法が採用される。

$Ca^{2+}+Na_2CO_3 \rightarrow CaCO_3+2Na^+$
$Mg^{2+}+2NaOH \rightarrow Mg(OH)_2+2Na^+$

　さらに厳密な精製を要する膜法のソーダ電解のような場合は、塩化バリウムによる硫酸塩の除去、キレート樹脂や各種吸着樹脂による重金属類の除去などが併用される（二次精製）。

かんぜんこんごうがた　完全混合型
perfect mixing type, mixed suspension mixed product removal type〔煮つめ〕

　参照：外側加熱循環型蒸発缶、蒸発缶
　ポンプや撹拌機で蒸発缶内を強制的に循環させる方式。外側加熱循環型蒸発缶がその代表的な例。

膜法ソーダ電解用塩水の塩水品質基準値の例

項目	基準値g/ℓ	項目	基準値ppm	項目	基準値ppm
NaCl	300〜305	Ca+Mg	<0.02	SiO2	<5
Na2SO4	<5	Sr	<0.06	Fe	<0.2
NaClO3	<20	Ba	<0.5	Ni	<0.01
		Hg	<15	TOC	<10
		Al	<0.1	I	<0.2

相川洋明：「日本海水学会誌」（1994）

かんそうえん　乾燥塩
dried salt 〔塩種〕

　乾燥機で付着水分を蒸発させた塩。弱アルカリ性を示す。流動性が良好でサラサラしているものが多く、使いやすい。乾燥前の塩（湿塩という）の不純物の大部分が水なので、湿塩と比較すると乾燥塩は純度が高くなる。たとえば一般的な乾燥塩である「食塩」*は純度約99.5％、残留水分は約0.1％であるが、乾燥前は純度約98％、残留水分は約1.2％である。

かんそうき　乾燥機
dryer 〔加工包装〕

　巻頭写真2参照
　付着水分を蒸発させる装置。日本では横型流動層乾燥機、振動流動層乾燥機、気流乾燥機を用いた熱風乾燥が広く行われている。

かんのうひょうか　官能評価
sensory evaluation 〔利用〕

　見たり、聞いたり、味わったり、匂いをかいだり、物に触れたりした時に感じる人間の感覚（視覚・聴覚・味覚・嗅覚・触覚）を用いて、物を検査したり、評価したりする方法である。機器では好みが測れないこと、また機器の測定値と人の感覚による測定値は必ずしも一致しないことから、食品のみならず布や自動車の乗り心地まで、広く機器では測定し得ないデータをとる一つの測定法である。したがって、心理学、生理学、数理統計学の理論に基づき、試料調整、パネルの選抜、測定方法など十分考慮された計画の下で、複数の審査員の感覚を測定器として、ものの質を判断し、普遍妥当な信頼性のある結論を出そうとする一つの分析手段である。分析型官能検査と嗜好型官能検査がある。パネルとは集団をいい、個人はパネリストという。

がんりょう　顔料
pigment 〔利用〕

　塗料、絵具、化粧品に用いられる不溶解性の着色料。塩は顔料磨砕の際の粉砕助剤として使用される。水洗して塩を除去する。

かんりょうきじゅん　乾量基準
dry base 〔分析〕

　同義語：ドライベース*、乾物基準

ぎえん　義塩 〔文化〕

　1569年に今川・北條軍によって塩の道を絶たれた武田信玄に、長年の敵である上杉謙信が、武士道の大義によって塩を送ったと伝えられる戦国時代の逸話。糸魚川から松本に通じる塩の道を通って運ばれたといわれ、その折、市中でも塩が配られたという松本では、この話に因んで、現在も正月の11日に「飴市」とよばれる祭りが開かれている。

きすい　汽水
brackish water 〔海水〕

　海水と淡水が混じり合っている塩分濃度の低い水。汽水湖・河口などの水。汽水湖では、サロマ湖、浜名湖が著名である。

きずぐちにしお　傷口に塩 〔文化〕

　傷口の上に、さらに塩を塗ってしみるようにするさまで、災難が続くことのたとえ。同様の意味の言葉として、「痛き病には辛塩をそそぐ」がある。また、打傷、毛虫、蚊、ブユなどの害虫に刺された時、塩をすりつけるとよいといわれている。

ぎゃくじゅんかん　逆循環
reverse circulating　〔煮つめ〕
　参照：外側加熱循環型蒸発缶
　蒸発缶の缶内液の強制循環が下から上に流れる方式。

ぎゃくしんとう　逆浸透
reverse osmosis　〔採かん〕
　同義語：RO
　参照：海水淡水化
　半透膜*の両側に淡水と塩水を入れると、淡水は半透膜を透過して塩水側に移動する。この時かかる圧力を浸透圧という。この時、塩水側に浸透圧以上の圧力を加えると、塩水中の水は逆に半透膜を透過して淡水側に移動する。この現象を逆浸透といい、海水の淡水化などに利用されている。

ぎゃくせん　逆洗
back wash　〔海水〕
　参照：海水ろ過、砂ろ過
　ろ過装置の洗浄操作。ろ過装置のろ材を洗浄する操作。装置内部にろ過する方向と逆方向に水を供給し、ろ材を流動させ、付着、堆積した汚れ等を除去し洗浄する。洗浄の際には、洗浄効率をあげるために空気を併用する場合もある。洗浄する線速度は、砂ろ過では20〜30m/hr程度である。

きゃりーおーばー　キャリーオーバー
carry over　〔組織法律〕
　参照：食品添加物
　原料として使用した食品に含まれている物質が、最終食品に持ち越されることがある。この持ち越される物質が食品添加物*で、最終食品において、食品添加物としての効果のない場合、キャリーオーバーと呼ばれ、表示が省略される（アレルギー物質に由来する場合を除く）。

きゅうこうこうどほう　吸光光度法
absorption spectrophotometry　〔分析〕
　広い意味の比色分析に含まれる分析法であり、可視部だけでなく近紫外部、近赤外部も含めて特定波長における溶液への入射光強度と透過光強度を光電的に測定し、その比により吸光度または透過度を求め、ベールの法則によって成分濃度を測定する分析方法である。広く微量成分に用いられており、塩では硫酸イオンの他、バナジウム、クロム、鉄、銅、ヒ素、二酸化ケイ素、フェロシアン化物など多くの微量成分分析に採用されている。

きゅうじょうえん　球状塩
bead salt　〔塩種〕
　巻頭写真5参照
　塩の粒子が球状のものをいう。加圧成形または育晶*で作る。一般的に真空式蒸発缶にて晶析した場合、塩化ナトリウムは立方晶となるが、さらに結晶成長（育晶）を続けることで、結晶の角が磨耗し、球状・ラグビーボール状・アーモンド状になる。別の育晶槽を使うこともある。きわめて流動性が良い。

きゅうせいどくせい　急性毒性
acute toxicity　〔健康〕
　参照：LD_{50}
　ある物に1回または短期間に反復投与した後、直ちに引き起こされる毒性。評価指標としては、半数致死量*（LD_{50}）や半数影響濃度（EC_{50}）が一般に用いられる。

きゅうほうしつこけつ　吸放湿固結
caking through moisture absorption and release　〔加工包装〕
　参照：固結
　塩はある湿度以上では空気中の水分を吸い込み（吸湿）、それ以下では塩の結晶のまわりについている水分を空気中に出す（放湿）という性質をもっている。このため塩の結晶が溶け出したり、析出したりする。この吸放湿の繰り返しによって結晶どうしがくっつき合い、固結*が起こる。この現象を吸放湿固結という。吸湿と放湿の境となる湿度（臨界湿度*）は、純粋な塩化ナトリウム*では75%であり、にがりを含んだ塩はそれよりも低い湿度となる。そのため、日本の気象環境（湿度60〜80%）では高純度の塩は固結しやすく、にがりを含んだ塩は若干固結しにくい。

きゅぷろにっける　キュプロニッケル
cupro-nickel　〔煮つめ〕
　同義語：白銅
　参照：伝熱管
　10〜30%のニッケルを含んだ銅ニッケル合金である。JIS規格の記号ではニッケルが10%のものはC7060、30%のものはC7150。古い記号ではCNTF。海水中でも耐食性に優れ、海水用熱交換器、船舶部品、淡水化装置等に使用される。製塩では伝熱管の材料として使用されることが多い。

ぎょうこてんこうか　凝固点降下
depression of freezing point　〔分析〕
　類似語：氷点降下
　溶液を冷却するとき、溶液中の溶媒が凝固する温度（凝固点）が、純粋な溶媒の凝固点よりも低下する現象。溶液の凝固点は物質の種類および溶質の濃度によって異なる。同義の意味で氷点降下*があ

るが、これは溶媒を水とした場合の凝固点降下である。

きょうざつぶつ　夾雑物
impurity　〔分析〕
　塩の場合、塩化ナトリウムおよび水分以外の成分。現在は使われなくなった言葉。

ぎょうしゅう　凝集
aggregation, flocculation, cohesion　〔煮つめ〕
　一般的には液体分子または液体中に分散しているコロイド粒子が密な集合状態をとる現象。コロイド粒子が凝集すると濁ってくるか、あるいは沈殿を生じる。コロイド系を凝集させるには系に電解質や高分子を加えたり、熱や放射線を照射したりする。製塩においては塩の結晶や海水中の懸濁物を扱う場合に用いられる。結晶が成長する場合、晶析*操作によりいろいろな成長過程を辿るが、一つの微小結晶が徐々に成長するのではなく、他の結晶が付着することにより粒径が増加するような現象も見られる。この現象を凝集という。凝集した結晶は一般的に形状が乱れているが、その後の成長過程で時間とともに修復されて再び立方体となる場合もある。また、この修復が不完全なまま装置外へ抜出される場合もあり、そのような製品結晶は液泡*が多くなり、硬度も低くなる。
　海水中の懸濁物は海水前処理*工程でろ過して除去するが、汲み上げた海水に塩化第二鉄などを添加し、凝集させてからろ過する操作法（凝集処理）がある。

ぎょうしゅうえん　凝集塩
aggregated salt　〔塩種・煮つめ〕
　参照：凝集　巻頭写真5
　平釜*で晶析するときに、強熱または攪

拌することで多数の小さな立方晶*の結晶どうしがくっついてできた塩。フレーク状、立方晶など種々の結晶が混ざることがある。外観上、不定形に近く、かさ比重が小さく溶けやすい。

きょうちょうひょうじ　強調表示
emphasis label on highlighting〔組織法律〕

食品に関する法律で規定される強調表示には、健康増進法*の栄養表示基準に関するものと景品表示法*の優良誤認に関するものがある。

(1) 健康増進法の栄養表示基準に関する強調表示

「高○○○」、「○○入り」など、その栄養成分が補給できる旨の表示。19成分について「豊富」や「含有」等の強調表示をする場合の基準を定めている。現在ミネラルについては、「カルシウム、鉄、マグネシウム、銅、亜鉛」の基準値が定められており、基準値を満たせば、多く含むあるいは含む旨を表示することができる。ミネラルを強調表示する場合、栄養表示基準が適用されるミネラル13種類の成分値を全て製品に表示しなくてはならない。

ミネラル類を「多く含む」ならびに「含む」を表示する場合の守るべき基準値
　高い旨の表示：高い、多い、豊富、たっぷり等、その他これに類する表示
　含む旨の表示：源、供給、含む、入り、含有、使用等、その他これに類

食品中のミネラルの強調表示基準

ミネラル	高い旨表示できる	含む旨表示できる
カルシウム	210	105
鉄	2.25	1.8
マグネシウム	75	38
銅	0.18	0.09
亜鉛	2.1	1.05

食品100g当たりmg（飲用を省略）

する表示

なお、食塩は1日の摂取量が少なく、塩化ナトリウム以外に含有するわずかなミネラル類を栄養成分として役立てることはほとんど不可能であること、政府として食塩摂取量の制限を推進しており、食塩摂取によりミネラル補給ができると考えられる表示になることから、通常食塩にミネラル等の強調表示をすることには問題があるとされている。

(2) 景品表示法の優良誤認に関する強調表示

景品表示法では、商品の一部の特性又はその特徴をとりあげ、その内容を特に強調して買い手に訴求することを強調表示という。強調表示が景品表示法上問題になる例として、①強調している特性あるいは特徴が事実に反して虚偽・誇大な場合、②強調している特性あるいは特徴が事実であったとしても、強調している事項に関連する事項について表示せず、そのために商品やサービスの内容について誤認を与える場合、③競合する他商品に比較し根拠なく優れていると表示した場合、とされる。具体的事例として東京都の指導例（2003年2月）を示す。

　具体例1. 食品に関するもの
　　天然、自然、純粋、純、ピュア、100％、無着色、無添加、無漂白等
　2. 健康維持に関するもの
　　低塩、減塩、塩分控えめ、栄養バランスのよい、高ミネラル等

きょくしつ　極室
electrode compartment〔採かん〕

参照：イオン交換膜電気透析槽
イオン交換膜電気透析槽で電極がある部分。

きょくぶふしょく　局部腐食
local corrosion　〔煮つめ〕
　対義語：均一腐食、全面腐食
　参照：孔食、すきま腐食、電位差腐食、
　　　　粒界腐食、応力腐食割れ、
　　　　腐食疲労、潰食、脱成分腐食

　金属表面の一部箇所での腐食（均一腐食*と対比される用語）。製塩環境に代表的な局部腐食として、孔食*、すきま腐食*、電位差腐食*、粒界腐食*、応力腐食割れ*、腐食疲労、潰食*、脱成分腐食*などがある。

きょくほうえん　局方塩
pharmaceutical salt　〔塩種〕
　参照：GMP

　医療用として日本薬局方で定められている塩。薬事法により、その規格、製造工程の衛生管理などの規制を受ける。生理食塩水などの医薬品、腎臓透析溶液、耳鼻咽喉に対する吸入、噴霧、洗浄などの効果、歯磨き、入浴剤、各種の民間療法など極めて多岐にわたっている。

　医薬用塩の製造は通常、並塩、原塩などを溶解し、硫酸根、カルシウム、マグネシウムを塩化バリウム、炭酸ソーダなどによって除去後、濃縮して結晶を生成させる。さらに塩のスラリー状態においてpHを調整した後、脱水乾燥して製品とする。さらに必要によっては溶解、再結晶の操作を繰り返し、実施することによって目的の純度のものを製造するが、現在では膜濃縮煮つめ法のみでも工程管理により可能である。

　医薬用塩の製造には都道府県知事の許可が必要で、製造所の構造設備が薬局等構造設備規則に適合すること。医薬品、医薬部外品の製造管理および品質管理規則（GMP）に適合しなければならない。

ぎょしょう　魚醤
fermented fish sauce　〔利用〕

　魚介類を塩漬けにして発酵・熟成させて出てくる汁を魚醤といい、こして作った調味料を魚醤油という。日本ではいかなご醤油・いわし醤油の類。秋田の「しょっつる」、石川の「いしる」はその一つ。東南アジアでは広く使われタイのナンプラー、ベトナムのニョクマム、フィリピンのパティスなどがある。

きよめしお　清め塩　〔文化〕
　参照：お祓い塩

局方塩規格

塩化ナトリウム	99.5%以上　（dry base）
不溶解分	溶解したときに無色透明
溶液は中性	BTB指示薬に対しNaOH（0.01N）0.2mℓで青色、HCl（0.01N）0.2mℓで黄色
ヨウ化物、臭化物	クロラミン試験で黄赤色または紫色を呈しない
バリウム	希硫酸で懸濁しない
カルシウム	シュウ酸アンモニウムで懸濁しない（>25ppm）
マグネシウム	リン酸一水素ナトリウムで懸濁しない
重金属	硫化水素法で鉛換算5ppm以下
ヒ素	DDC法で4ppm以下
乾燥減量	1%（dry base）以下

ぎょらんかこう　魚卵加工
roe processing　〔利用〕

　魚卵を加工し、保存性と嗜好性を向上すること。塩は魚卵の塩蔵（塩数の子・たらこ・いくら・すじこなど）に使われる。
塩数の子：ニシンの卵を5％塩水で1日血抜きし、20％の振り塩で塩漬けした後、20％塩水、過酸化水素1％混合液で低温で3日間漂白浸漬し、6％塩水で浸漬洗浄。次に20％塩水で振り塩で塩漬けし、10％塩水で水洗い、水切りする。
たらこ：スケソウタラの卵を希薄塩水で洗浄し、15％食塩と赤色系着色料を加えて15時間塩蔵する。
いくら：サケまたはマスの新鮮な卵粒を飽和食塩水に15分浸し、水切り後植物油に漬ける。
すじこ：サケまたはマスの卵を希薄塩水で洗浄し、飽和食塩水に少量の亜硝酸塩を加え40分浸漬し、水切り後3％の食塩を加える。

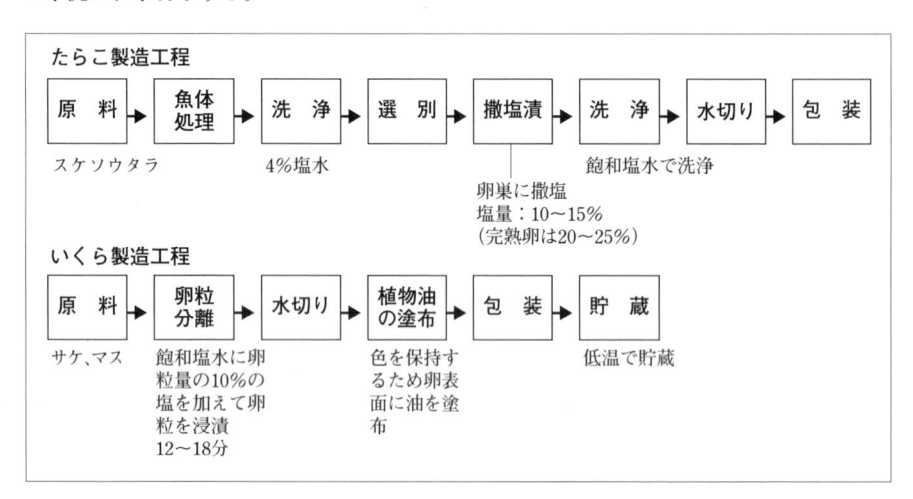

たらこ製造工程

原料（スケソウタラ）→ 魚体処理 → 洗浄（4％塩水）→ 選別 → 撒塩漬（卵巣に撒塩　塩量：10〜15％（完熟卵は20〜25％））→ 洗浄（飽和塩水で洗浄）→ 水切り → 包装

いくら製造工程

原料（サケ、マス）→ 卵粒分離（飽和塩水に卵粒量の10％の塩を加えて卵粒を浸漬12〜18分）→ 水切り → 植物油の塗布（色を保持するため卵表面に油を塗布）→ 包装 → 貯蔵（低温で貯蔵）

きりゅうかんそう　気流乾燥
flush drying　〔加工包装〕

　粉粒状の物質を熱ガス中に浮遊、分散させ、熱気流と並流にパイプ内を移送しながら乾燥する方法。物質を分散させるので、乾燥速度が速い特徴がある。（図参照）

気流乾燥法の概略

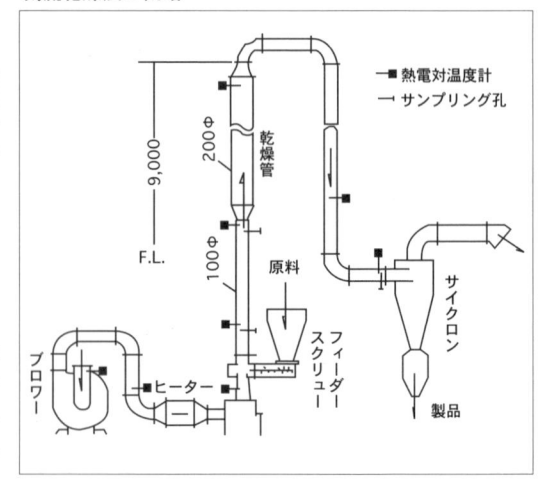

きんいつふしょく　均一腐食
general corrosion　〔煮つめ〕

　同義語：全面腐食
　局部腐食と対比されるが、金属表面が全面ほとんど同じ速度で溶解する腐食現象を全面腐食あるいは均一腐食と呼ぶ。海水中における鋳鉄や

軟鋼の腐食に発生する腐食がこの形態である。塩化物イオン濃度が高く、流速が高いほど、腐食速度が大きくなると思われがちだが、必ずしもそうではない。

きんぞくけんちき　金属検知機
metal detector　〔加工包装〕

製品中に混入する磁性金属片（主に鉄）を検出する装置。電磁波で磁界を作り、その中を金属が通過するとその磁界の強さが乱れる。その作用をシグナルとして利用し金属を検知する。

くうげきりつ　空隙率
void fraction　〔分析〕

単位体積あたりに占める空隙*の体積割合。塩粒子の間の隙間。空隙の体積を測定することは困難であるため、一般的には物質の充填率*を1から差し引くことにより空隙率を求める。

市販塩の測定例

製品名	粗充填空隙率(−)	密充填空隙率(−)
食塩	0.35	0.33
アジシオ	0.44	0.44
天塩	0.62	0.38
伯方の塩	0.62	0.47

くじゅう　苦汁
bittern　〔副産〕

同義語：にがり*

くじゅうかりえん　苦汁カリ塩　〔副産〕

にがりを濃縮したとき析出する塩類をいう。単に「ガリ」という場合がある。組成上の定義はない。塩田法にがりの場合は塩化ナトリウム（約30%）と硫酸マグネシウム（約40%）を主成分とし、塩化カリウム（約10%）が混入する組成が多かったが、膜法では塩化カリウムと塩化ナトリウムを主成分とする。にがりを放冷して出てくる結晶も苦汁カリ塩と称する場合がある。組成は煮つめの度合いなどで大幅に変動する。

くじゅうこうぎょう　苦汁工業
bittern industry　〔副産〕

参照：にがり工業

くちじお　口塩　〔利用〕

参照：振り塩

1) 漬物をする際、いちばん上に振りかける塩のこと（振り塩*）。口塩に対して漬物のいちばん下に敷く塩を底塩という。
2) 魚の切り身などに塩を軽く振りかけること（振り塩*）。
3) 客商売などの家で、縁起を祝って客の出入り口に塩を盛っておくこと。また、その塩。盛り塩（盛塩*）。

くっせつりつ　屈折率
refractive index　〔分析〕

光（電磁波）の真空中における速度と物質中における速度の比（単位＝無次元）。光の速度が変化すると屈折*が生じ、光の進行方向が変化する。これから、屈折率は異なる物質の境界面を通過する光の方向を求めることに主に用いられる。屈折率は波長によっても変化し、塩結晶の場合は約1.45～1.90であり、可視光域では約1.55である。

くらっどこう　クラッド鋼
clad steel　〔煮つめ〕

クラッドとは「ある金属を他の金属で全面にわたり被覆し、かつ、その境界面が金属組織的に接合しているもの」（JIS G0601）と定義されている。構造物に多く用いられる金属には、強度や熱伝導率などの物理的性質に優れたものと、耐食

性に優れたものとがある。クラッドは、これらの金属を接合、すなわち、前者を後者で被覆（各々を母材、合わせ材と呼ぶ）することで、双方の特性を併せ持つ。クラッドを用いることで、高価な素材の使用を少なくできる。クラッドのうち鋼を母材としたものをクラッド鋼といい、合わせ材によりステンレスクラッド鋼やチタンクラッド鋼など多くの種類が存在する。製塩工程では耐食性と強度が求められる蒸発缶*やタンクなどの材料として使用されている。

くらふとし　クラフト紙
kraft paper〔加工包装〕

参照：ポリエチレン

塩包装用紙袋に使用している強力紙で、25kg包装袋として日本で広く使われる。クラフト紙のみでは耐水性が不足するので、数枚のクラフト紙を重ね、内袋の一枚にポリエチレンをラミネート接着して防水加工する。

ぐれいなーほう　グレイナー法
grainer process〔煮つめ〕

アメリカで使われた平釜式製塩法*の一種。グレイナー塩とよばれるフレーク状の粗粒子塩を製造する方法。グレイナー鍋とよばれる平釜を用いて沸点以下の温度でかん水を蒸発させる。塩は液面付近で析出し、ホッパー形の結晶（フレーク塩と呼ばれる）となる。1860年代に、アメリカのミシガン地区の製材所からの排出蒸気を安価な熱源として利用して発展した。(図参照)

くろすたい　クロス袋
laminated package of plastic and paper〔加工包装〕

包装用袋の一種。ポリエチレンの糸を縦横（クロス）に編み、プラスチックシートに溶着した物を、クラフト紙1枚の内側（製品と接する最内袋）に接着した紙袋である。

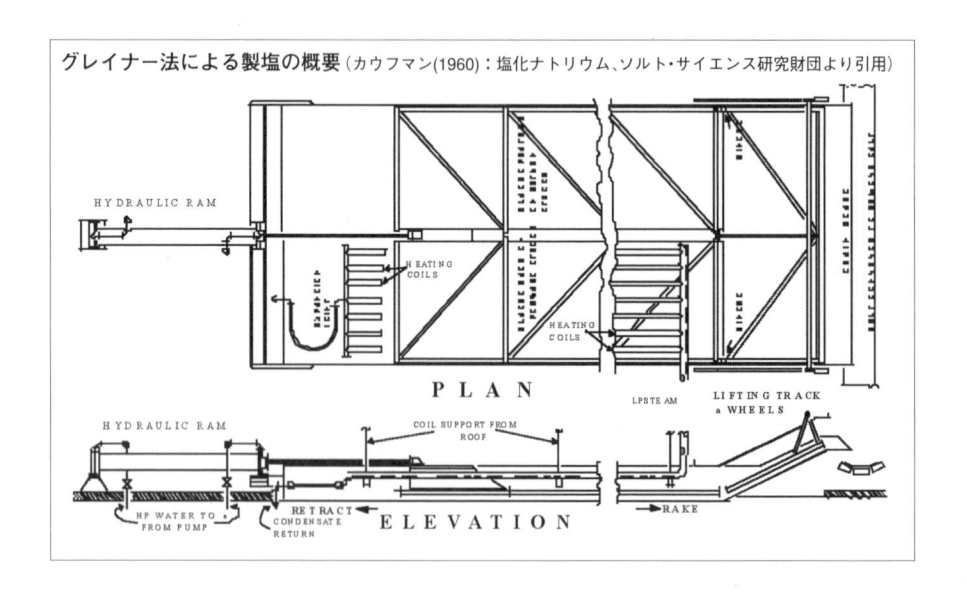

グレイナー法による製塩の概要 (カウフマン(1960)：塩化ナトリウム、ソルト・サイエンス研究財団より引用)

ぐろせる　グロセル
gros sel　〔塩種〕

　フランス・ブルターニュ地方の塩の産地であるゲランドでは海水を塩田に引き込み、貯水池を経由させながら濃度を上げて塩の結晶を取り出しているが、収穫期に貯水池の底に結晶した塩をグロ・セル（粗塩）という。泥などの不溶解分が多い。薄黒い着色がある。

くろまとぐらふぃー　クロマトグラフィー
chromatography　〔分析〕

　混合物から特定成分を分離する方法、システム。分離された状態を示すグラフをクロマトグラムchromatogramという。例として以下のような方法がある。
- 薄層クロマトグラフィー
（TLC:thin-layer chromatography）
- ガスクロマトグラフィー
（GC:gas chromatography）
- 高速液体クロマトグラフィー
（HPLC:high performance liquid chromatography）

けいこうえっくすせんぶんせき　蛍光X線分析
X-ray fluorescence analysis　〔分析〕

　塩では主として未知物質が混入したときの元素の定性分析に使われる。物質にX線を照射すると蛍光X線が放出される。蛍光X線は元素によって固有であり、蛍光X線のエネルギーから元素分析が可能となる。分析試料は固体、液体とも特別の前処理を必要としない場合が多く、いわゆる非破壊検査として、多種類試料の自動分析、工程管理、文化財調査などに使われる。

けいひょうほう　景表法
Law for Preventing Unjustifiable Extra or Unexpected Benefit and Misleading Representation　〔組織法律〕

　同義語：不当景品類及び不当表示防止法
　参照：公正競争規約

　正式名は不当景品類及び不当表示防止法。過大な景品類の提供や不当な表示をより効果的に規制することを目的とした法律。塩で問題になるのは商品の品質や規格などの内容が著しく優良であるように表示（優良誤認）、商品の価格や取引条件が実際より著しく有利であるように思わせるような表示（有利誤認）は、一般消費者に誤認される恐れがある表示で、根拠なく優良または有利な表示をする場合は公正取引委員会に合理的根拠を提出しなくてはならない。

　その他、公正取引委員会の認定を受けることで、業界（事業者または事業団体）が不当な景品供与や不当な表示による顧客の獲得競争を規制するために、自主的に定めるルールである公正競争規約を設定できる。

けいりょうほう　計量法
Measurement Law　〔組織法律〕

　計量の基準を定め、適正な計量の実施を確保し、経済の発展および文化の向上に寄与することを目的として制定された法律。計量法は国際化、技術革新への対応、および消費者利益の3つの視点に基づき、平成4年5月に全面的に改正。取引・証明に使用されている法定計量単位を国際単位・SI単位に統一すること、計量標準の供給制度、指定製造事業者制度等を新設し、平成5年11月に施行された。商取引、内容量表示などには、計量法に指定される計量器を使用し、その表示方法に従わなければならない。

けしょうじお　化粧塩〔利用〕

参照：飾り塩　巻頭写真7

魚を塩焼きにするときに、焼き上がりを美しく見せるために振る塩のこと。振り塩をした魚の水けをよくふき取って、焼く直前に表側や尾やヒレに振る。古くは塩を色粉で染めて用いたのでこうよばれ、飾り塩ともいう。

けつあつ　血圧
blood pressure〔健康〕

参照：ディッパー、ノンディッパー、高血圧

血管壁にかかる圧力で、水銀柱の高さmmHgで表される。血圧は心拍出量と末梢血管抵抗の積で表される。血液を送り出すために心臓が収縮した時に示す血圧を収縮期血圧（最高血圧）、心臓が弛緩し拡張した時に示す血圧を拡張期血圧（最低血圧）という。これらの値によって高血圧症や低血圧症という病態となる。通常、血圧は昼間に高く、夜間に低いのが正常な状態でディッパー型*といい、夜間でも血圧が下がらない異常な状態をノンディッパー*型という。

けっしょういけ　結晶池
solar crystallization pond〔天日塩岩塩〕

参照：天日製塩法

結晶池とは、天日塩製造工程において、塩を固体塩として結晶させる塩田をいう。海水を濃縮するだけの塩田は濃縮池*という。濃縮池で濃縮された海水（かん水）を結晶池に導き塩を結晶化させる。

けっしょうかん　結晶缶
crystallizer〔煮つめ〕

参照：蒸発缶

外側加熱循環型蒸発缶*の本体。円筒形で、上部には蒸発蒸気の抜出配管が設置され、下部は円錐形で、最下部にはソルトレッグ*が設置される。この他、加熱缶*につながる配管が上下に設置され、一方よりポンプによって抜出された塩水は加熱缶で加熱され、他方より再び結晶缶に戻される。

蒸発缶が濃縮専用と結晶析出専用に分かれている場合、結晶析出用蒸発缶を結晶缶という。

けっしょうけいじょう　結晶形状
crystal form〔分析〕

巻頭写真5参照

同義語：結晶形

結晶の示す外形である。塩化ナトリウム塩の結晶の一般的形状は、大別して二つに分類される。ひとつは正六角体で結晶が液中で成長する場合にできる形（立方晶*）であり、他のひとつは中空の四角錐状をなすものでトレミー*またはホッパー型結晶と呼ばれ、結晶が液の表面に浮かびながら成長する場合にできる。他には外観形状として、凝集晶*（微細な立方晶が集まったもの）、球状晶（立方晶の成長過程で摩耗して球状になったもの）、フレーク塩*や針状晶などがある。また、飽和*食塩水にフェロシアン*を加え、ガラス板に数滴垂らして放置すると、木の枝のような形の樹枝状結晶*が得られる。市販塩ではトレミー状結晶が破砕された場合にフレーク塩、あらじお、という場合がある。

けっしょうすい　結晶水
water of crystallization〔分析〕

結晶の中に一定の化合比で含まれている水のこと。結晶内の決まった位置にあり、結晶格子*の安定化に寄与している。水の量が異なると結晶構造が異なる。結晶構造上は、$MgCl_2 \cdot 6H_2O$や$CaSO_4 \cdot 2H_2O$

のように金属原子に配位しているものと、K₄[Fe(CN)₆]・3H₂Oのように金属に配位せず結晶格子の空間を満たす格子水に大別される。

塩の水分測定では乾燥減量に結晶水の大部分は含まれない。

けっしょうせいちょう　結晶成長
crystal growth　〔煮つめ〕

参照：晶析

晶析*現象は核化*と結晶成長に大別される。結晶性物質が溶液から析出するときに、微細な結晶、あるいはさらに微細な分子の集団が発生する現象を核化とよび、これらが大きくなる現象を結晶成長と呼ぶ。結晶成長現象が進行する速度を結晶成長速度とよび、単位時間あたりの粒径増加速度などで表す。

げらんど　ゲランド
Guérande　〔天日塩岩塩・塩種〕

フランス西部ブルターニュ地方の海岸入り江の地名。中世、近世のヨーロッパの塩の有名な生産地であったが、地中海沿岸に優れた塩田が開発され衰退した。しかし、近年自然回帰、タラソテラピーブームなどに支えられて昔の塩田を復活した。

げんえん　原塩
crude salt　〔塩種〕

参照：天日塩

旧専売法で使われた用語。本来ソーダ工業等の原料塩をいったが、現在は転じて外国から輸入した天日塩をいう。塩事業センター規格では輸入天日塩の商品名となっている。

げんえんこうか　減塩効果
effect of salt reduction　〔健康〕

参照：高血圧

かつてわが国では、特に東北地方において習慣的に食塩摂取量*が極めて高く、このため高血圧やそれに伴う脳卒中の頻度が高かった。食塩摂取量が高いと循環血液量が増加し、心拍出量が高くなるとともに、血管の昇圧物質に対する感受性も高まることにより血圧が高くなる。高血圧の状態が長く続くと、細動脈硬化が起こり、脳や腎臓などの臓器の血流が障害される。こうして、脳血管が破たんした場合の症状が脳卒中である。食塩摂取量が高い背景として、食品保存の目的で塩漬けにするという食習慣があった。冷蔵・冷凍の普及と減塩の必要性のキャンペーンとがあいまって、食塩摂取量が少なくなるとともに、高血圧による脳卒中の頻度も次第に低下の傾向があるとされている。このように、高血圧性脳血管障害に対する減塩の効果は明らかであるとされる一方では、減塩と高血圧性脳血管障害を結びつけて減塩の効果を発表した明確な研究はないといわれている。

それでは、どの程度に食塩摂取を抑えることが必要なのか。食塩摂取量は低ければ低いほどよいという考え方があるが、これには多少の異論もある。極端な食塩の制限によって栄養のバランスが崩れる可能性がある。確かにほとんど無塩に近い食生活を営んでいる部族があり、いずれも高血圧の頻度が極めて低いことが知られている。しかし、これらの人たちの寿命は必ずしも長くはない。それが栄養のバランスによるものかどうかについての科学的な証拠はないが、その可能性は否定できない。

現在、わが国で推奨されている食塩摂取量は1日10g以下とされている。実際の日本人の食塩摂取量の年次経過を見ると1日12g前後で、いまだ目標値に達してい

ないのが実情である。

　減塩による血圧応答は図（Wein-berger MH et al, 1989）に示すように正規分布を示し、減塩により血圧が下がる人が食塩感受性者であり、下がらない人は食塩抵抗性者という。逆に上がる人（図の右側に当たる人）については、現在のところあまり議論されておらず、言い方が定まっていない。このような人々については減塩が危険になり、食塩感受性者と同程度の頻度で存在している。

　なお、減塩による血圧低下の効果があるのは食塩感受性者だけであり、その降圧程度も個人差が大きく一律に減塩効果を期待することはできない。

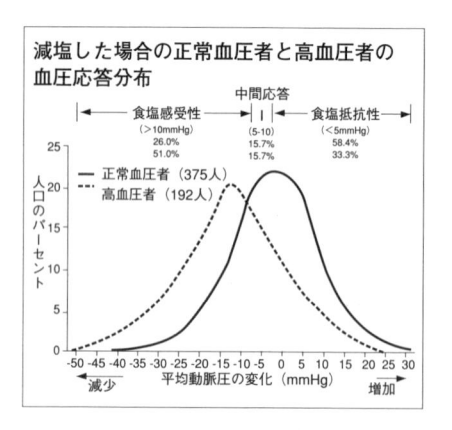

減塩した場合の正常血圧者と高血圧者の血圧応答分布

	食塩感受性 (>10mmHg)	中間応答 (5-10)	食塩抵抗性 (<5mmHg)
正常血圧者(375人)	26.0%	15.7%	58.4%
高血圧者(192人)	51.0%	15.7%	33.3%

げんえんしょうゆ　減塩醤油
low salt soy-sauce　〔利用〕

　参照：醤油

　病人用に塩分を少なくした醤油。特別用途食品である低ナトリウム食品に指定されている。食塩含量9%以下。ナトリウム制限を必要とする疾患（高血圧、腎臓疾患・心臓疾患など全身性浮腫疾患）に適する旨の表示と、医師からナトリウム、食塩の摂取量制限の指示を受けた場合だけ、医師、栄養士等の相談、指導を得て使用すること等の注意を表示しなくてはならない。濃厚醤油を作って希釈、減圧濃縮で食塩の析出分離、イオン交換膜で脱塩、等の処理を組み合わせて製造する。

げんかいでんりゅうみつど　限界電流密度
limiting current density　〔採かん〕

　イオン交換膜電気透析法*において、これ以上電流を流すと水解*が発生する電流密度*。イオン交換膜電気透析法において電流密度を上昇させると、イオン交換膜*内を移動するイオン量に対して液中から膜に移動するイオン量が追いつかず、膜表面のイオン濃度が低下して水解*が発生してしまう。水解は電気透析槽*の運転においてトラブル要因の一つであることから、電流密度*の管理には細心の注意が払われている。

けんこうぞうしんほう　健康増進法
Health Regime Act　〔組織法律〕

　参照：栄養改善法

　平成12年からスタートした国民健康づくり運動「健康日本21」を法制化したもので、国民の健康増進の総合的な推進に関して基本的な事項を定めると共に、国民の健康推進を図るための措置を講じ、国民保健の向上を図ることとされており、国民、国および地方公共団体、健康増進事業実施者に対しその責務を定めた。平成14年8月に公布、平成15年5月に施行され、従来の栄養改善法はこれにより廃止された。

げんさんこく　原産国
country of origin　〔組織法律〕

　JAS法*や景品表示法*などで定められる原産国とは、その食品に実質的変更をもたらす行為を行った国をいい、ただ単に容器に詰めたり、ラベルを貼った程度

げんさんちひょうじ　原産地表示
indication of origin 〔組織法律〕

　加工食品品質表示基準（農水省告示513号平成12年）により輸入品について原産地表示をしなくてはならない。輸入天日塩を加工して販売する場合は、加工食品の原料原産地表示に関する報告書（食品の表示に関する共同会議平成15年）基準によって、かなりの食品で原料原産地名の表示義務ができたのを受け、塩でも原料の原産地表示を行うことが自主的に行われている。

げんしきゅうこうほう　原子吸光法
atomic absorption spectrometry 〔分析〕

　液体試料中の金属を測定する方法である。試料を炎（フレーム）中に噴霧し、目的元素を原子に解離させ、同種元素から放射された共鳴線を吸収させる。その吸収量から、目的元素の量を求めることができる。塩試験方法ではカルシウム、マグネシウム、ストロンチウム、マンガン、ニッケル、カドミウム、水銀、鉄、銅、クロムに採用されている。

けんだくぶっしつ　懸濁物質
suspended solids (SS) 〔海水〕

　同義語：懸濁物
　参照：濁度、FI値、MF値
　一般に海水中に浮遊している物質で、濁りのもととなるもの。通常は$0.45\mu m$メンブレンフィルターでろ過した場合にフィルターを通過しない物質をいう。海水中の懸濁物は粗大物質、砂、泥などの海底や河川水に起因する無機質で固い粒子（非圧縮性という）、鉄錆など人工的汚染に原因する無機質で柔らかい粒子（圧縮性という）、プランクトンやその分解物、魚類などの糞、都市下水などから流出する生活や産業の廃棄物など主として生物起源の有機性懸濁物（圧縮性）のものがある。圧縮性の懸濁粒子はろ過抵抗を大きくし、またろ過水質を低下させ、膜を汚染しやすい。

こーでっくす　コーデックス　国際食品規格委員会
Codex alimentarius commission 〔組織法律〕

　参照：食用塩国際規格
　FAOおよびWHOにより1962年に設置された国際食品規格の作成などを行う国際的な政府間機関で、消費者の健康保護、食品の公正な貿易の確保などを目的とする。コーデックス委員会の元には28部会があり、メンバー国は173ヵ国、事務局はFAO本部（ローマ）。1985年コーデックス委員会は食用塩国際規格を採択した。

こうえんきん　好塩菌
halophile 〔天日塩岩塩〕

　一般の細菌の増殖が完全に阻止されるような高濃度の食塩を含む食品でも増殖する細菌類をいう。みそ・しょうゆなど食塩濃度20～30%で増殖する高度好塩菌、海塩や塩蔵品など5～18%濃度での中等度好塩菌、海洋細菌のような1.5～5%で生育良好の微好塩菌があり、それぞれに多数の菌種がある。一般に天日塩*には存在するが煎ごう塩*には存在しない。天日塩の存在量はグラム当たり1～100万といわれている。また、耐塩性の酵母もある。塩分の多い食品に好塩菌は多く必ずしも有害なものではないが、腸炎ビブリオのような有害菌もある。

こうえんせいびせいぶつ　好塩性微生物
halophilic microorganism 〔天日塩岩塩〕

　塩分がないと生育出来ない微生物。1.5

〜5％の塩水濃度下で生育できる。

　食中毒の原因となる腸炎ビブリオは、好塩性微生物の一種。3％前後の食塩濃度の海水中は、とても増殖しやすい環境で、水温が15℃以上になると増殖を開始し、増殖した菌が魚介類に付着する。日本に腸炎ビブリオの食中毒が多いのは、魚介類を好んで、しかも生で食べるためである。

こうかりうむけっしょう　高カリウム血症
hyperkalemia〔健康〕

　血漿中のカリウム濃度は通常、4.2 mEq / ℓ (0.016％) であるが、この濃度が5.0 mEq/ ℓ (0.02％) 以上の高濃度になった状態を高カリウム血症という。血漿カリウム濃度は主として腎からの排泄によって調節される。腎臓の機能障害があるときに過剰のカリウムを摂取するのは危険である。アジソン病、副腎皮質不全、低アルドステロン症などでも腎からのカリウム排泄が低くなり高カリウム血漿を起こす。カリウムは心臓を停止させる作用があり、大量の塩化カリウムを経口的に摂取したり、非経口的に投与され、血漿中のカリウム濃度が6 mEq/ ℓ (0.023％) を超えると、心電図に影響が出始める。8mEq/ ℓを越すと不整脈、心停止を起こす。

こうぎょうようえん　工業用塩
industrial salt〔利用〕

　ソーダ工業用、食品工業用、一般工業用など業務用で使用される塩の総称で医薬用、家畜用は含まない。狭義には一般工業用だけをいう。

こうけつあつ　高血圧
hypertension〔健康〕

参照：血圧

　高血圧は標準血圧より高い血圧を示す状態で、図（日本臨牀増刊号）に示すように収縮期血圧（最高血圧）と拡張期血圧（最低血圧）の血圧値によって高血圧症の症状は分類されている。高血圧には原因不明の高血圧である**本態性高血圧症**＊と、原因が明らかである**二次性高血圧症**＊がある。大部分は本態性高血圧である。

　二次性高血圧の中には、腎機能に関連した腎性高血圧、ホルモンに関連した内分泌性高血圧、心臓血管に関連した高血圧などがある。本態性高血圧症は生活習慣や加齢に伴う影響が大きいので生活習慣病の一つとされている。

　高血圧を発症する要因には遺伝と環境がある。高血圧症の家族歴があると高血圧症になる確率が高く、何らかの遺伝的素因が関係あると考えられている。一方、運動不足による肥満、高食塩摂取、ストレスなどの環境因子によっても発症するとされている。

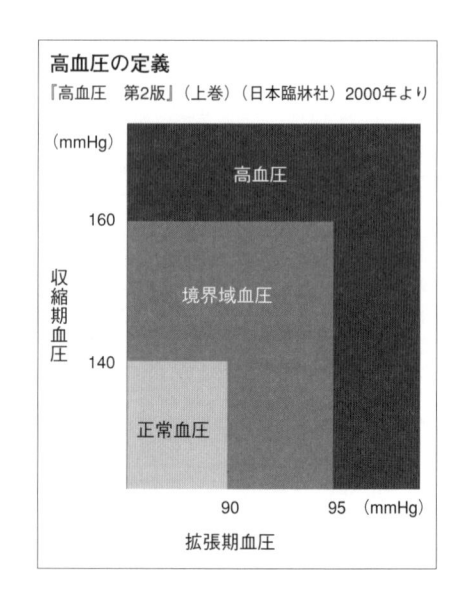

高血圧の定義
『高血圧　第2版』（上巻）（日本臨牀社）2000年より

【関連用語】

・でぃっぱー　ディッパー
dipper〔健康〕
　通常、血圧は昼間に高く夜間は低いという日内血圧リズムを示す。そのようなリズムを持っている者は正常でディッパーと呼ばれる。

・のん・でぃっぱー　ノン・ディッパー
non-dipper〔健康〕
　ディッパーに対する言葉であり、日内血圧リズムの異常者をいう。通常、血圧は昼間に高く、夜間に低くなるが、夜間になっても血圧が下がらないで高いままの異常な血圧リズムを示す人をいう。食塩感受性者に多いと言われている。

・いちじせいこうけつあつ　一次性高血圧
primary hypertension〔健康〕
　原発性高血圧とも言われ、高血圧症になる原因の分からない高血圧症で本態性高血圧症は一次性高血圧である。

・にじせいこうけつあつ　二次性高血圧
secondary hypertension〔健康〕
　高血圧症になる原因が分かっている高血圧症である。二次性高血圧には次のような疾患が含まれる。
(1) 腎性高血圧症（実質性腎疾患、腎血管性など）
(2) 内分泌性高血圧症（原発性高アルドステロン症、クッシング症候群、甲状腺機能亢進症など）
(3) 神経性高血圧症
(4) 心臓・血管性高血圧症
(5) 妊娠中毒
などがある。

こうじゅんどえん　高純度塩
high pure salt〔塩種〕
　塩化ナトリウム純度の高い塩をいう。何%以上という定義はない。一般的には塩化ナトリウム純度99.5%以上の塩をいう。通常真空式または加圧式煎ごうで製造される。苛性ソーダ等で不純物を除いて精製する場合がある。試薬、医薬、食品等の用途に用いられる。

こうじょうせんしゅ　甲状腺腫
goiter〔健康〕
　同義語：ゴイター
　甲状腺に発生する腫瘍。放射線被曝やヨード欠乏で起こる。ヨード欠乏で起こる甲状腺腫はヨード添加塩を使用することにより完全に予防できるので、海外ではヨード添加塩が多く販売されている。ヨードを豊富に含む海藻を食べる習慣のある日本では、ヨード欠乏で甲状腺腫になる例はないとされている。

こうしょく　孔食
pitting corrosion〔煮つめ〕
　金属表面から見える大きさが小さく、深さが深い孔状の腐食*。高耐食性金属の中には、表面が酸化して皮膜を形成することで耐食性を有するものがある。このような皮膜が局所的に破損すると金属表面がむき出しになり、耐食性を失って深さ方向に集中的に腐食される。孔内には腐食を促進するイオンが濃縮され、また皮膜を形成する酸素が供給されにくいため、さらに腐食が進行する。製塩ではステンレス鋼*に発生することがある。

こうすいなんか　硬水軟化
water softening〔利用〕
　参照：樹脂再生
　硬水（カルシウムイオンやマグネシウ

ムイオンが比較的多い水）からカルシウム、マグネシウムを除き軟水にする操作でイオン交換樹脂が用いられる。硬水地域の家庭用、ボイラーなど硬水成分が障害となる工業用水の処理に用いる。イオン交換樹脂は吸着した硬水成分を除くために、定期的に食塩水を流して再生させなくてはならない。

こうせいきょうそうきやく　公正競争規約
Fair Competition Rules　〔組織〕
参照：景表法

景表法*の規定により、不当な景品提供や不当な表示による顧客の獲得競争を規制するために、業界が自主的にルールを定め、公正取引委員会の認定を受けた規約。2006年では塩についてまだ公正競争規約は定められていないが、その準備が進められている。

こうど　硬度
hardness　〔分析〕
参照：モース硬度

(1) 物質の硬さを表す用語（モース硬度）。岩塩の硬度は2。
(2) 飲料水においては、飲料水に含まれるカルシウムイオンとマグネシウムイオンの合量（単位＝ppm＝mg/ℓ）を硬度と定義している。

こうどこうえんきん　高度好塩菌
extreme halophile　〔天日塩岩塩〕

高い塩濃度（20〜25％ ほとんど飽和食塩水）の環境下でしか生きられない細菌。
塩湖（死海など）、南米高地の塩平原や岩塩鉱山、塩田等に、高度好塩菌が見出される。赤色の菌が多い。たまに塩漬けにした魚等に生育し、魚を真っ赤に染めたりもする。天日塩にも存在する。人体に有害な菌は比較的少ないとされている。

こうなとりうむけっしょう　高ナトリウム血症
hypernatremia　〔健康〕

正常な血漿ナトリウム濃度は135−150 mEq/ℓ の範囲にある。血漿ナトリウム濃度が150mEq/ℓ 以上になった場合を高ナトリウム血症という。この場合には血漿浸透圧も高くなっている。高ナトリウム血症はナトリウムに対して相対的に水が欠乏している状態である。水のみが過剰に失われる病態としては、尿崩症がある。

これには脳下垂体後葉から利尿ホルモン（バゾプレシン）の分泌が欠如している中枢性のものと、腎臓がバゾプレシンに反応しない腎性のものとがある。ナトリウムが過剰になる状態としては、アルドステロンやコルチゾールなどが過剰になる病態が含まれる。ナトリウムが失われるような病態であっても、下痢や発汗のようにナトリウムより水の喪失が多い場合には高ナトリウム血症になる。

こえん　湖塩
lake salt　〔塩種〕
巻頭写真4参照

湖塩とは、塩湖*でとれる塩をいう。塩湖に析出して堆積した塩を採掘あるいはドレッジング（湖底からすくい上げる）する方法と塩湖の塩水を煮つめ、あるいは天日蒸発して結晶化する方法がある。塩湖組成は海水と異なり、それぞれの塩湖でも異なるため採掘した塩の組成も異なる。塩水を煮つめる場合は通常の煮つめ塩に類似する。

こくさいきかく　国際規格
Codex alimentarius　〔組織法律〕
参照：食用塩国際規格　巻末付表6

こくさいしおしんぽじうむ　国際塩シンポジウム
International Symposium on Salt
〔組織法律〕

　世界の塩関係者が一堂に会するシンポジウムで、1962年クリーブランドで第1回が開催され、日本では第7回国際塩シンポジウムが1992年に京都で開催された。初期は岩塩研究が主体であったが、その後、塩全般に領域を拡大して1992年は高血圧、2000年はヨード添加が特別議題となった。

回	年次	場所
1	1962	クリーブランド
2	1965	クリーブランド
3	1969	クリーブランド
4	1973	ヒューストン
5	1978	ハンブルグ
6	1983	トロント
7	1992	京都
8	2000	ハーグ

こくさんえん　国産塩
domestic salt〔塩種〕

　類似語：国内塩
　参照：原産地、原産地表示

　農水省告示の原産地表示基準では国内で生産または加工した塩をいう。輸入天日塩を日本国内で溶解再生した塩も国産塩である。法律上の定義とは別に、日本の海水で作られた塩が純国産塩という意見もある。また輸入天日塩加工については原料原産地表示をすべきだという意見がある。原産地表示について食用塩公正取引協議会準備会で検討が進められている。

こくみんえいようちょうさ　国民栄養調査
national survey of nutrition intake〔健康〕

　参照：食塩摂取量
　厚生労働省が毎年行っている国民の栄養摂取量状況、生活状況、身体状況等を把握するための調査をいう。この中に食塩摂取量も含まれている。この摂取量は食事調査から食品中のナトリウム量を求めた換算値で正確な摂取量ではない。

こけいにがり　固形にがり〔副産〕
　参照：にがり
　豆腐凝固用塩化マグネシウムのこと。

こけつ　固結
caking〔加工包装〕
　参照：固結防止剤、吸放湿固結

　塩を保存しておくと次第に固まる現象。濡れたり、高温多湿の条件で保存されたり、重しがかかった状態では固結は速やかに進む。微粒の塩や高純度の塩は固まりやすい。固結を防ぐ方法として、固結防止剤を加える、粒径の大きな塩を使う、微粒の塩が混ざらないようにする、高温で包装したり保管することを避ける、圧力がかからないようにする、在庫期間を短くする、などの対策がとられる。しかし、通常の大気中で保管して完全に固結が起こらない方法はない。固結した塩を元の状態にする適切な方法は物理的に壊すことだけである。商品としてどの程度以上に固まったものを固結というかは、特に定義がなく用途に応じて決まる。

こけつきょうど　固結強度
caking strength〔加工包装〕

　塩が強く固まったときの固結の程度。固まった塩を30mmの円筒に切り出し、圧縮試験器で荷重をかけて壊れる点が固結強度となる。1980年頃までは塩の固結は避けられなかったので1kg荷重までに壊れる場合は固結とはしなかった。

こけつぼうしざい　固結防止剤
anticaking agent　〔加工包装〕

参照：炭酸マグネシウム、フェロシアン塩、固結

固結の発生を遅らせ、また固結の程度を軽減させる添加物。食品添加物として承認されているものとして、炭酸マグネシウム、リン酸ナトリウム、アモルファスケイ酸、フェロシアン塩がある。日本国内では炭酸マグネシウムが最も広く使われており、使用限度は0.5%、有効濃度は0.3%である。日本ではにがりの固結防止効果を利用した製品が多く、この場合、その働きとしてはにがりも固結防止剤といえる。

固結防止のメカニズムから、「媒晶効果」「乾燥効果」「吸湿効果」「被覆効果」の大きく4つに分けられる。「媒晶効果」は、吸放湿固結*において析出する結晶を微細なものとし結晶どうしの結合を弱くする作用であり、代表的添加物としてフェロシアン塩がある。「乾燥効果」は、塩に代わって吸湿する作用で、塩よりも吸湿性の高い無水リン酸ナトリウムや硫酸マグネシウム三水塩などが用いられる。「吸湿効果」は、塩の臨界湿度*を下げて常時吸湿状態とし、放湿による結晶析出、架橋を防ぐものである。塩化マグネシウムはその代表であり、塩化マグネシウムが主成分である「にがり」も固結防止剤といえる。「被覆効果」は、水に難溶性の化合物で塩の結晶表面を覆うことで、結晶どうしの接触を無くす作用であり、乾燥塩タイプの固結防止として最も広く使用されている。代表的な添加物としては、炭酸マグネシウム、炭酸カルシウム、リン酸カルシウム、微粒二酸化ケイ素などがある。

食用塩国際規格*ではリン酸カルシウム、炭酸カルシウム、炭酸マグネシウム、酸化マグネシウム、不定形二酸化ケイ素、ケイ酸カルシウム、ケイ酸マグネシウム、アルミノ珪酸ナトリウム、アルミノケイ酸カルシウム、ミリスチン酸、パルミチン酸、およびステアリン酸のカルシウム、カリウムおよびナトリウム塩、フェロシアンカルシウム、フェロシアンカリウム、フェロシアンナトリウムが承認されている。このほか最近の国内特許では、蛋白、大豆ミネラル、トリエチレンジアミンポリマー、アルギン酸ナトリウムなども提案されている。しかし日本国内で食品用途に使用する場合は、食品衛生法で使用できる物質および添加量が限定されている場合があるので注意を要する。特に、フェロシアン塩*については日本の食品添加物として承認されたが、光や熱によって分解して有毒のシアンを発生する危険性があり、国内ではほとんど使用されておらず、また欧州、米国等先進国での食用塩への使用は減少方向にある。

こけつりつ　固結率
rate of caking　〔分析〕

塩全体の中で固まっている塩の比率。固結に対する商品の要望が厳しくなって生まれた新しい固結程度の表現。ふるい上に静かに塩を流し込み、ふるい上に残る塩の量を測定する。極めて弱い固結まで測定される。

こじぇねれーしょん　コジェネレーション
cogeneration　〔煮つめ〕

参照：電蒸バランス

発電と同時にそれに使った廃熱を利用すること。膜濃縮・真空式製塩法*は発電の背圧蒸気を40℃に低下するまで利用する優れたコジェネレーションシステムである。更に、この製塩法では蒸気電気のエネルギーバランスを制御して、エネルギー効率が最大になるように運転される。

こしきいりはま　古式入浜〔文化〕

参照：塩浜、入浜、入浜塩田

　江戸時代に成立する入浜塩田に先行する、未発達な構造を有する形態の入浜で、古式入浜、あるいは入浜系と称される。古代中国に始まり、弥生時代末期に西日本に伝えられたと考えられている。自然の砂浜を利用する段階では、満潮時に冠水した後に乾燥し、塩分が付着した砂（かん砂）を集めて貯蔵し、沼井に集めて海水を注いでかん水を溶出した（塩尻法）。堤防や樋門などの設備は未発達で、採かん作業は自然条件、特に潮の干満に影響を受ける度合いが大きい。入浜塩田の成立後も、瀬戸内海以外の東北や九州地域には、こうした塩田も多く残存した。塩田の規模は1反前後から数反程度で、何人分かの塩浜が1軒の釜屋を利用する形態が多かった。家族労働を主として、農業との兼業可能な規模が一般的であった。

ごまじお　ごま塩
sesami salt　〔塩種〕

　ごまと乾燥した塩を混合した加工塩。

こんごう　混合
mixing　〔加工包装〕

　塩に各種添加物を混合する方法は、各種混合機を用いて混ぜる、ベルトコンベア等の輸送過程に添加して混ぜる、結晶缶内に添加して結晶内または結晶表面に付着させる、などの方法が採用されている。均一混合させるためには、液体として添加し乾燥する、造粒などにより添加物と塩の見かけ密度を同じにする、などの方法を併用する場合がある。

こんごうき　混合機
mixing machine　〔加工包装〕

　添加物の混合に用いる機械。容器回転型混合機として例えば、水平円筒型混合機、Vミキサー、機械的攪拌混合機として例えば、リボン型混合機、ナウターミキサーなどが主に使用される。

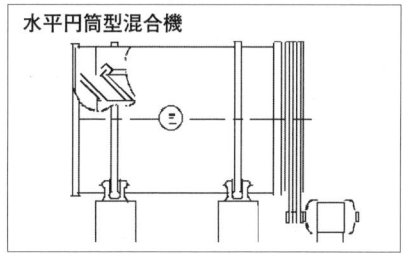

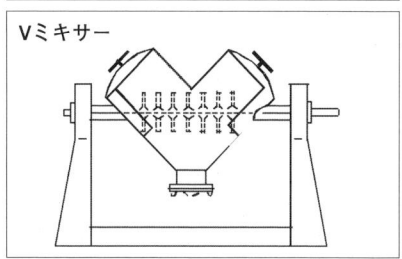

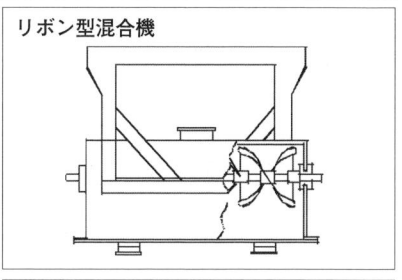

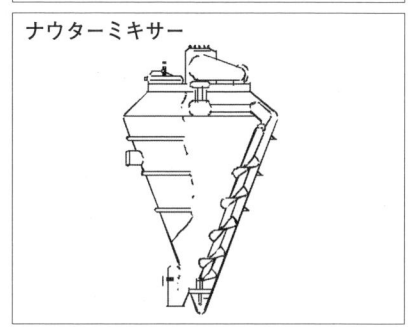

水平円筒型混合機

Vミキサー

リボン型混合機

ナウターミキサー

こんぷらいあんす　コンプライアンス
compliance〔組織法律〕

　法を遵守(順守)すること。コンプライアンスに反した食品関連の例としては、牛肉偽装事件などのいわゆるJAS法での「食品の偽装表示」などがある。

こんわさいせい　混和再製
recrystallization using mixed solution
　　〔煮つめ〕
　　参照：再製

　未飽和かん水に天日塩を溶解して煎ごうすることにより製塩する方法。生産量を増加させることができるので、日本では塩不足を起こした戦後の一時期に採用されたことがある。

さいかん　採かん
concentration of seawater〔採かん〕

　海水を濃縮して濃い塩水（かん水）を採ること。日本の製塩方法は昔も今も海水を濃縮する「採かん」とかん水を煮詰めて塩をとる「煎ごう」の2段階工程で塩を作ってきた。これは雨が多く結晶化まで天日で行うことは効率が悪いためで、そのため日本独特の技術が発展した。以前は、入浜式塩田法*や流下式・枝条架式塩田法*など天候に左右されやすい方法がとられていたが、1972年以降は膜濃縮（イオン交換膜電気透析法）*が導入されている。

さいきけいせい　催奇形性
teratogenicity　　〔健康〕

　妊娠中の母体に化学物質などを投与したとき、胎児に対して奇形などの悪影響を及ぼすこと。

さいせい　再製
recrystallization〔煮つめ〕
　　同義語：溶解再製
　　参照：天日塩再製

　既に結晶になっている塩を溶解してかん水に戻し、通常煮つめ*によって再結晶する操作。主に天日塩、湖塩などを原料にすることが多く、粒径が大きく不純物や濁質が多い塩の精製や用途に合わせた粒径の調節など次のような目的のために行われる。
(1) 天日塩を水に溶かして不純物を除き、再度蒸発缶*で煮つめて高純度の塩を作る（例：精製塩）
(2) 天日塩を淡水または海水で溶解して平釜*で再度煮つめることにより、天日塩に含まれる泥や貝殻など不純物を取り除くと同時に、結晶の形を変えて特徴のある塩を作る（例：平釜再製加工塩）
(3) かん水に天日塩を溶解して煎ごうすることで、生産量を増加させたりエネルギーの節約を図る（例：混和再製*）

さいせいかこうえん　再製加工塩
recrystallization salt　　〔煮つめ〕
　　参照：再製

　塩の利用価値を高めるため塩を溶解しその溶解物に操作を加えて、再び塩を製造することを再製*という。また、溶解以外の方法により塩の形状変化や変質をさせたり、塩の不純物を除去することを加工*という。両者を含めた塩の概念として再製加工塩という（塩事業法第2条）。

さいだいざんりゅうきじゅんち　最大残留基準値
MRL：Maximum Residue Limit
　　〔組織法律〕
　　参照：CODEX

　一般には、農薬、動物用医薬品、飼料

添加物の残留基準値。特にCodex*MRLを指すことが多く、これは残留農薬の国際基準で、日本の残留基準設定方式と同様の方式で決定されている。

さいぼうがいえき　細胞外液
extracellular fluid 〔健康〕
　参照：ナトリウムポンプ

さいぼうないえき　細胞内液
intracellular fluid 〔健康〕
　参照：ナトリウムポンプ

さいろ　サイロ
silo 〔加工包装〕
　散塩の大型貯槽。異物の混入防止、包装、出荷の合理化などを目的とする。

さかなのえんぞう　魚の塩蔵
salting fish 〔利用〕
　魚に塩を当てて貯蔵すること。魚の塩蔵方法には「魚体を飽和塩水に浸漬する立て塩*方式（塩の浸透が均一に行われ油焼け・乾燥がしない）」と「魚体に直接塩を振りかける振り塩*方式（塩の浸透が速やかであるが不均一になりやすく外気にさらされるため油焼けしやすい）」がある。塩の使用量は新巻サケ15～20％、サバ、サンマ、タラ5～10％であり、丸干しイワシは塩水漬けが一般的である。

さくらづけ　桜漬け
salted cherry blossom 〔利用〕
　桜の花の塩漬け。七分咲きの八重桜を枝をつけたまま用いてつくる。梅酢を加えることもある。熱湯を注ぎ、桜湯として飲用。慶事に用いることが多い。梅酢を使用して桜色に染まっている漬物も桜漬けと呼ばれている。大根の桜漬けなどがある。

さしじお　差し塩 〔文化〕
　参照：真塩
　苦味のある品質の悪い塩。明治中期まで使われた塩の種類を表す言葉。にがりを多く含んで塩化ナトリウム純度が低く、味と品質の悪い塩。塩製造の歩留まりを上げるために、かん水を釜に追加しながら炊く、あるいは真塩*をとった後に残るにがり分を多く含む液を、次のかん水に混ぜて炊いた塩をいう。純度は真塩85％程度に対し、差し塩は65～80％程度であった。
　江戸時代、瀬戸内に集中した入浜塩田では、真塩は江戸・大阪の都市部で好まれ、安価な差し塩は東北地方に売られた。差し塩の「塩角*」のある辛い塩が東北地方の食材と結びついて独特な濃い塩味の伝統が育ったと考えられる。

さらりー　サラリー
salary 〔文化〕
　給与という意味でのサラリーは古代ローマ兵士の現物給与としての塩の支給（サラリウム・アルジェンタム）に起源をもつ。すでに青銅器時代のケルト文化のヨーロッパでは、塩を交易の貨幣に類する扱いがなされていた。中国でも紙幣の価値を塩で保証した歴史がある。エチオピアでも一部の所では1900年代の初めまで「アモウリス」と呼ばれる塩の小さなタブレットを貨幣として用いた歴史がある。

さりのめーたー　サリノメーター
salinometer 〔分析〕
　同義語：塩分計
　参照：ボーメ比重計
　海洋観測に用いられるものは、海水の電気伝導率を測定して、塩分を算出するのに用いる機器。陸上の実験室および観測船上で用いられる。現在では、塩素イ

オンの滴定値から算出される塩分（単位プロミル）測定法はほとんど使われていない。電導度、水温、圧力の3つのセンサーにより、塩分、温度、深度を計測するCTDとよばれるシステムは、ほとんど全ての海洋調査船に装備されている。

食品中の塩分量を簡易に測定する方法として、電気伝導率を測定して「塩分%」で表示する機器が市販されている。

かん水中の塩分測定機器としては、比重（浮き秤比重計、ボーメ比重計）や光の屈折率により簡易に計測するものなどがある。

さんえん　散塩
bulk salt 〔塩種〕

トラックや船などに塩を包装しないでそのまま載せて配送する荷姿をいう。

さんかぼうしさよう　酸化防止作用
oxidization prevention action 〔利用〕

参照：褐変防止

空気中の酸素と結合する化学反応を酸化といい、食品が酸化した場合、色や風味が悪くなるばかりでなく、消化器障害を引き起こす場合がある。この酸化による品質の低下を防止する作用を酸化防止作用という。酸化防止作用を有する物質を酸化防止剤といい、食品に添加されるものの場合、食品中の成分に代わって自身が酸化されることにより、酸化を防ぐ。例として、L-アスコルビン酸、カテキン、ジブチルヒドロキシトルエン（BHT）等が挙げられる。塩の酸化防止作用の例としては果物の皮を剥いて塩水に浸すと、果物表面の変色を防ぐことができる。これは、塩が酸化酵素のポリフェノールオキシターゼの働きを抑制し、果物中に含まれるポリフェノールの酸化を防止するためである。

さんかまぐねしうむ　酸化マグネシウム
magnesium oxide 〔副産〕

化学式：MgO、白色の粉末、比重：3.2～3.7、融点：2850℃、アルカリ性海水または「にがり」にアルカリを加えて水酸化マグネシウムを生成させ、これを沈降分離して焼成して製造する。耐火材の原料および触媒、医薬品などに利用される。

ざんりゅうせいゆうきおせんぶっしつ（ぽっぷす）残留性有機汚染物質（POPs）
Persistent Organic Pollutants 〔組織法律〕

難分解性であり、生物体内に蓄積しやすく、長距離移動性を持ち、全世界的に汚染を引き起こしている物質として、ストックホルム条約により2001年5月に採択された物質。ダイオキシン類、PCBや農薬のDDTなど12種類の物質が指定されている。国際的に協調して廃絶、削減等を行う条約で、日本も締結し、環境省を中心にモニタリングなどを開始している。

ざんりゅうのうやく　残留農薬
agricultural chemical residue 〔分析〕

参照：環境ホルモン、ポジティブリスト

農作物の栽培や保管に使用された農薬が食品、飼料、土壌などに残存している現象で、体脂肪などに蓄積して人体に悪影響を及ぼす。食品衛生法、農薬取締法などで規制される。規制農薬は700種以上になる。塩には農薬は使われないが、海水汚染など環境からの汚染が問題になる。新食品衛生法（改定案、ポジティブリスト制度）では食品全体に農薬汚染がないことの確認を求めている。膜濃縮の製塩ではほとんどの農薬は膜を透過しない。

ざんりゅうのうやくせんもんかかいぎ
FAO/WHO　残留農薬専門家会議
JMPR：FAO/WHO Joint Meeting on Pesticide Residues　〔組織法律〕
　参照：FAO、WHO
　FAO*、WHO*それらの加盟国およびコーデックス委員会に対する科学的な助言機関として、農薬の残留レベルや農薬の一日許容摂取量について、科学的評価を行うFAOとWHOが合同で運営する専門家の会合。1963年から活動開始。通常年1回開催。

じーえむぴー　GMP
Good Manufacturing Practice
〔組織法律〕
　一般的に品質の良い優れた製品を製造するための要件をまとめたものをいう。GMPを行政の立場で初めて取り上げた米国では、様々な分野でGMPが定められている。日本では1980年（昭和55年）に、厚生省令として医薬についてGMPが施行され各分野に拡大の動きがある。医薬品についてはそれまでの「製造業者の遵守すべき基準」から「製造業の許可の要件」となった。
　生理食塩水、腎臓透析溶液などの医薬用として使用される塩は日本薬局方で規格が定められ、薬事法の規制を受ける。それを製造するためには、それにふさわしい設備並びに品質保証システムを有しているかどうかを、主に各都道府県知事の権限により審査され合格した製造許可が必要である。この製造許可を取得する際に確認される基準が医薬品GMPである。「人為的な誤りを最小限にする」「医薬品に対する汚染及び品質変化を防止する」「高度な品質を保証するシステムを設計する」ことが求められている。

しおあんぽう　塩罨法
thermotherapy with salt　〔健康〕
　熱い塩を袋に入れて、疼痛部に当てて痛みを和らげたり、症状の改善を行う方法。塩の温度保持効果による温熱療法。腰痛、関節痛、腹痛などに広く使われる。

しおうち　塩打ち〔利用〕
　大豆またはエンドウ豆を塩水につけて煎ったもの。塩打豆、塩打大豆（えんだだいず）のこと。

しおおし　塩押し（塩押・塩圧）〔利用〕
　参照：塩漬け
　漬物を漬けるときの一工程。野菜などの材料に塩をして、上から石などで押さえること。塩によって材料の余分な水分を出す目的で行う操作で、下漬けともいう。また、塩漬けのことをいう場合もある。

しおおろしうりぎょう　塩卸売業
salt wholesaler　〔組織法律〕
　参照：塩特定販売業
　塩の卸売を業として行う者。なお事業者は財務大臣の登録を受けなければならない（特殊用塩または、特殊製法塩のみに係わる塩の卸売を業とするものを除く）。輸入および輸入品卸売業（塩特定販売業）も登録が必要（特殊用塩を除く）。2005年で登録件数は塩卸売業305社、塩特定販売業323社、特殊用塩だけ扱う輸入卸911社となっている。

しおかいせん　塩廻船　〔文化〕
　江戸時代の塩の流通は地元塩問屋を仲介して、塩廻船により消費地の塩問屋に売り渡す方法がとられた。塩廻船は比較的大型の船で、瀬戸内海の十州塩を全国各地へ輸送した。

しおかげん　塩加減〔利用〕

適当に塩味をつけること。また、そのつけ具合。

しおかど　塩かど
saltiness〔利用〕

塩辛さのこと。塩の辛さがじかに感じること。

しおがま　塩釜
salt pan〔文化〕

巻頭写真2参照

塩浜で採取したかん水を煮つめて塩の結晶を得るための釜の総称。大型の製塩土器の延長ともいえる土釜をはじめ、煮つめるかん水の量に応じて、強度を保つ工夫を重ね、地域によっても特色を生みながら、竹や貝を使った網代釜*、鉄釜や石釜*など、さまざまな製塩用の塩釜が作られ、釜を支える竈（かまど）の構造にもさまざまな特色が見られた。最も広く使われた石釜では、かん水を煮つめる釜の底面を補強するために、釜底の何ヵ所かを上から吊って支える構造になっていたが、鋳鉄製の吊らない構造の釜も見られた。江戸時代までに形成された日本の伝統的な塩釜は、明治以降西洋技術の導入にともない、洋式の鉄製釜に代わった。

しおがま　塩竈〔文化〕

塩釜を支えるための竈（かまど）。釜の種類や地域によって内部の構造に特色が見られる。

しおがまじんじゃ　塩竈神社〔文化〕

宮城県中部松島湾に面する塩竈市にある。末社の御釜神社は塩土老翁*を祭神とし、鎌倉時代からの鉄釜が祭られ、塩づくりに縁のある神社として知られる。御釜神社では、毎年7月に塩づくりの神事が執り行われる。7月5日の藻刈神事は、松島湾の海藻を刈り取る儀式が行われ、翌6日の藻塩焼神事では、鉄の釜を用いて塩を煮詰める神事が行われる。

しおから　塩辛
salted fish guts〔利用〕

塩辛は、魚介類の筋肉や内臓などを塩漬けにし、腐敗を防ぎながら原料の魚介類が持っている酵素や微生物の作用で熟成させ、独特の風味やうま味を醸し出した発酵食品の一種である。本来、保存食品としての性格から食塩濃度が高い食品であるが、最近は消費者の減塩志向などのため、ほかの食品と同様に低塩化が進んでいる。

塩辛にはイカ塩辛、カツオの内臓の塩辛（酒盗）、ウニ塩辛（粒うに、練りうに）、ナマコの腸の塩辛（海鼠腸）、サケ・マス

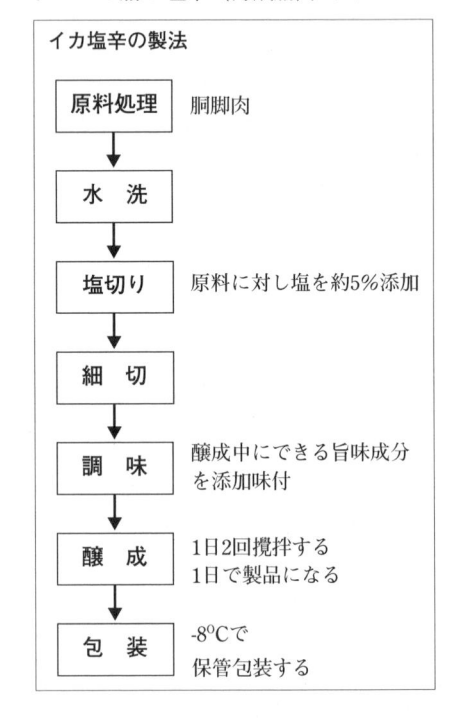

イカ塩辛の製法	
原料処理	胴脚肉
↓	
水　洗	
↓	
塩切り	原料に対し塩を約5％添加
↓	
細　切	
↓	
調　味	醸成中にできる旨味成分を添加味付
↓	
醸　成	1日2回撹拌する 1日で製品になる
↓	
包　装	-8℃で 保管包装する

の腎臓の塩辛（めふん）、アユの卵・精巣・内臓の塩辛（うるか）などがある。代表的なものがイカ塩辛で、その生産量は塩辛全体の8割強を占めている。最近低塩化が進み、熟成期間も短くなり、同時に保存性付与のためにアルコール添加が行われるようになった。塩含有量は約10%。

しおこうりにん　塩小売人
salt retailer 〔組織法律〕

塩を小売販売する者。基本的に塩事業法では規制がなくなった。生活用塩の販売については塩事業センターとの販売店契約が塩事業法で規定されている。

しおごり　潮垢離 〔文化〕

潮水を浴びて身を清めることをいう。

しおさばく　塩砂漠
salt desert 〔天日塩岩塩〕

塩分を多く含む土砂や塩の結晶が混じって広がる砂漠。

しおじぎょうせんたー　塩事業センター
The Salt Industry Center of Japan 〔組織法律〕

生活用塩*の販売元であり、日本で唯一の塩の専門研究機関をもつ公益法人。1997年4月に塩専売制度が廃止され、新たにできた塩事業法*という仕組みのもとで、塩が国民生活に不可欠な代替性のない物資であることから、塩の需給および価格の安定、離島過疎地を含めた全国各地への安定供給等の確保と、併せて、塩の製造、輸入および流通に関する調査研究などを行うことにより、塩産業の健全な発展に資する公的な機関が必要であることから、平成8年7月1日に設立され、生活用塩の供給、塩の備蓄、緊急時の塩の供給などを開始、これらに加えて、塩事情に関する調査、製塩技術、商品技術、塩の品質および分析技術に関する研究、調査研究成果の提供、塩の品質検査の受託を行っている。

しおじぎょうほう　塩事業法
Salt Business Law 〔組織法律〕

参照：塩専売法

塩事業を行う場合に守らなければならないことを定めた法律。届出義務などについて規定されている。塩専売制度の廃止に伴い、塩専売法*に代わり、1997年4月1日から塩事業法（平成8年法律第39号）が施行され、その目的は「塩が国民生活に不可欠な代替性のない物質であることに鑑み、塩事業の適切な運営による良質な塩の安定的な供給の確保と我が国塩産業の健全な発展を図るために必要な措置を講ずることとし、もって国民生活の安定に資すること」としている。内容は(1)塩需給見通し策定(2)塩製造業の登録、届出(3)塩特定販売業（輸入）の登録、届出(4)塩卸売業の登録(5)塩事業センター*の業務（緊急時の措置を含む）などである。

しおしけんほうほう　塩試験方法
method of salt analysis 〔分析〕

塩の成分を分析する方法の手順書であり、(財)塩事業センターから発行されている。塩の主成分*、微量成分*、主な添加物等の分析方法、物性値の測定方法が定められている。日本国内の塩分析の公定書として使われている。

しおじめ　塩締め
pretreatment of fish with salt〔利用〕

材料の下処理法の一つである。主に魚の下処理に用いる方法で、魚の用途に応じて適量の塩を振りかけ、浸透圧作用により材料の余分な水分を流出させ、身を引き締める。酢じめの前処理として行うことが多い。

しおしょうひりょう　塩消費量〔利用〕

現在日本国内で消費されている塩の総量は、約900万tである。そのうち約700万tがソーダ工業用、約100万tが食品工業用で、小売販売が約25万tである。食品工業用の塩の大半が、味噌・醬油・漬物・水産物加工で使われている。

平成17年度塩消費実績
（財務省統計、単位：千トン）

食用塩	
小売用	220
漬物	93
味噌	45
醬油	166
水産	209
調味料	163
加工食品	117
その他食品	125
	1,138

食用塩以外	
一般工業用	246
融雪	643
ソーダ工業	7,221
医薬	40
その他特殊用	19
副産塩	48
食用塩以外合計	8,217

しおせいぞうぎょう　塩製造業
salt industry〔組織法律〕

塩の製造を業として行う者。法律上は塩の粉砕を行うものも塩製造業者という。真空式*については財務大臣への登録、真空式以外は届出が必要。2006年で真空式5社 7 工場、生産量130万t、特殊製法塩*、特殊用塩*430社、生産量25万t、大規模生産をになう海水原料の真空式製塩企業は 4 社で、日本海水、ナイカイ塩業、鳴門塩業、ダイヤソルト、天日塩原料の真空式製塩企業は 1 社で日本食塩製造である。特殊製法塩には国内塩または天日塩を主原料とする平釜煎ごう、国内塩または天日塩に各種添加物を加える方法、粉砕天日塩や国内煎ごう塩ににがり等を添加する方法、海水を原料とし立体濃縮装置などを使って濃縮後平釜煎ごうする方法、海水をスプレー乾燥する方法、などがある。

しおせんばいせい　塩専売制
salt monopoly system〔文化〕

世界的に見れば、古くは紀元前 1 世紀中国前漢時代に塩専売が行われた記録がある。日本では、江戸時代以降、地域的に藩専売が行われた例はあるが、全国的な塩専売制が行われたのは1905〜1997年である。専売法の国会議決は日露戦争の戦費調達のための財源確保の一方法として実施されたが、その本来の目指すところは、塩の需給調節、塩業の保護育成、塩価の低減、品質の向上であった。国は塩の専売権を持ち、（一時苦汁も専売となっていた）塩製造の許可、収納、販売価格、外国塩の輸移入、品質の鑑定、塩の回送、塩の販売等すべての権限が国に専属した。1949年日本専売公社に業務が移管された。塩の生産は民間の企業に、塩の輸入や再製、加工は民間に委託し、

販売は「卸」の塩元売人や「小売り」の塩販売人を指定して行った。その後、特殊用塩の製造販売、専売規格外品の販売(特例塩)などを認める政策が採られ規制緩和が進んだ。1997年塩専売制度は廃止となり、明治38年以来約92年間続いた専売制度がなくなった。

しおせんばいほう　塩専売法
salt monopoly law 〔文化〕

参照：塩専売制、塩事業法

明治38年1月1日に公布、その後2回の全改正を経て、平成9年まで続いた塩専売制度を定めた法律。塩の製造・輸入・卸・小売りのすべての段階で規制されたことに特徴がある。

しおだし　塩出し　〔利用〕

参照：塩抜き、呼び塩、迎え塩

塩漬したものを真水または薄い塩水に漬けて余分な塩けを抜き、ほどよい塩かげんにすること。

しおだち　塩断ち　〔文化〕

塩の持つ呪性で身を守ることは生きていく上で極めて重要なことであった。その呪性を断ち切ることによって、かえって神の加護を得ようとした塩断ちの願いというのがある。塩断ちというのは塩を食べないということで、全く塩をとらないで長い間過ごすということではない。塩なしで過ごせるのはせいぜい4～5日の間であって、それ以上は容易でない。いろいろな塩断ちがあり、1日のうち1食だけ塩気のものを食べないで1週間続ける、朝食に塩を断つ等、塩を断つというよりも塩気のものを食べることを制限するというのが多い。この風習は、明治以前にかなり盛んに行われていたものと思われ、西洋医学が発達してからは減っていったようである。

しおたらず　塩たらず　〔文化〕

知恵が足りない、はっきりした決断ができない、行動がてきぱきしない、というような場合の人を冷笑する言葉。子供を戒めるときに用いる。

しおちゃ　塩茶
salt tea 〔健康〕

茶に塩を入れて飲むこと。塩湯と同じ胃腸や風邪に効果があり、口中出血の血止めにもよいといわれている。

しおちょりゅう　塩貯留
salt (sodium) retention 〔健康〕

腎臓の塩分排泄機能が悪いと、血漿中の塩分が排泄されにくく、塩分が血漿中に溜まってくることをいう。塩貯留が起こると、細胞外液量が増加し、血圧が高くなったり、浮腫が起こる。これは腎臓、心臓、肝臓、ホルモンなどの機能の異常で起こる。

しおづけ　塩漬け
pickling with salt (or brine), salted food 〔利用〕

野菜・肉・魚などに塩をふりかけて漬けること。また、その食品。材料に塩味をつけたり、長期間の保存の目的で行う。漬ける期間と塩分濃度により、浅漬け(即席漬け、当座漬け)と深漬け(保存漬け)に分けられる。

しおつちのおじ　塩土老翁　〔文化〕

同義語：塩椎神(しおつちのかみ)

伊勢神宮御塩殿、塩竈神社御釜社の祭神、霧島神宮、鵜戸神宮などにも祭神として祭られている。道案内の神、安産の神、製塩の神。伊弉冉尊(イザナギノミ

コト）の子供の事勝国勝神ともいわれる。古事記などの海幸彦山幸彦の話のほか、瓊瓊杵尊（ニニギノミコト）の天孫降臨、神武天皇東征などに道案内した神として記され、製塩技術の伝播者としても扱われている。

しおどきをみる　潮時を見る　〔文化〕

潮の干満から船出の時刻を見計らうことから、ある事をするためにちょうどよい時刻を見定めることをいう。例として「日銀は公定歩合引き上げの潮時を見ている」など。

しおとくていはんばいぎょう　塩特定販売業　〔組織法律〕

塩の輸入および輸入品卸業をいう。財務大臣（財務局）への登録が必要。2005年登録数323社。

しおなめてこい　塩なめて来い　〔文化〕

苦労してこいという意味で、世間知らずの人を馬鹿にしてののしる言葉である。

しおなれ　塩馴れ
salty moderating　〔利用〕

味噌、醤油、漬物等の製造過程で、発酵が進むにつれて塩辛さを感じなくなる現象。

しおぬき　塩抜き
remove the salt from foodstuff　〔利用〕

同義語：塩出し、呼び塩、迎え塩

塩漬けした食品を真水や薄い塩水に漬けて塩を抜くこと。塩で締めた魚や肉を真水で戻すと一気に塩が抜けて旨味も一緒に流出するため、薄い食塩水を用いるとよい。薄い塩水につけて塩出しすることを呼び塩*とか迎え塩*という。立て塩に酒を使って（酒塩）同時に旨味も付けることも行われる。

しおのこうしん　塩の行進
salt march　〔文化〕

イギリスは植民地のインドで19世紀初頭から塩を専売制にして徴税品とした。貧しい人々からも搾取したため、重い税金に反発して塩税法を犯して海岸で塩を作ることを非暴力的反英独立運動の手段としたガンジーは、1930年にアーメダーバードからダンディー海岸までの160kmを24日間で行進した。これは、非暴力的反抗とインド独立運動の象徴となり「塩の行進」として知られている。

しおのじきゅうりつ　塩の自給率
the self-sufficiency rate in salt　〔利用〕

巻末付表5　塩需給統計参照

塩消費量のうち国内生産が占める割合。日本の塩の自給率は先進国中では極端に低く、平成になって以降15％程度である（明治の終わり頃は90％程度、大正の終わり頃は70％程度）。輸入の大部分はソーダ工業用で、その全量が輸入に頼っている。食用についてはほぼ全量が国内生産で自給されている。

しおのはな　塩の花　〔塩種〕

参照：フルードセル

北陸海岸などで強風時に海岸にできる比較的安定した泡を塩の花という。

しおのひんしつにかんするがいどらいん　塩の品質に関するガイドライン
Guideline on the quality of salt　〔組織法律〕

参照：食用塩の安全衛生ガイドライン

日本塩工業会が平成8年、専売制廃止を控えて業界の品質ガイドラインを定めたもの。平成12年食用塩安全衛生ガイドラインに移行して解消された。

しおのぶんるい　塩の分類
classification of salt　〔塩種〕
　参照：塩種分類

しおのみち　塩の道
salt road　〔文化〕
　内陸の塩資源に恵まれない日本では、人間が生きるために欠かせない塩を産地の海浜部から内陸部へと運ぶ交易路が古くから開かれ、「塩の道」と呼ばれた。権力によって整備された街道の多くが海岸線に並行に敷かれたのに対し、塩の道は、川沿いに海岸から内陸へと延び、塩を中心に、海の幸と山の幸が交換され交易の道として機能した。塩の道は、北から南まで全国に見られたが、山国である信州では、上杉謙信が武田信玄に義塩を届けたとされる糸魚川から松本に至る「糸魚川街道」など、広く知られる道も多い。瀬戸内海の十州塩田が整備された江戸時代以降は、塩廻船によって主要な港まで運ばれた塩が、川舟に載せられ、さらに地形によって、馬や牛、そして人の背によって塩の道を通じて内陸へと運ばれた。またこの道は、地方で生産された塩の周辺地域への輸送にも使われた。塩の道は、明治以降、鉄道の整備等によって輸送手段が変わるまで、古代から永きにわたり機能した。（次頁参照）

しおはしょくこうのしょう
塩は食肴の将　〔文化〕
　総ての調味の基本は塩であることから生まれたことわざ（漢書）。

しおばな　塩花　〔文化〕
　塩は一切を浄化するものとして、塩を花のように撒いて清める。塩花は塩の異名である。

しおはま　塩浜　〔文化〕
　同義語：塩田、揚浜
　日本の塩田は古くは塩浜といった。

しおばらい　塩払い　〔文化〕
　葬式に参列した人が帰ってきて、門口で塩で身を清めることをいう。塩を散布すれば清浄となり、災難、怪我などを避けうるものと考えられ、塩は広く一般の清めに用いられる。塩は清めとしての意味合いを重視したもの。

しおびき　塩引き
salt-curing　〔利用〕
　魚類を塩漬けにすること、また、その魚。特に、塩漬けしたサケ・マスのことをさす。

しおぼし　塩干し
salted and dried fish　〔利用〕
　魚介類を食塩水に浸してから乾燥したもの。塩の浸透圧の作用により、魚の中心部の水分は次々と魚の表面に引き寄せられるため、中心まで十分に乾燥させることができる。食塩水を使用しない場合は、中心部まで乾燥させることができず腐敗する。

しおまくら　塩枕
salt pillow　〔健康〕
　塩を充填剤とした枕、または塩を袋に入れて枕の上に載せて用いるもの。冷蔵庫で冷やして用いる場合もある。持続的な保冷効果があるとされており、不眠、肩こり、その他体質改善に効果が期待されている。

しおまっさーじ　塩マッサージ
salt massage　〔健康〕
　参照：マッサージソルト

信濃の塩道

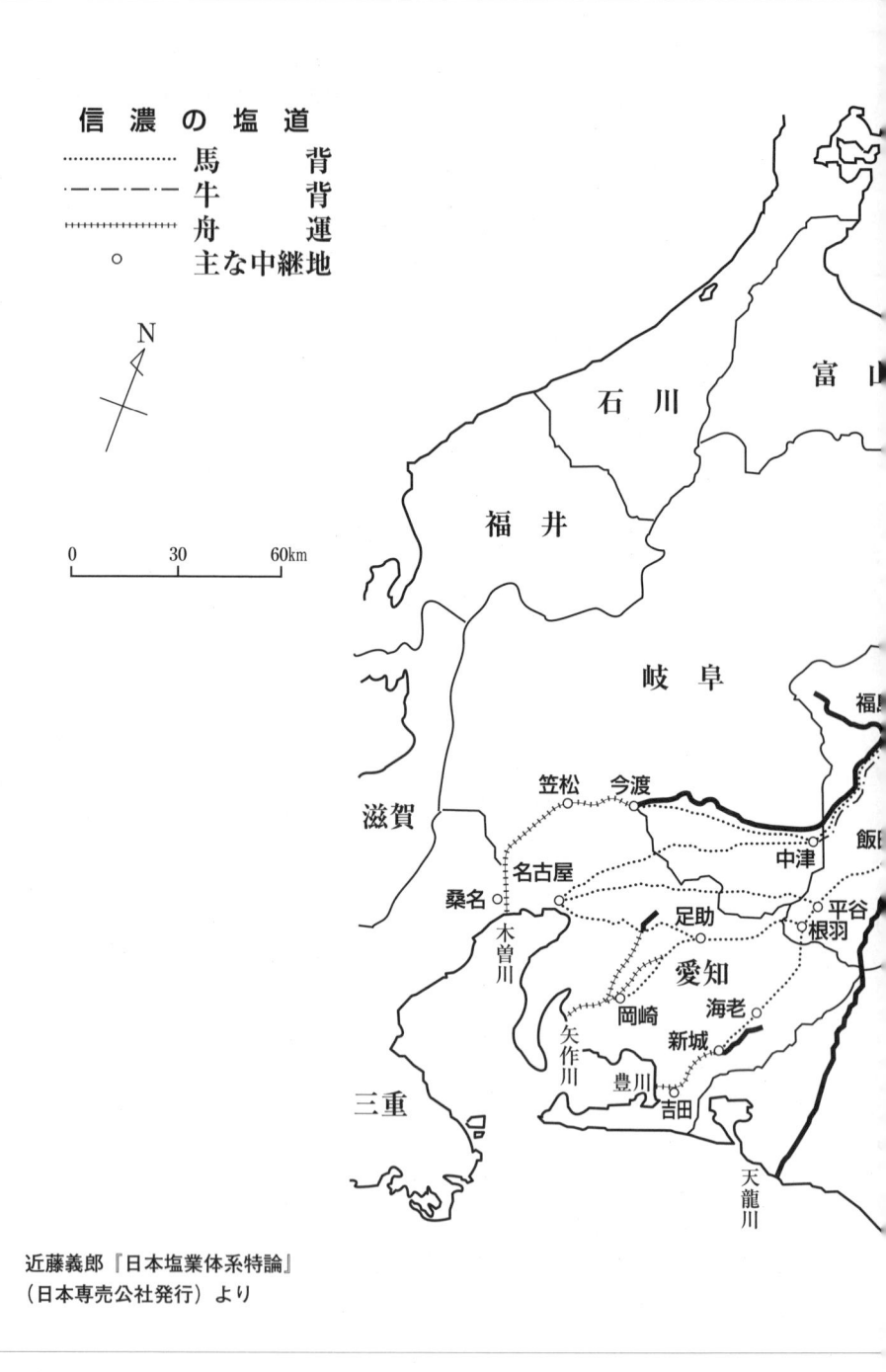

- ──────── 馬背
- ─·─·─ 牛背
- ++++++++ 舟運
- ○ 主な中継地

近藤義郎『日本塩業体系特論』
（日本専売公社発行）より

塩の道（中部地方）

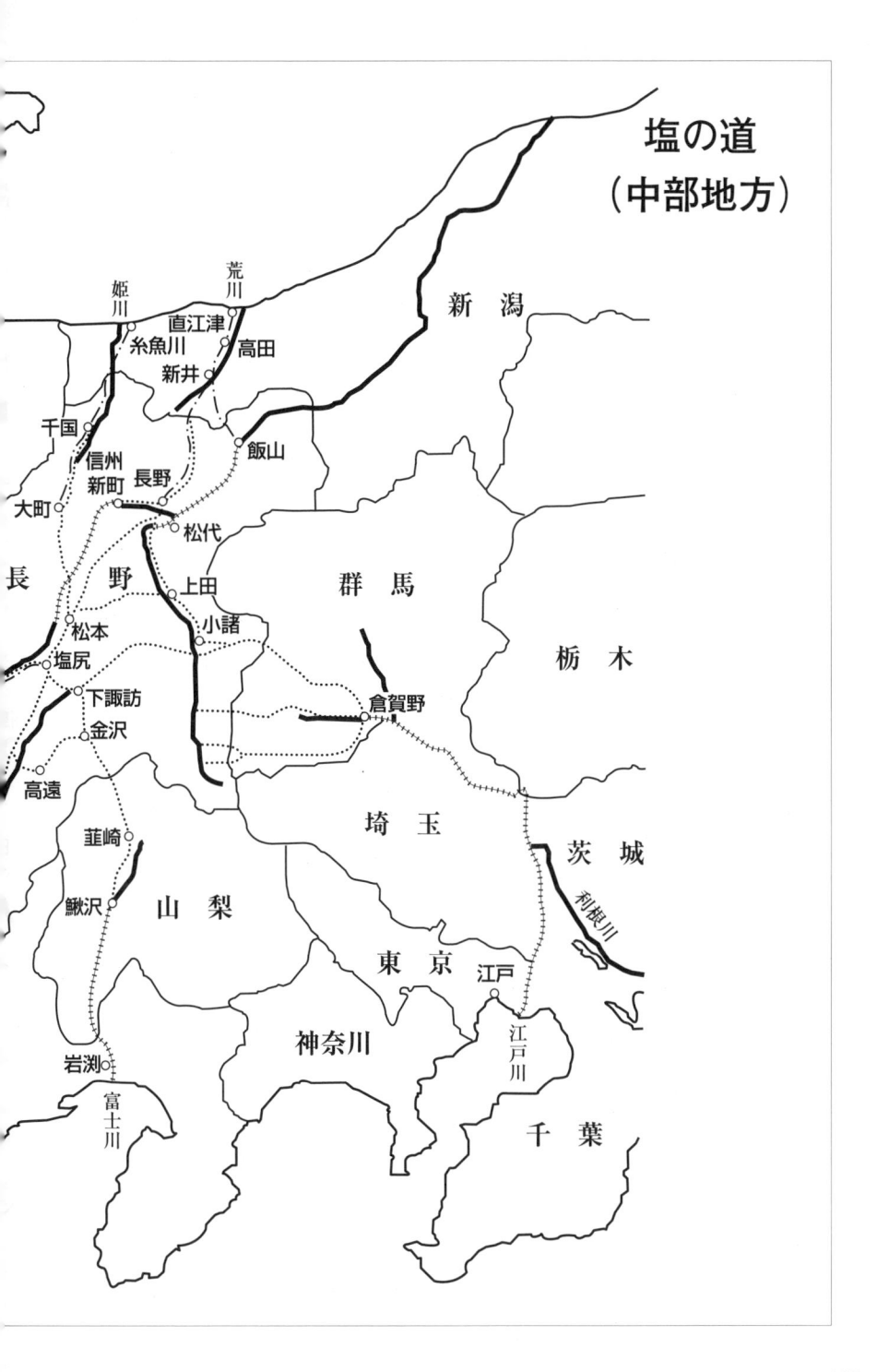

塩でマッサージをして、肌に刺激を与えることにより血行を良くしたり、肌をきれいにする。しかし、人によっては塩で肌を傷つけ、肌荒れや炎症をおこすことがあるので、凝集晶や微粒塩のような軟質の塩を半溶解状態で使う。肌の弱い人は使わないなどの注意を要する。

しおみち 潮道
distributor 〔採かん〕
参照：イオン交換膜電気透析槽
海水、かん水の流路。

しおむき 塩むき
shelled clam 〔利用〕
アサリなどを剥き身にすること、また、そのもの。

しおむし 塩蒸し
steaming the salted food 〔利用〕
塩で味をつけた蒸し物。淡白な魚介類や鶏肉の切り身に塩味を含ませ、こんぶを敷いた器に入れ蒸し器で蒸す。割り下または、ぽん酢をかけて食べる。

しおめ 塩目 〔利用〕
塩の分量。塩加減*。なお、「潮目」と使った場合は、海峡や寒暖の違う海水流の接点にできる境目をいう。

しおもとうり 塩元売
salt wholesaler 〔組織法律〕
同義語：塩卸売業

しおもの 塩物
salted fish 〔利用〕
生鮮魚介類を塩漬けにしたもの。保存性が高まると同時に旨味が増す。サケ、タラ、マス、鯖、ホッケが代表。塩漬けしたものを干したものは塩干品という。

しおもみ 塩もみ
seasoning with salt 〔利用〕
巻頭写真7参照
野菜などに塩をふりかけ手で揉むこと。青臭みや余分な水分、また、ぬめりなどを除くための下処理方法。例：キャベツや胡瓜の千切り300gに塩4gを振って混ぜ、押すようにして揉みしんなりしたら固く絞る。

しおやいと 塩灸 〔利用〕
小児が生まれて泣き声を出さない時は、塩をへその中に塗って灸し、人参を煎じて飲ませればよいという言い伝えがある。

しおやき 塩焼き
broil (fish) with salt 〔利用〕
材料に塩をふって焼くこと。材料の持ち味をそのまま味わう焼き物で、魚介類は鮮度の高いものが適している。塩かげんは魚の重量の1～2%くらいが適当で、強火の遠火で焼くとよい。古くは釜炊きで塩を作ること、または作る人をいった。

しおやけ 塩焼け
salt burning 〔利用〕
魚に食塩を用いて乾燥させる際、食塩の量が多すぎるとたんぱく質が変性し、魚体が変色する現象のこと。また、「潮焼け」という場合は、潮風に吹かれ日に焼かれた皮膚のこと。

しおゆ 塩湯 〔健康〕
参照：塩浴、食塩泉
・熱射病などの脱水症を起こしたときの緊急処置として食塩水を飲ませる。
・古来の民間療法。飲用としては酒に酔って吐いたときなど、塩湯を飲むと酔いが早くさめるといって飲まされるこ

とや、風邪をひいてのどが痛いとき塩湯でうがいするとよいとされ、また、毎朝塩湯を飲むと胃腸によいとされ、風邪をひいた時にも効果があるといわれる。

・浴用として塩水または海水を沸かして浴用とする。古くは海水を温めるのが一般的で塩湯治ともいう。婦人病、神経痛、リウマチ、皮膚病などの人に効果があり、体全体が温まるので新陳代謝が良くなるとされている。

しおゆそう　塩輸送　〔組織法律〕
参照：一貫パレ

塩の輸送には、輸入および国内大量輸送は船、国内の近距離輸送はトラック、工場内輸送は各種コンベア（ベルト、スクリュー、バケット、振動、空気コンベア）およびフォークリフトによる。

輸送形態は、ソーダ工業用など極めて大量の場合は散塩でそのまま船積み、国内輸送でも極めて大量の場合はトラックの散塩輸送が行われる。小口輸入ではフレコンなどのコンテナ輸送が一般的。通常の国内輸送は紙袋、フレコン、段ボール箱によるパレット*積みで、船またはトラックで輸送する。

輸送装置の適用範囲

	輸送距離m	輸送量t/h
スクリューコンベア	0.5～10	2～300
振動コンベア	2～15	0.4～200
ベルトコンベア	5～2000	5～6000
空気輸送	20～1500	0.5～600
トラック	大	10～30
船	特大	～15万

しおゆで　塩茹で
boil (food) with hot salt water　〔利用〕

1～2%の塩を加えた湯で食品を茹でること。塩を添加するのは、材料に薄い塩味をつける目的以外に、青菜を色よく保ち、野菜のビタミンCの酸化をいくらか防止する効果がある。また、野菜、豆、いもでは軟化促進作用があり、さといもでは粘性が出るのを防ぐ。落とし卵ではたんぱく質の凝固作用、スパゲティやマカロニではべとつきがなく適当な弾力を持たせ塩味をつける効果がある。

しおゆにゅうぎょう　塩輸入業
salt importer　〔組織法律〕
参照：塩特定販売業者

しおらしい　〔文化〕

優美であり、控えめで慎みがあり、柔軟で可憐でかわいらしいというような状態をしおらしいという。

しおをふむ　塩を踏む　〔文化〕

他郷に奉公に出して苦労させることをいう。塩田作業は大変過酷な労働だったことから、他人のところで苦労する例えとされる。

しかい　死海
Dead Sea　〔天日塩岩塩〕
参照：塩湖　巻頭写真4

ヨルダンとイスラエルの国境に位置する海面下394mの塩湖。総面積は1020km^2（琵琶湖の1.5倍）、最大深度426mであり、南北に78km、東西に18kmと細長い。塩分濃度は極めて高いが南北で濃度は大きく異なる。カリウム、臭素、塩化マグネシウムを多く含む。飽和塩水であり、体が浮くことで有名。タラソテラピー効果*を期待する療養やリゾート地としても有名。

死海組成の例（久保他：日本海水学会誌1966）

$NaCl: 6.13\%, KCl: 0.94\%, MgCl_2: 10.6\%,$
$CaCl_2: 3.03\%, CaSO_4: 0.08\%, MgBr_2: 0.41\%$

しきさ　色差
color difference 〔分析〕

　塩の色を表す客観表示方法の一つ。2つの色の違いを表す数値のことであり、△E（デルタ・イー）で表される。色に関する属性を、色相（色合い）・明度（明るさ）・彩度（鮮やかさ）の3つに分け、この3つの属性を3次元空間上における球体としたとき、色相の変化を円周方向に、色の明暗を球体の中心を通る縦軸に、彩度をこの軸からの距離とすることにより、全ての色を空間上に表すことができる（色差）。この球体中に位置づけられた2色間の直線距離が色差である。△Eと色差の感覚を表に示す。

△Eと色差の感覚

△E	色差の感覚
0～0.5	かすかに感じられる
0.5～1.5	わずかに感じられる
1.5～3.0	かなり感じられる
3.0～6.0	目立って感じられる
6.0～12.0	大きい
12以上	非常に大きい

じきゅうりつ　自給率
self-supporting ratio 〔組織法律〕

　自国の消費量に対し自国内で生産できる量の比率。日本の塩自給率はソーダ工業用塩を含めると15％で世界最低の水準にあるが、食用塩130万tに対して国内生産は約130万tでほぼ自給できる水準にある。世界的に見ても大部分の国では食用塩については自給できる体制で塩生産が行われている。

ししびしお　肉醤（醢）
fermented meat sauce 〔利用〕

　参照：魚醤

　肉で造ったひしお。乾肉を刻み、麹、塩を混ぜて作る。「塩辛」の類。

しじょうか　枝条架
evaporator by bamboo shlves 〔採かん〕

　参照：流下式塩田　巻頭写真6

　流下式・枝条架式塩田法に使用される立体濃縮設備。竹の小枝を束ねた枝条を傘状に5～6段連ね、これを10列程度耐水性の基盤の上に設置したもの。最上部からかん水を落下させ、枝条に当たって小滴となったかん水を、デッキに到達する間に、太陽熱と風によって蒸発濃縮する。現在も小規模製塩で使用される例がある。ネット式など種々の変形がある。

しぜんえん　自然塩
natural salt 〔塩種〕

　類似語：自然海塩、天然塩、

　参照：化学塩、日本自然塩普及会

　昭和47年専売塩以外の塩が生産されるようになったとき、専売で販売するもの以外の塩を自然塩としてキャンペーンして定着した商業用語。何をもって自然塩とするかの定義や根拠はない。食品において自然と呼称する基準はないが、自然物を採取したもの（農水省見解）とすれば岩塩だけである。また化学反応によって作られたものという意味ではすべての塩が自然塩である。一般的使われ方として、にがりが多い塩、湿った塩、膜濃縮以外の方法で作られた塩、精製されていない塩、純度が低い塩、煎ごうなど加熱処理されてない塩、加熱などの人工エネルギーを使わず風力と太陽熱だけで作られた塩、大規模製塩でなく手作りの感覚が残る塩、昔風をイメージする製法、などそれぞれが勝手にイメージした感覚で使われている。共通項はないが、あえて探せば塩事業センターの精製塩、食卓塩、食塩以外の塩ということになる。言葉のイメージとして受け取られているのは「最も自然な作り方、自然な組成や味、健康

面で優れている」であると想定され、現在の自然塩、天然塩の用語の使われ方と実態が異なり、また製法及び製品特性として自然であるという根拠がなく、自社製品が自然であるという主張に終わっているため、科学的にも説明できないものになっている。このような現状から自然塩、天然塩の表現は景表法上根拠なく競合他社製品より優良であることを示す行為に相当する可能性が指摘されている。

しぜんはっしょうこうけつあつらっと
自然発症高血圧ラット
spontaneous hypertensive rat 〔健康〕

　参照：SHR

じっしゅうえん　十州塩 〔文化〕

　瀬戸内海沿岸の塩の生産地である播磨（兵庫県）、備前・備中（岡山県）、備後・安芸（広島県）、周防・長門（山口県）、阿波（徳島県）、讃岐（香川県）、伊予（愛媛県）の10ヵ国で生産された塩をいい、わが国における塩供給の大半を占めていた。

しゃくしお　尺塩 〔利用〕

　参照：振り塩、当て塩

じゃすほう　JAS法
Japanese Agricultural Standard 〔組織法律〕

　正式名称は農林物資の規格化及び品質表示の適正化に関する法律。

　JAS規格制度と品質表示基準制度が定められている。JAS規格制度とは、農林水産大臣が定める日本農林規格（JAS規格）による検査に合格した製品にJASマークを付けることを認める制度である。品質表示基準制度とは、一般消費者が食料品を購入する際に選択しやすいように、品名、原材料名、内容量などの一括表示*を製造業者や販売業者に義務づける制度である。塩に関しても一括表記の規則が適用を受ける。

じゃんこーど　JANコード
JAN code 〔加工包装〕

　参照：バーコード

　わが国の共通商品コード。流通情報システムの重要な基盤となっており、バーコードとして商品などに表示され、メーカーおよび商品名を機械的に識別することができる。JANコードは、国際的にはEANコード（European Article Number）と呼称されている。POSシステムをはじめ、受発注システム、棚卸、在庫管理システムなどに利用され、さらに公共料金等の支払システムなど利用分野の拡大がみられる。

　JANコードには、標準タイプ（13桁）と短縮タイプ（8桁）の2種類がある。コードの登録された国を表す「商品メーカーコード」、個々の商品を表す「商品アイテムコード」、誤読防止のための「チェックデジット」により構成されている。

しゅうかぶついおん　臭化物イオン
bromine ion 〔分析〕

　参照：臭素

　臭素がイオンとして存在している状態を指し、化学式Br⁻で表される。海水中には60〜70mg/kg程度の濃度で存在している。臭素は医薬、農薬、工業用薬品、染料、写真感光剤などとして使われているが、陸上資源がないためほとんど海水、かん水およびにがりから採取されている。日本では製塩副産物として、製塩にがりに塩素を吹き込み置換することにより臭素を遊離させ採取しており、年産1.4万tとなっている。通常液体イオンクロマトグラフ*で分析する。

膜濃縮の塩は蒸発法に比し臭化物イオンがやや高くなる。塩の中の臭素が醤油原料で問題になることがあるが、これは残留農薬としての臭化メチルの毒性と混同されているために、食塩中に存在する無機臭化物イオンは毒性がない。臭化ナトリウムのLD$_{50}$:3.5g/kgで塩化ナトリウムのLD$_{50}$:3g/kgと同程度である。

じゅうきんぞく　重金属
heavy metal〔分析〕

一般には密度の大きい金属をいう。軽金属に対する語で、一般に密度4〜5g/cm^{3}以上を重金属という。例えば、鉄、銅、鉛、水銀、亜鉛、錫などである。ただし、塩の検査で重金属というのは硫化水素により黒変するもので、主に鉛、水銀、銅であり、鉛換算量で表示する。通常10ppmを上限とする。

しゅうそ　臭素
bromine〔副産〕

参照：臭化物イオン

元素記号：Br　原子量：79.904暗赤色の液体、比重：3.12、融点：7.2℃、沸点：58.8℃、有毒、許容濃度：0.65mg/m^3、LD$_{50}$：2.6g/kg、皮膚に付くと潰瘍を生じる。難燃剤、医薬品、農薬、染料、写真感光剤などに利用されている。海水またはにがりに塩素を吹き込むことで製造する。

海水より生産される塩にも臭化物イオンが微量含まれる。塩の中の臭素含有量は岩塩（20〜120ppm）がもっとも少なく、天日塩（100〜400ppm）、膜濃縮塩（380〜1200ppm）の順に多くなる。塩に含まれる臭素は無機臭化物イオンで、これは塩とほぼ同様の生理作用があり無害の物質である。醤油業界で問題にされる小麦や大豆の薫蒸の残留農薬としての臭化メチルとは全く異なる点に注意が必要である。

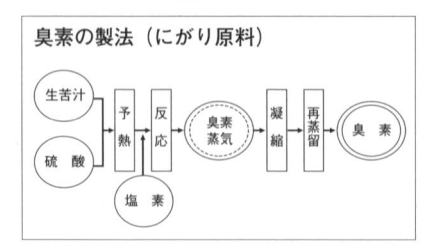

じゅうてんりつ　充填率
packing fraction〔分析〕

参照：空隙率

単位体積あたりに占める充填された物質の体積（単位＝無次元）。塩のように真密度*が既知である物質においてはかさ密度*を真密度で除した値が充填率となる。また、1から充填率を差し引くと空隙率*が求められる。

じゅうようかんりてん　重要管理点
Critical Control Points〔組織法律〕

参照：HACCP、ハザード

食品製造でのHACCP*システムにおける重要な管理点。製造工程においてハザード*を最小限に抑えるために、工程上で管理を行う際に必要とされるモニター項目。例えば、殺菌工程を指すのではなく、滅菌温度などを指す。HACCPにおけるCCP。

しゅくごうりんさんえん　縮合リン酸塩
condensed phosphate〔煮つめ〕

ポリリン酸とも略称する。製塩で用いるのはスケール防止剤*として、ヘキサメタリン酸をかん水中に数10ppm添加することがある。蒸発缶で大部分分解し、塩にはほとんど移行しないので、加工助剤*として扱われる。

臭素の製法（にがり原料）

生苦汁・硫酸 → 予熱 → 反応 → 臭素蒸気 → 凝縮 → 再蒸留 → 臭素
塩素

じゅしさいせい　樹脂再生
regeneration of ion-exchange resin〔利用〕
参照：硬水軟化
　イオン交換樹脂による硬水軟化を行った場合、樹脂の交換能力が低下したときに塩化ナトリウム濃厚溶液によって再び使用可能にする操作。純度が高く不溶解分が少ない塩が適する。

じゅしじょうえん　樹枝状塩
dendrite〔塩種〕
　媒晶剤としてフェロシアン化物*が加えられたときに食塩結晶成長面に発生する樹枝状の結晶で、塩結晶面の接触を小さくして固結を防止する働きがある。

しゅせいぶんぶんせき　主成分分析
analysis of major component〔分析〕
　塩では一般に0.01%以上の成分に関する分析。添加物等がない海塩については、海水主成分であるナトリウム、カリウム、カルシウム、マグネシウム、塩化物イオン、硫酸イオン、乾燥減量（水分）、不溶解分を主成分の分析項目とする。高純度塩についてはこれらは主要微量成分分析として扱う。添加物のある塩、岩塩についてはその特性に応じて主成分分析項目が変化する場合がある。分析方法は下記によるが、これは第1法として定められたもので、所要精度、設備などに対応して別の方法も規定されている。

乾燥重量（水分）：140℃、90分の乾燥による減量
不溶解分：ガラス繊維ろ紙によるろ過残査の重量
塩化物イオン：クロム酸カリウムを指示薬とする硝酸銀滴定
カルシウム、マグネシウム：NN指示薬およびEBT指示薬を用いるEDTA滴定
硫酸イオン：クロム酸バリウムを用いる吸光光度法
カリウム：炎光光度法*
ナトリウム：結合計算*

　なお、従来主成分とは海水主成分に関する成分を主成分と通称してきたもので、分析対象中の成分の多寡で主成分と称したものではない。近年高純度塩、添加物が多い調味塩や低ナトリウム塩が市場に出ているため、主成分の呼称が今後は問題になる。現状では添加物についてはどんなに多くても主成分分析の項目に入れず、主成分以外の別項で扱ってきている。

じゅんえんりつ　純塩率
NaCl purity〔採かん〕
　かん水中の全塩分に占めるNaClの比率を示す。下式により算出される。

純塩率(%) = ［液中NaCl濃度（N or g/ℓ）/液中全イオン濃度（N or g/ℓ）×100］

　イオン交換膜法かん水で90〜93%、塩田かん水で約78%（70〜80%）である。膜法かん水の純塩率はイオン選択性によって変化する。

じゅんこくさんえん　純国産塩
genuine salt of domestically produced
〔塩種〕

原産地表示への関心が高くなって生まれた言葉。法律上原産地は最終加工地であり、原料が国産か輸入かを問わない。しかし原材料産地表示の考え方が社会的に重視され、輸入塩再製との区分としては日本国内の海水だけを原料として生産した塩に対し純国産塩という言葉が生まれた。

じゅんど　純度
purity　〔分析〕

同義語：純分

品質の純粋さの程度のことであり、塩の場合、塩化ナトリウムの割合を指す。

じょうきあつ　蒸気圧
vapor pressure　〔煮つめ〕

ある温度において、液相（または固相）と平衡にある蒸気相の圧力。一般に飽和蒸気圧（2相が熱平衡にあるときの圧力）を表す場合が多い。

じょうきかあつほう　蒸気加圧法
vapor compression evagoration〔煮つめ〕

同義語：自己蒸気機械圧縮方式

参照：加圧式製塩法

工業的に煎ごう*を行う場合の蒸発缶*への熱源供給方式の一種。自己蒸気機械圧縮方式とも呼ばれ、蒸発缶の蒸発蒸気を圧縮機で加圧することで再加熱して熱源として再利用する。

しょうせい　焼成
burning　〔加工包装〕

参照：焼き塩

焼き塩を作る際の高温処理をいう。塩化マグネシウムが熱分解し容易に元に戻らない状態（不可逆変化）まで加熱することをいう。通常400℃以上の加熱により焼成される。通常ロータリーキルンを用いる。

しょうせき　晶析
crystallization　〔煮つめ〕

結晶を析出させる操作。一般には冷却、反応、蒸発などによって溶液中に過飽和*状態をつくり、溶解度を超えた結晶を析出させる。晶析現象は核化*と結晶成長*に大別される。結晶性物質が溶液から析出するときに、微細な結晶、あるいは更に微細な分子の集団が発生する現象を核化と呼び、これらが大きくなる現象を結晶成長と呼ぶ。通常は晶析操作後の脱水効率の観点から、より大きな結晶を作ることが望まれるが、この場合には、装置内の核化を抑え、結晶成長を促進する操作が求められる。一方、微細な結晶を製造したい場合には、核化を促進し、結晶成長を抑える。

製塩においては煎ごう工程が晶析操作に該当し、全て塩化ナトリウム水溶液（海水を含む）からの蒸発晶析による。蒸発法を用いる理由は、反応法を用いる必要がないことと、溶解度の温度依存性が小さく冷却法が適していないためである。

じょうはつかん　蒸発缶
evaporator, evaporation pan　〔煮つめ〕

参照：立釜、平釜

蒸発濃縮装置。製塩では煎ごう*缶とも呼ばれ、かん水*を濃縮して塩や濃縮かん水を製造する。

蒸発缶を大きく分類すると次のような方式がある。
加熱条件による分類……加圧式、大気圧(open pan)、真空式
釜形式による分類……立釜*(vertical pan)、平釜*(flat pan)
混合状態による分類……完全混合型*、不完全混合型*、静置型

日本の大規模製塩は真空式、立釜*、完全混合型*で行われる。小規模製塩は

大気圧、平釜、不完全混合型である。世界的に見ると真空式が主流を占め、ヨーロッパなどで冷却水が十分に得られない内陸部で加圧式*が使われる。

じょうはつばいすう　蒸発倍数
coefficient of vapor utilization　〔煮つめ〕
　参照：多重効用法
　蒸発缶の供給蒸気の利用率を示す指標。供給蒸気量に対する蒸発蒸気量の比で表され、通常は0.8程度となる。また、多重効用法*の工場における供給蒸気の利用率を示す指標としても用いられ、第1効用缶への供給蒸気量に対する全蒸発缶の蒸発蒸気量の比で表される。4重効用蒸発缶では蒸発倍数は3.2程度になる。

じょうはつほうにがり　蒸発法にがり
bittern made through evaporation　〔副産〕
　同義語：硫マ系にがり
　参照：にがり
　塩田など蒸発濃縮で製塩したにがりをいう。主成分が塩化マグネシウム、硫酸マグネシウム、塩化カリウムで、カルシウムがないのが特徴。

しょうへき　晶癖
crystal habit　〔煮つめ〕
　参照：媒晶剤
　結晶が成長する時の条件により、結晶面の発達の程度に差異が生じ、結晶学的に定まる形状とは異なる結晶形となる現象。通常、塩化ナトリウムは立方晶*となるが、条件により四角錐、柱状、多面体結晶などになる場合がある。

しょうほうざい　消泡剤
deforming agent　〔煮つめ〕
　泡立ちを抑える薬剤。起泡した溶液に添加して泡を消滅させたり、泡立ちやすい溶液に添加して起泡を防止するために使用する。製塩においては、蒸発缶内の蒸発面において泡の層が発生して、ソルチングアップ*や飛沫同伴の原因となるため、脂肪酸グリセリンエステル、シリコンなどの食品添加用の消泡剤を使用する場合がある。

しょうみきげん　賞味期限
shelf life　〔組織法律〕
　同義語：品質保持期限
　加工食品につける期日表示。食品が商品として正常な品質を保持している期限を示しており、缶詰やレトルトのように品質劣化が緩やかな食品に適用し、製造日を含め5日以内で期限になる食品に対しては「消費期限」を表示する。
　食塩についての賞味期限の表示は、農林水産省告示第513号（平成12年12月）「加工食品品質表示基準」第3条6項で、塩は品質の変化が極めて小さいものとして賞味期限を省略できることになっている。

しょうゆ　醤油
soy sauce　〔利用〕
　参照：減塩醤油
　日本で最も広く使われる調味料の一つ。大豆と小麦と塩を原料とし発酵させて作る。濃口醤油、淡口醤油、溜醤油があり、濃口醤油が全体の約85％を占める。特殊なものでは減塩醤油、白醤油、再仕込醤油がある。本醸造方式は麹を仕込んで6〜8ヵ月醸成する方法、新式醸造はアミノ酸液または酵素処理液を加えて1〜2ヵ月醸成させる方法があり、本醸造方式が75％を占める。塩の使用量は製品の16〜17％。
（醸造の製造工程は次頁参照）

しょくえん　食塩
(table) salt〔塩種〕

　塩化ナトリウムを主成分とする塩の慣用名だが、専売制時代に商品名としての食塩があり、現在もそれを引き継いだ製品があるため、一般名称と商品名が混同して使われている。

　塩事業法上の「塩」は塩化ナトリウム40%以上を含む固体である。

　商品としての「食塩」は塩事業センター生活用塩のブランド名で、膜濃縮・真空式煎ごう法で生産され、生活用塩または真空式製塩の企業から出荷されている。規格は塩化ナトリウムを99%以上含有し、150〜600μmの粒子を80%以上含む塩と定義されている。

しょくえんかせつ　食塩仮説
salt hypothesis〔健康〕

　食塩が高血圧症の原因物質であるとする仮説。20世紀半ば過ぎに行われたダール（Dahl）の疫学調査結果から食塩仮説が生まれたが、現在に至るまでにこの仮説は証明されておらず、専門家の間で食塩仮説の正当性について論争が続いている。

しょくえんかんじゅせい　食塩感受性
salt sensitivity〔健康〕

　食塩摂取量の増加によって血圧が上がる体質を食塩感受性という。食塩感受性の定義は確立されたものではなく、研究者によって異なるが、最も広く使われている定義はアメリカ国立衛生研究所の方法である。それによると、7日間の10mmol（0.6gNaCl/日）の摂取量から7日間の240mmol（14gNaCl/日）の摂取量に負荷をかけた時、平均動脈血圧が10mmHg以上上昇した場合を食塩感受性であるとしている（Dustan HP 1991）。

　血圧は心拍出量と抹消血管の抵抗によって決まる。食塩の摂取量が過剰になると、まず循環血漿量が増えることにより心拍出量が増加し、次いで血管の収縮性も高まるので血圧は高くなる。食塩を制限すると、この逆のことが起こり血圧は低くなる。このように理論上では、食塩の摂取量に応じて血圧が上下するはずであるが、本態性高血圧症の患者に実際に食塩制限をすると、それによって血圧が下がる患者とそうでない患者がいる。これは何らかの遺伝的な体質の違いによって、食塩摂取に対する血圧の変化の感受性の違いがあるのではないかと考えられている。

　このような血圧に対する食塩感受性の違いはラットでも見られる。ダール（Dahl）は食塩過剰摂取によって高血圧になるラットとそうでないラットがいることに注目し、選択的に継代交配を繰り返すことにより、食塩感受性ラット（Sラット）と食塩抵抗性ラット（Rラット）の系統を確立した。これらの系統のラッ

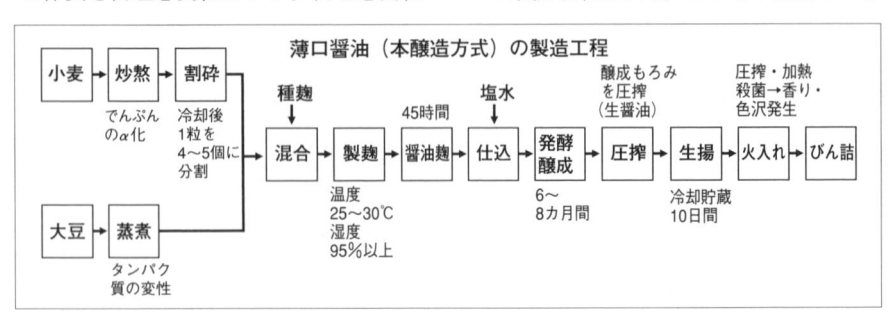

薄口醤油（本醸造方式）の製造工程

小麦 → 炒熬（でんぷんのα化）→ 割砕（冷却後1粒を4〜5個に分割）→ 混合 → 製麹（温度25〜30℃　湿度95%以上）→ 醤油麹 →（45時間）仕込 ← 塩水　仕込 → 発酵醸成（6〜8カ月間）→ 圧搾（醸成もろみを圧搾（生醤油））→ 生揚（冷却貯蔵10日間）→ 火入れ（圧搾・加熱　殺菌→香り・色沢発生）→ びん詰

大豆 → 蒸煮（タンパク質の変性）→ 混合

トは血圧の食塩感受性の本態を解明する上で、重要なモデル動物として多くの研究者に利用されている。RラットにSラットの腎臓を移植すると食塩感受性となり、逆にSラットにRラットの腎臓を移植すると食塩感受性がなくなる。このことから、遺伝的に規定された何らかの腎機能の違いが食塩感受性を決めていると考えられる。その後川崎ら（1978）はヒトでも食塩感受性の現象があることを示した。

食塩感受性を解析する場合、血圧・利尿曲線の解析が重要である。これは図に示すように、血圧の変化を横軸にとり、尿中ナトリウム排泄量を縦軸にとった曲線である。正常では血圧が正常値を超えると尿ナトリウム排泄が急激に増加し、循環血漿量を減少させることによって、血圧を正常化させる。血圧が低下した場合は、この逆の現象が起こり血圧を正常化する。一方、食塩非感受性高血圧ではこの曲線が右に平行移動している。つまり、尿ナトリウム排泄と血圧とのバランスが単純に血圧の高いレベルにセットされている。これに対して、食塩感受性の高血圧ではこの曲線の勾配が低下している。

個々の高血圧症の患者について、食塩感受性の有無を明らかにすることは、臨床的には次のような点で重要である。第一に食塩感受性がある場合は、食塩制限や利尿薬によって血圧を下げることができる。第二に食塩感受性高血圧症の場合、心血管系障害の頻度も高く、インスリン抵抗性や、脂質代謝異常も伴いやすいなど、治療、管理に注意する必要がある。しかし、実際には7日間食塩摂取制限した後、7日間高食塩食を摂取して血圧の変化を観察して食塩感受性の有無を調べるというような労の多い検査が必要であり、個々の患者の食塩感受性を簡単に調べる方法の開発が必要である。

食塩感受性者の比率は20〜30％といわれており、高血圧者の中では50％以下といわれている。次のような人々は食塩感受性になりやすい。高齢者、肥満者、黒人、高血圧家族歴者、ノン・ディッパー者*、糖尿病者、腎臓疾患者、腎不全者。

感受性および非感受性高血圧の血圧・利尿曲線

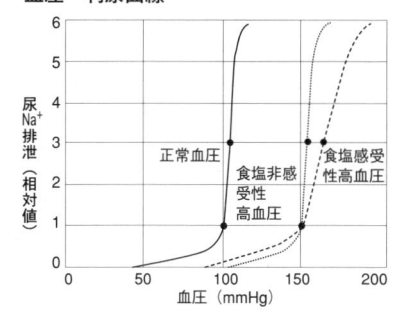

しょくえんしこう　食塩嗜好
salt preference〔健康〕

塩味を好んで求める食習慣。食塩嗜好の強い人は塩辛い味付けをした料理を美味しく感じ、好んで食べる。新生児には食塩嗜好はなく、幼児期に後天的に形成される。食塩欠乏時にも強い食塩嗜好が現れる。生体内におけるナトリウムは、細胞にも少ししか存在せず、貯蔵する特別な臓器がないため、動物は、塩味のある食物を食べ、体液中のナトリウムと塩素の両イオン濃度を維持する必要がある。塩嗜好は、食生活、生活環境の温度、体の生理、慣れなどによって左右される。食生活については、肉食が主である間は、塩嗜好は弱いが、農耕作物を主に食べていると塩嗜好が強くなる。また、外気温、ホルモンバランス、血圧、精神的な安定度によっても、塩嗜好が変わる。これらは、いずれもミネラルバランスの維持に根ざした生理的欲求であると考えられる。また、育ったときに覚えた塩味の嗜好は、

なかなか変化しにくいが、いったんついた塩嗜好も、長い時間かかって少しずつ変化させていくと、はじめ持っていた嗜好と異なる嗜好に変化していく。東洋人種は西洋人種に比べて塩嗜好が強いといわれる。

しょくえんせっしゅりょう　食塩摂取量
salt intake〔健康〕

参照：栄養所要量

1日当たり摂取される食塩の量。摂取量の変化は厚生労働省が健康増進法に基づき毎年国民栄養調査を行っており、その中に食塩摂取量も含まれる。昭和62年頃12g、平成7年頃13g、平成14年11.4gである。厚生労働省は摂取量の努力目標として10g以下と設定しており、食塩摂取量をそこまで下げる保健政策を進めている。

しょくえんせん　食塩泉
salt spring〔健康〕

参照：塩湯

食塩0.1%以上を含む温泉、濃度によって強食塩泉と弱食塩泉がある。血流をよくし殺菌力があり、鎮痛鎮静効果がある。筋肉痛、打ち身、捻挫、切り傷、火傷、慢性皮膚病、慢性婦人病、冷え性、飲用では胃酸欠乏症、慢性消化器病などに効果がある。日本で一番多い温泉。

しょくえんそうとうりょう　食塩相当量
equivalence of sodium chloride〔健康〕

ナトリウム量から換算した食塩に相当する量。厚生労働省は毎年行われる国民栄養調査の中で食塩摂取量を発表しているが、この値はどのような食品をどれくらい食べたかを調査し、その中に含まれるナトリウム量を食品成分表から積算して、総ナトリウム量に2.54の係数を掛けて食塩相当量を算出している。

しょくえんだいたいぶつ　食塩代替物
substitute for salt〔塩種〕

塩味のする物質をいう。代表的な物は塩化カリウムである。しかし、塩化カリウムの味は塩化ナトリウムの味とは全く異なるもので、塩化ナトリウムの一部を塩化カリウムで置き換えた商品を食塩代替物といっている。食塩が高血圧の原因になると考えられていることから、食欲を増す塩味を維持しながら、塩化ナトリウムを減らすために使用する物を目標としているが、味覚的に満足される食塩代替物はまだ見出されていない。

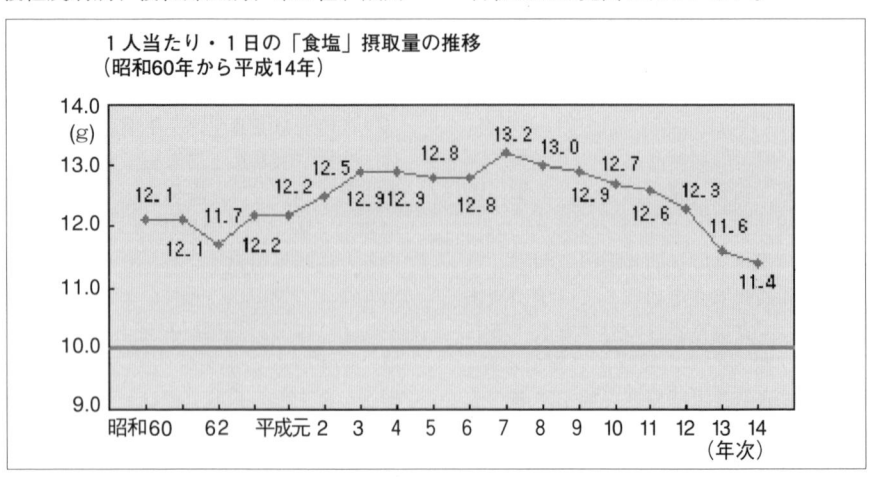

1人当たり・1日の「食塩」摂取量の推移
（昭和60年から平成14年）

年次	昭和60	61	62	63	平成元	2	3	4	5	6	7	8	9	10	11	12	13	14
(g)	12.1	12.1	11.7	12.2	12.2	12.9	12.5	12.9	12.8	12.8	13.2	13.0	12.9	12.7	12.6	12.3	11.6	11.4

厚労省：平成14年国民栄養調査

しょくえんていこうせい　食塩抵抗性
salt resistance　〔健康〕

　食塩感受性に対する言葉で、減塩しても増塩しても、血圧が変わらない性質をいう。

しょくえんよっきゅう　食塩欲求
salt appetite　〔健康〕

　参照：塩味、塩分欠乏

　食塩供給が不足したときや、過剰に排泄されたとき体は食塩欠乏状態になる。これを食塩飢餓、そのときに食塩を強く欲求する状態を食塩欲求という。食塩欲求が強い状態では、味覚中枢の脳細胞は濃い塩分をおいしく感じるように働く。塩の生理的役割は、体液の浸透圧の維持、体液量の調整、食べ物の消化吸収、神経伝達等であるが、動物やヒトにおいて食塩が生理学的必要量に不足した時、塩辛い味を求めるようになることをいう。特に草食動物では、植物にナトリウムや塩化物があまり含まれていないので、塩の補給が重要である。

しょくじせっしゅきじゅん　食事摂取基準
dietary reference intakes　〔健康〕

　同義語：栄養所要量

　かつて栄養所要量と言われていたが、「日本人の食事摂取基準（2005年版）」（第一出版）の出版から食事摂取基準と言われるようになった。

しょくたくえん　食卓塩
table salt　〔塩種〕

　一般呼称としては、食卓で使用するのに便利な小型容器に入れた塩をいう。商品名として塩事業センターが生活用塩として100g入りの赤キャップの製品を「食卓塩」として販売しており、一般名称と商品名が混同して使われている。商品としての食卓塩は、日本食塩製造株式会社にて製造されている。製造方法は、天日塩を溶解後、アルカリでマグネシウム、カルシウムを沈降除去して塩水を精製し、真空式で煮詰めて製造する。固結防止剤として塩基性炭酸マグネシウムが0.4%添加されている。

しょくひんあんぜんいいんかい　食品安全委員会
Food Safety Commission　〔組織法律〕

　参照：食品安全基本法、リスク評価、リスクコミュニケーション

　食品安全基本法*に基づき、規制や指導などのリスク管理を行う関係行政機関から独立して、化学物質や微生物についてのリスク評価を科学的知見に基づき客観的かつ中立公正に行う機関。2003年7月、内閣府に設置され、リスク評価*の結果について、意見交換会などによるリスクコミュニケーション*を行っている。

　委員会は7名の委員から構成され、その下に16の専門調査会が設置されている。

しょくひんあんぜんきほんほう　食品安全基本法
The Food Safety Basic Law
　〔組織法律〕

　参照：食品安全委員会

　近年、食の安全に対する国民の関心が高まっていることから、国民の健康保護のために、食品の安全性に係る施策により、消費者への情報提供と、これに関する食品関係事業者の義務などを規定した法律。2003年に制定された、食品安全委員会*の設置根拠法令である。

しょくひんえいせいほう　食品衛生法
Food Sanitation Law 〔組織法律〕
　　参照：食品添加物

　飲食による衛生上の危害の発生の防止、公衆衛生の向上・増進によって国民の健康の保護を図ることを目的として1947年（昭和22）制定された。製造、加工、運搬、販売等に関わるすべての事業者に対し、営業上使用する食品についてそれらの安全性を確保するために、食品および食品添加物、原材料の安全性確保、自主検査の実施、器具および包装、表示および広告、検査、営業、知識および技術の習得、などについて規定されている。食品衛生法を管轄する官庁は厚労省生活衛生局、地方では都道府県市の衛生部局と保健所が行っている。

しょくひんてんかぶつ　食品添加物
food additive 〔組織法律〕
　　参照：食品衛生法

　食品添加物とは、食品の製造過程で、または食品の加工や保存の目的で食品に添加、混和などの方法によって使用するもので、厚生労働大臣が安全性と有効性を確認して指定した「指定添加物」、天然添加物として使用実績が認められ品目が確定している「既存添加物」、「天然香料」や「一般飲食物添加物」に分類される。天然香料、一般飲食物添加物をのぞき、今後新たに開発される添加物は天然や合成の区別なく指定添加物となる。

しょくひんてんかぶつこうていしょ　食品添加物公定書
Japan's Specifications and Standards for Food Additives 〔組織法律〕
　　参照：食品衛生法

　食品衛生法*第21条の規定により厚生労働大臣が作成するもので、食品の安全性を確保するために、食品添加物の成分規格、製造基準、使用基準、保存基準および表示基準などを明確にし、一般に周知することを目的としている。

しょくひんてんかぶつせんもんかかいぎ　FAO/WHO　食品添加物専門家会議
JECFA：FAO/WHO Joint Expert Committee on Food Additives 〔組織法律〕
　　参照：FAO、WHO

　FAO*、WHO*それらの加盟国およびコーデックス委員会に対する科学的な助言機関として、添加物、汚染物質、動物用医薬品などの安全性評価を行うFAOとWHOが合同で運営する専門家の会合。1956年から活動開始。通常年2回開催（添加物・汚染物質で1回、動物用医薬品で1回）。

しょくようえんこうせいとりひききょうぎかい　食用塩公正取引協議会
The Fair Competition Code of the Salt 〔組織法律〕

　消費者に対する正しい情報を提供するために、食用塩の表示に関する取り決めを行う協議会。食用塩公正競争規約作成準備会（2004年8月発足）を経て、食用塩公正取引協議会準備会が2006年4月に発足し、正式な協議会発足を志向。

しょくようえんこくさいきかく　食用塩国際規格
Codex Standard for Food Grade Salt 〔組織法律〕
　　巻末付表6参照

　WHOおよびFAOによるコーデックス*委員会（Codex alimentarius commission）によって策定された食用塩の世界共通規格で1985年に承認された。法律上の拘束

はないが、国際的に検討された提案として影響力がある。主たる内容は、塩化ナトリウム含有量（乾物基準97%以上）、添加物（固結防止剤の限定）、汚染物質（mg/kg単位でヒ素0.5、銅2、鉛2、カドミウム0.5、水銀0.1）、汚染防止措置、内容成分表示、原産国表示、分析法などが定められている。

しょくようえんのあんぜんえいせいがいどらいん　食用塩の安全衛生ガイドライン
Guideline of Harmless and Hygiene on Edible Salt　〔組織法律〕

巻末付表7参照

類似語：塩の品質に関するガイドライン　quideline on the quality of salt

塩は、1997年に専売制度*が廃止されたのを機に塩製造業者の自主的な品質管理に委ねられることとなり、(社)日本塩工業会*では1996年「塩の品質に関するガイドライン」を定め、安全性指標を作成し、定期的検査を開始した。その後、内容に国際的規格を導入して対応することとなり、2000年に名称を改め「食用塩の安全衛生に関するガイドライン」を制定、2001年4月より実施している。

年1回以上、安全衛生管理体制、生産設備の管理に関する検査および品質検査を行い、実施要領に定める審査に合格した企業が、商品あるいは商品案内などに安全衛生基準合格の認定工場マークを付けることができる制度が発足した。このマークは、生産された工場の安全管理が総括的に一定水準に達していること、高い安全性があることを保証している。

主要な検査項目は、
1. 安全衛生管理体制：安全衛生責任者の任命、従事者の衛生管理および教育活動、品質管理体制、基準類および作業手順書、検査体制、クレームへの対応および是正措置
2. 生産設備の管理：海水の濁質管理、添加物の使用の状況および表示、工程の密閉性、不良品処理の安全性確認、包装材料の安全性、装置材料の耐久性、金属検知器などの異物対策、鳥虫対策、社内製品検査態勢および結果、作業環境および清潔清掃
3. 製品のチェック検査（表参照）

じょそうげんそ　除掃元素　〔海水〕
参照：スキャベンジング

食用塩の安全衛生ガイドラインの基準値

項　目	内　容	検査方法
不溶解分	0.01%未満	溶解後重量法
溶状	無色透明	溶解液の吸光度
重金属	10mg/kg以下	硫化ナトリウム比濁法
ヒ素	0.2mg/kg以下	ICP
水銀	0.05mg/kg以下	ICP
カドミウム	0.2mg/kg以下	ICP
鉛	1mg/kg以下	ICP
銅	1mg/kg以下	ICP
フェロシアン化物	検出せず	吸光光度法
一般生菌数	300ケ/g以下	平板計数法
大腸菌群数	陰性	ブイヨン培地定性
異物	-	肉眼計数

じょてつき　除鉄器
metal separator　〔加工包装〕

　磁石を使用し、塩などの製品中に含まれる鉄片などを除去する装置。用途別に湿式と乾式がある。湿式ではスラリー*のような液体が対象となる。乾式は製品の塩結晶の流れの中に設置する。

しりょうてんかぶつ　飼料添加物
feed additive　〔組織法律〕

　飼料添加物とは、「飼料の安全性の確保及び品質の改善に関する法律」において、飼料品質低下防止に用いられるもの。飼料添加物には、アミノ酸、ミネラル、酵素、抗菌性物質などがある。

しんくうしきじょうはつかん　真空式蒸発缶
vacuum evaporator　〔煮つめ〕

　参照：真空式製塩法、多重効用

　蒸発缶*のうち、缶内を真空に保つことで沸点を下げ、より低い温度で蒸発を行わせるタイプの装置。通常は多重効用法*を採用して蒸気を有効に利用する。

しんくうしきせいえんほう　真空式製塩法
salt manufacture by vacuum evaporation process　〔煮つめ〕

　参照：多重効用法、真空式蒸発缶
　　　　巻頭写真1

　多重効用法*により製塩する方法。かん水を煮つめる方法として、もっとも経済的で、大規模に、かつ安定した品質で生産できる標準的方法である。世界の煎ごう塩の大部分が真空式製塩法による。大規模な釜を数基並列に並べなければならないこと、ボイラー蒸気が必要なことから、平釜などに比べて初期設備投資が大きくなる。

　一般的工程は次のフローになる。

ボイラー*→多重効用蒸発缶*→遠心分離機*→乾燥機*→包装機（140頁参照）

じんこうかいすい　人工海水
artificial seawater　〔海水〕

　海水中の主成分の定比率性に基づいて調整し人工的に製造した海水。1900年代以降、いくつかの調整割合が発表されている。最も広く用いられているものはLyman&Flemingの処方によるもので、改良品の大部分は各種微量成分、緩衝性の向上などを考慮したものである。

Lyman&Fleming組成　（単位g/kg）

NaCl	23.476	NaHCO$_3$	0.192
MgCl$_2$	4.981	KBr	0.096
Na$_2$SO$_4$	3.917	H$_3$BO$_3$	0.026
CaCl$_2$	1.102	SrCl$_2$	0.024
KCl	0.664	NaF	0.003

じんこうとうせき　人工透析
artificial dialysis　〔健康〕

　腎機能不全の患者の腎臓に代わって体内の老廃物を排泄するために使用する医療技術。透析膜にフォローファイバーを用いて、ファイバー内部に血液を通し、外部に人工透析液を流して、血液中の老廃物が拡散透析により人工透析液中に取り出されることにより、血液が浄化される。人工透析液には生理食塩水濃度の食塩を含む。

しんじょうえん　針状塩
acicula salt　〔塩種〕

　参照：柱状塩

　針状結晶の塩。市販されていない。飽和食塩水溶液を素焼きのような多孔質の物質に含ませて大気中に放置すると、針状結晶が多数析出する。例えば、珪酸ナトリウムと塩酸を混合し乾燥すると半乾のシリカゲル上に厚いマット状になった

食塩の針状結晶が見られる。

しんせいぶつげんそ　親生物元素
nutrient〔海水〕
　　参照：栄養塩類、ミネラル
　　　　巻末付表１　海水の元素組成表
　植物が必要とする元素。栄養塩類ともいう。多量に必要とする元素は、水素、酸素、炭素、窒素、リン、硫黄、カルシウム、カリウム、マグネシウム、ケイ素であり、要求量が少ない元素はホウ素、亜鉛、銅、マンガン、モリブデン、ナトリウム、塩素、コバルト、ヨウ素である。海水中の溶存量が少ない元素は表層の植物プランクトンに消費されて表層で減少し、深層で光合成が不活発になるとプランクトンが分解されて深層では多くなる。表層と深層で濃度が大きく異なる元素の代表として、アンモニア、硝酸、亜硝酸、リン酸、ケイ酸、亜鉛、鉄、銅、マンガン、ニッケルなどがある。

しんそうすい　深層水
deep ocean water〔海水〕
　参照：海洋深層水

しんとうあつ　浸透圧
osmotic pressure〔利用〕
　　参照：逆浸透
　動植物の細胞は、水は通すが塩類などある種の物質は通さないという性質をもった半透膜でおおわれている。半透膜の両側に濃度の違う液をおくと、塩類を溶解した液が、濃度を均等にしようとして膜にある種の力が働く。この力を浸透圧という。食品に高い濃度の食塩水あるいは食塩を振りかけると、この浸透圧の作用が働き、細胞内の水分が外へ引き出される。

しんどうかんそうき　振動乾燥機
vibrating dryer〔加工包装〕
　振動を用いて粉粒体を流動化させ、加熱し乾燥*させる装置。一般に振動コンベヤーのトラフ部（移動部）に乾燥もしくは冷却機能を持たせることによって粉粒体材料を輸送しながら連続乾燥、冷却を行う。低水分であるが流動化に比較的大風量を必要とするような材料に適している。

しんどうふるい　振動ふるい(篩)
vibrating sieve, vibrating screen
　〔加工包装〕
　篩の網に振動運動を与えながら篩分けを行う装置。振動を機械的に加える機械篩と電磁的に与える電磁篩とがある。製塩では主として粒径選別、固結塩分離などに利用されている。

しんひじゅう　真比重
ture specific gravity〔分析〕
　製塩業界ではボーメ比重*に対比して通常の比重を真比重という場合がある。

すいかい　水解
water splitting〔採かん〕
　電気透析*において、限界電流密度*以上の電位が与えられた場合、イオン交換膜を移動するイオン（陽イオン交換膜*では主にナトリウムイオン、陰イオン交換膜*では主に塩化物イオン）が不足する。このとき、膜表面において水（H_2O）の電気分解が起こり、水素イオン（H^+）及び水酸化物イオン（OH^-）が発生する。この現象を水解という。水解により発生する水酸化物イオン（OH^-）は、溶液中のマグネシウムイオン等と結合し、水酸化マグネシウム等の難溶性固体として膜内や膜表面に析出する。通電面における難溶性固体の析出は電気抵抗の増大や、そ

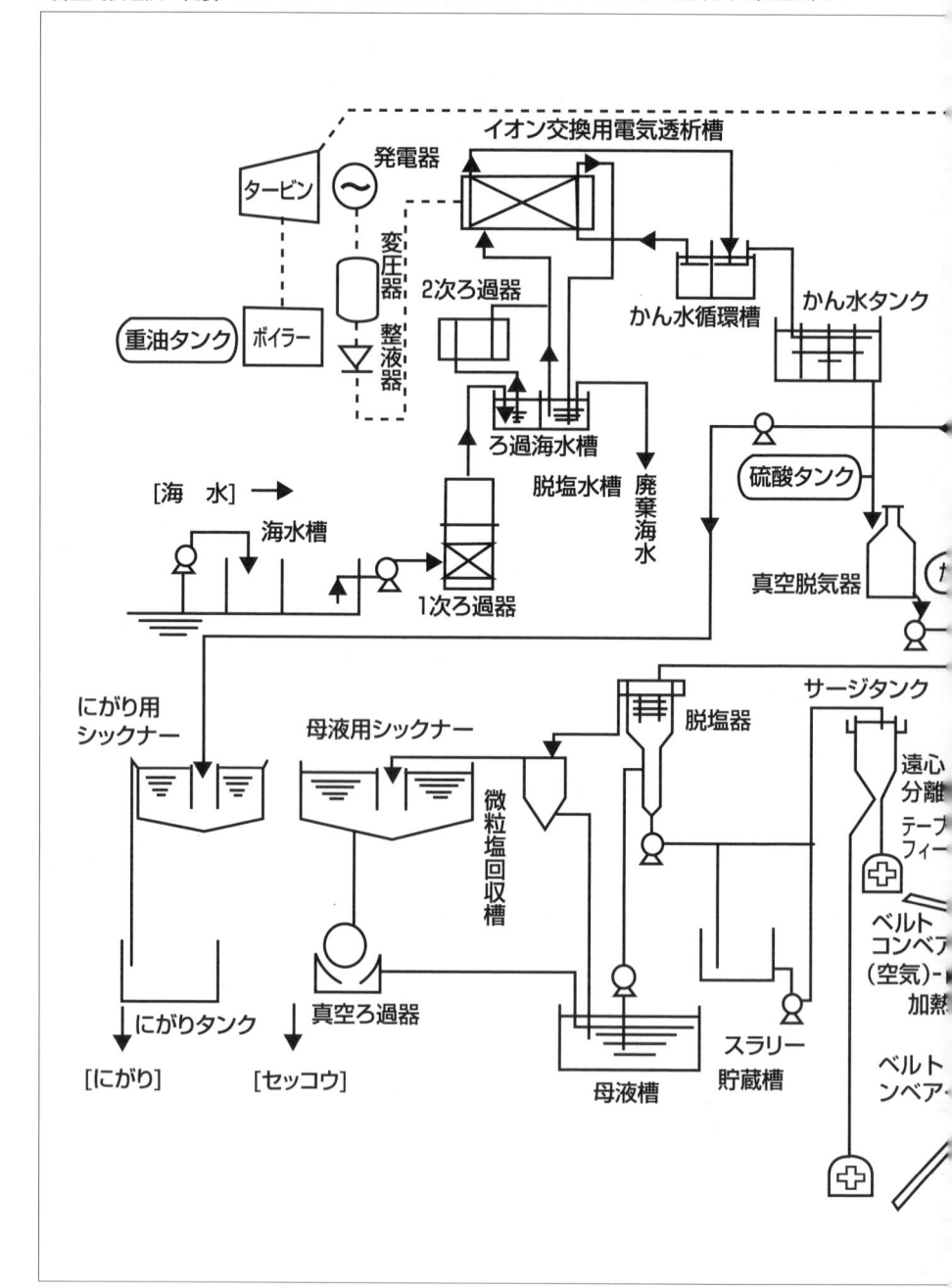

真空式製塩法の概要　「海水の科学と工業」日本海水学会、ソルト・サイエンス研究財団共編（東海大学出版会）より

多重効用真空缶

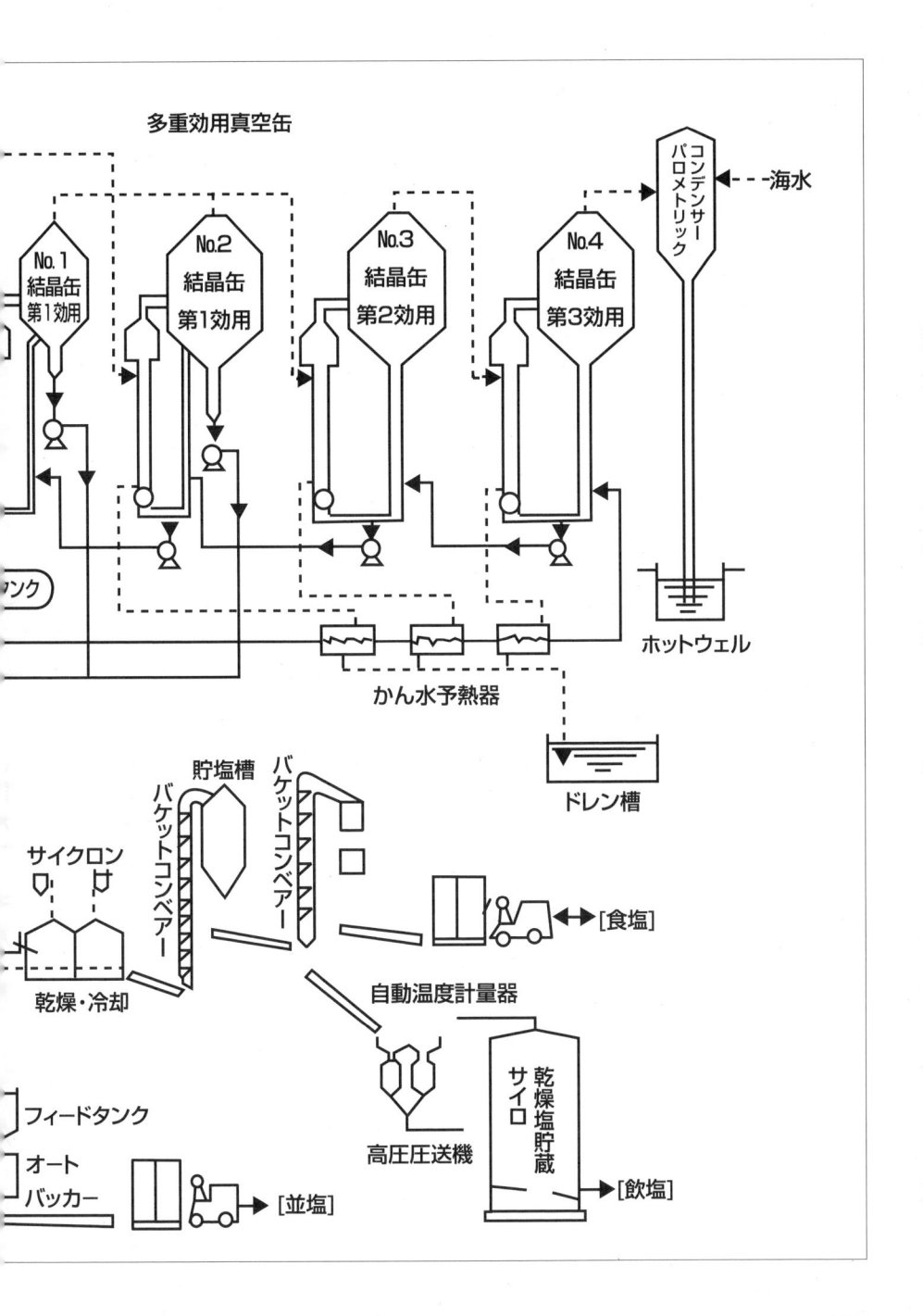

- No.1 結晶缶 第1効用
- No.2 結晶缶 第1効用
- No.3 結晶缶 第2効用
- No.4 結晶缶 第3効用
- コンデンサーバロメトリック ← 海水
- ホットウェル
- かん水予熱器
- ドレン槽
- サイクロン
- 乾燥・冷却
- 貯塩槽
- バケットコンベアー
- バケットコンベアー
- [食塩]
- 自動温度計量器
- 乾燥塩貯蔵サイロ
- 高圧圧送機
- [飲塩]
- フィードタンク
- オートパッカー
- [並塩]

れに伴う発熱により膜を焼損する原因となることから、注意を要する。

すいさんかなとりうむ　水酸化ナトリウム
sodium hydroxide 〔利用〕

　　同義語：苛性ソーダ
　　元素記号：NaOH　分子量：40.00
　　苛性ソーダとも呼ばれる。塩化ナトリウム水溶液の電解（電解法）によって作られる。潮解性を示す。代表的な強塩基であり、化学工業の基礎原料となる。動物のすべての組織をおかす。皮膚に触れたら多量の水、ついで5～10%の硫酸マグネシウム水溶液で洗う。目に入ったときは多量の水、ついでホウ酸水で洗浄し、専門医の診断を受けることが望ましい。主な二次製品は、次亜塩素酸ナトリウム、アルミナ、グルタミン酸ナトリウム、脱硫剤、セロファン、パルプ、硬化油、ホワイトカーボン、ケイ酸ナトリウム、重曹、ぼう硝、亜硫酸ナトリウム、シアン化ナトリウム。

すいしつおだくぼうしほう　水質汚濁防止法
Water Pollution Control Law
　　〔組織法律〕
　　国民の健康を保護し、生活環境を保全することを目的に、1970年に制定された。公共用水域の水質汚濁の防止を図ることを目的に、工場等から公共用水域(河川、湖沼、海域)に排出される排水を規制している。

すいそいおんのうど　水素イオン濃度
hydrogen ion concentration 〔分析〕
　　参照：pH

すいそうがたでんきとうせきそう　水槽型電気透析槽 〔採かん〕

陽イオン交換膜と陰イオン交換膜とを張り合わせ、内部の溶液を取り出すチューブを取り付けた袋を水槽に設置し、電気透析により海水濃縮を行う装置をさす。締付型に比し性能、効率が悪い点から現在は使われていない。

すいていいちにちせっしゅりょう　推定一日摂取量
EDI：Estimate Daily Intake 〔組織法律〕
　　参照：理論最大一日摂取量、
　　　　　一日許容摂取量、世界保健機関
　　食品からの人への暴露評価方式。残留農薬基準設定において、一日許容摂取量*に対して、理論最大一日摂取量方式(TMDI)*を用いた暴露量の試算値が80%に達した場合に、再算出する際に使用される。TMDIが単純な基準値と摂取量の積算値の合計であり、通常、過大な試算となることが知られているため、これを解消するために、実際の食品への残留を調べた試験（作物残留試験等）成績に基づく残留量、非可食部除去、加工調理による影響等を考慮し、精密に当該農薬等の暴露量を試算する方式で、より実際に近い暴露評価として、日本で用いられている。現在までに試算された農薬でTMDIがADIの80%以上に達したものはフェニトロチオンとマラチオンであるが、EDI方式ではいずれも3%以下と試算されている。
　　本方式は世界保健機関*でも採用されている。

すいぶんかっせい　水分活性
water activity 〔利用〕
　　食品を密閉容器内に置いたときのその容器内の湿度（P）と、その温度における純水の相対湿度（P_0）との割合（Aw）で表す。微生物が生育するためには水分が必要である。食品の中に水が含まれていて

も、その水の状態によっては、微生物が利用できない水もある。乾物はもちろん、食品の成分に結びついた水（結合水）が多かったり、溶質の多い溶液は水分活性が低くなる。佃煮やジャムのように食塩や砂糖を多量に加えることは、水分活性の低下とともに浸透圧の増加によって微生物の生育条件に適さなくなるため保存性が向上する。（表参照）

すいぶんのぶんせき　水分の分析
analysis of moisture　〔分析〕
参照：乾燥減量、加熱減量、赤外線水分計

水分の分析は一般的に140℃、90分の乾燥減量によって測定される。この方法は結晶水および液胞中の水分が分析されないため実際の水分量より低く求められる。にがり分を多く含む塩は、塩化マグネシウムの結晶水分を同時に測定するため600℃加熱減量を求め、塩化マグネシウム分析値からの補正をして水分を求める方法が採用されている。工業的には工場内のオンラインシステムとしては赤外線水分計により連続計測される。水分分析値はその存在形態によって分析されないものがあること、空気中の水分を吸収したり乾燥したりしているため常に変動していることへの配慮が必要である。有機物などの140℃以下で分解蒸散するものは乾燥減量に含まれるため、有機物などを含む試料は加熱法による水分測定は採用できない。一般に水分と表示している乾燥法、加熱法などの表示はこのような誤差を含むために全水分を示すものではない。そのため水分と表示せず乾燥減量のように分析方法で示す場合が多い。

すきまふしょく　隙間腐食
crevice corrosion　〔煮つめ〕
参照：腐食

装置や構造物における構造上の隙間や、表面への付着物との間に生じる隙間などに局部的に発生する腐食*。高耐食性金属の中には、表面が酸化して皮膜を形成することで耐食性を有するものがある。孔食*の機構と同様に、隙間内には酸化皮膜を形成するために必要な酸素が供給されにくく、腐食を促進するイオンが濃縮されるために腐食が進行しやすい。製塩環境では、ステンレス鋼*やニッケル合金、

食品中の微生物の成育と水分活性の関係の目安

糖*：糖含有量（％）

水分活性	増殖が阻止される微生物	食品名	水分(%)	食塩(%)
0.99～0.98		野菜	90以上	
0.99～0.98		果実	89～87	
0.99～0.98		魚介類	85～70	
0.96		開きアジ	68	3.5
0.90	大部分の細菌	ハム・ソーセージ	65～56	
0.89		塩ザケ	60	11.3
0.87	大部分の酵母	しらす干し	59	12.7
0.80	大部分のカビ	イカ塩辛	64	17.2
0.75	好塩細菌	味噌	45	10.8
0.75		オレンジマーマレード	32	糖*66
0.65～0.57	耐乾性カビ、好浸透圧酵母	キャンディ	-	
0.53	全ての細菌	クラッカー	5	糖*70
0.32		チョコレート	1	

田中：「日本海水学会誌」（1998）から編集

チタン*等において、フランジ部やスケール*付着部などの隙間が生じる部位に発生することがある。

すきゃべんじんぐ　スキャベンジング
scavenging〔海水〕
　巻末付表1　海水の元素組成表参照
　同義語：除掃元素
　海水中の微量元素の中でその溶解度よりも著しく低い濃度を示すものがある。これは海水中で懸濁、沈降している種々の粒子に吸着して海底に沈降していく元素で、その現象をスキャベンジング（除掃作用）、その元素をスキャベンジング元素、除掃性元素という。代表的な例としては鉄、マンガン、アルミニウムなどがある。

すくりーにんぐ　スクリーニング
Screening〔分析〕
　一般には、多数の中からある性質を持つ物質・生物などを選別すること。または、そのための特定の操作・評価方法をいう。

すけーる　スケール
scale〔煮つめ〕
　海水濃縮の過程で塩化ナトリウム析出前に溶解している成分が温度・濃度の変化と共に析出したもの。製塩では、アルカリスケールやハードスケールなどがある。
　アルカリスケールは、海水、かん水中の炭酸物質の加熱分解によって生成する炭酸カルシウム*、水解*などにより発生した水酸化物イオンとマグネシウムイオンとの結合によって生成する水酸化マグネシウム*などがある。イオン交換膜電気透析法*の採かん*工程において発生した場合には、電気抵抗の増加や、膜の劣化の原因となる。
　ハードスケールは、水、海水、かん水などの蒸発・濃縮において生成するケイ酸塩、石こう*などがあげられる。加熱缶*（釜）の伝熱面に付着しやすく、伝熱効率*の低下の原因となる。またスケールの付着面は金属腐食*を起こしやすく、装置の寿命を短縮させることもある。

すけーるぼうしざい　スケール防止剤
antiscaling agent, scale inhibitor
〔煮つめ〕
　スケール*の発生を抑制するための添加剤。かん水の予熱器やイオン交換膜製塩法における電気透析槽のスケール防止に食品添加用の縮合リン酸塩*が用いられる場合がある。

すたっく　スタック
stack〔採かん〕
　参照：イオン交換膜電気透析槽
　イオン交換膜数百枚を一組にして締め付けたもの。

すてんれすこう　ステンレス鋼
stainless steel〔煮つめ〕
　同義語：SUS（略称、金属材料記号）
　クロムの含有量が約11％以上の鋼。酸化性の環境中では含有するクロムにより表面に皮膜が形成され高い耐食性を得る。鉄以外の主成分によりクロム系ステンレス鋼とクロム-ニッケル系ステンレス鋼に大きく分けられ、さらに金属組織によってクロム系はマルテンサイト系ステンレス鋼、フェライト系ステンレス鋼に、クロム-ニッケル系はオーステナイト*系ステンレス鋼、オーステナイト・フェライト系ステンレス鋼、析出硬化系ステンレス鋼に分けられる。製塩ではオーステナイト系ステンレス鋼、オーステナイ

ト・フェライト系ステンレス鋼（二相ステンレス）が配管やバルブ、ポンプ等に使用され、これらのクラッド鋼*は蒸発缶や加熱缶に使用されている。

すなろか　砂ろ過
sand filter 〔採かん〕

参照：海水ろ過

ろ材に砂を用い、固体と液体を分離するろ過操作。通常、ろ過流速により、緩速砂ろ過と急速砂ろ過に分類される。前者は、ろ過流速3〜5m/day、最大でも10m/dayであり、後者は120〜400m/day程度である。緩速砂ろ過は上水道を始めとする水処理に古くより使われている。製塩で用いられるろ過器は、急速砂ろ過器を用いるのが一般的であり、その場合には海水は電解質が多く濁質粒子の付着が多いとされ、凝集剤を添加するケースは少ない。ろ過砂は、粒径0.4mm程度のものを用い、層高500mm程度充填するのが一般的である。装置には、海水を自然水頭圧でろ過するバルブレスフィルターおよびポンプで加圧供給する圧力式ろ過器が使われている。ろ過器は定期的にあるいはろ過抵抗が大きくなったときに海水で逆洗*して性能を維持する。

すぱちゅらかく　スパチュラ角
spatula angle 〔分析〕

一定の幅を持つスパチュラ（へら）上に堆積する粉体側面の底面に対する角度（単位＝deg）。概念的には安息角*と同様であるが、スパチュラ角は安息角に比べて測定法として一般的でないため、Carrの流動性指数*を算出する場合においてのみ測定されることが多い。

すぺーさー　スペーサー
spacer 〔採かん〕

参照：イオン交換膜電気透析槽

イオン交換膜の間に挟みこむネット。

すらりー　スラリー
slurry 〔煮つめ〕

液体中に固体が懸濁した状態。製塩では、蒸発缶から塩を抜出す場合に母液と結晶が混合した懸濁液。

せいえん　井塩
well salt 〔天日塩岩塩〕

井戸によって地下の塩水を汲み上げて作られた塩で、中国で使われる用語。四川省および雲南省において地下水脈となっている塩水を井戸によって汲み上げて煮つめて製塩する。

せいえんどき　製塩土器
earthenware to make salt 〔文化〕

古代の製塩作業において、海水またはかん水を煮つめて塩の結晶を生成するために使用された土器。古くは、縄文時代後期約3500年前の関東地方の遺跡から出土し、その後、弥生から平安期にかけて、東北、北陸、近畿、備讃瀬戸など全国各地から出土している。海水の付着した海藻に海水をかけて採取したかん水を煮つめる、藻塩焼*と呼ばれる方法で、かん水を煮つめて製塩するために使ったものと推測される。

せいかつしゅうかんびょう　生活習慣病
life style disease 〔健康〕

同義語：成人病

成人になってから発病する多くの疾患を成人病と称したが、これらの疾患は生活習慣によってもたらされることから、最近では生活習慣病と呼ばれるようにな

145

った。生活習慣には食生活、運動、ストレス、飲酒・喫煙などがあり、それらに起因して発症する疾患には、高血圧、糖尿病、虚血性心疾患、高脂血症、肥満、アルコール性肝疾患、慢性閉塞性肺疾患などがある。

せいかつようえん　生活用塩
household salt　〔塩種〕

財務省統計では主として小売店を経て販売される塩で、家庭および飲食店などで使用される食用塩をいう。5kg以下の包装で販売される場合が多い。総量23万トン（2005年）で、塩事業センターを通じて販売される塩が約1/2、うち80%が「食塩」となっている。

せいじゅんかん　正循環
normal-circulating　〔煮つめ〕

参照：外側加熱循環型蒸発缶
蒸発缶の缶内液の強制循環が上から下に流れる方式。

せいせいえん　精製塩
refined salt　〔塩種〕

参照：高純度塩
一般的には塩化ナトリウム純度が高い塩またはそのためにかん水を精製して作られた塩。純度を高める方法として、塩の溶解再結晶、かん水にアルカリおよび炭酸を加えてマグネシウムおよびカルシウムの沈殿除去、煮つめ濃度の調整、などの方法が使われる。

特定ブランドの商品名として財団法人塩事業センターが取り扱っている製品がある。天日塩を溶解し、かん水精製した後真空式で晶析乾燥する。塩化ナトリウム純度99.5%以上。

せいせんとっきゅうえん　精選特級塩
〔塩種〕

日本塩工業会の塩分類規格に規定されている塩化ナトリウムを99.7%以上含有する塩またはユーザー特注規格の塩。海水を膜濃縮・真空式で煎ごうした後、乾燥して製造される。粒度、純度、添加物、包装などユーザーに対応して各種の塩が製造販売されている。医薬原料、高級食品加工用に使われる。

せいぞうしょこゆうきごう　製造所固有記号
specific mark of lab　〔組織法律〕

食品衛生法*に基づく「製造所の所在地」および「製造者の氏名」の表示を、例外的に、予め厚生労働大臣に届け出た製造所を表す記号（製造所固有記号）で表示する方法。例えば、本社名表示する場合、販売者名にしたい場合などで、数字、ローマ字、平仮名を用いる。

製造者	○○塩業株式会社　AB1 ◇◇県　△△市 1-1-1

せいぞうぶつせきにんほう　製造物責任法
Product Liability Act　〔組織法律〕

同義語：PL法

製造物の欠陥により人の生命、身体または財産に係る被害が生じた場合における製造業者等の損害賠償の責任について定めた（第1条）法律で、平成6年7月1日に公布された。従来は製造業者に過失が認められた場合しか賠償責任が問えなかったが、この法律では製造業者の過失有無に関わらず製品の欠陥により損害が生じたときは製造業者が責任を負うことになった。「欠陥」とは「製造物の特性、その通常予見される使用形態、その製造業者が当該製造物を引き渡した時期、その他の当該製造物に係わる事情を考慮して、

製造物が通常有すべき安全性を欠いていること」をいう。時効は被害者が損害を知った時から3年以内、製品を引き渡してから10年以内である。製造業者の過失を立証するのに時間がかかり、被害者が長きにわたり心身に苦痛を与えられるという社会問題が法律制定の背景にあった。

せいどかんり　精度管理
QC: Quality Control, Proficiency Test
〔分析〕
　試料を分析して得られる測定値が、安定して正確な結果であること。測定値間の誤差要因の解析と除去を目的としている。分析精度のみを保証するものではなく、品質保証システムそのものを指す場合もある。

せいぶつけんさ　生物検査
biological test 〔分析〕
　食用塩安全衛生ガイドラインには一般生菌数*、大腸菌群数*が定められている。一般生菌数は標準寒天培地による平板計数法、大腸菌群は乳糖ブイヨン培地、確定試験はEMB寒天培地によって試験され、食品衛生検査指針によっている。この他、サルモネラ菌、黄色ブドウ状球菌、真菌類、耐熱性芽胞菌、好塩菌などがユーザー要望によって検査される例があるが、真空式製塩の生物検査で陽性の検査結果は日本では今まで出たことはない。天日製塩など非加熱の製品では細菌類の検査で陽性の例がある。特に好塩菌は天日塩、湖塩では一般的に検出される。

せいりしょくえんすい　生理食塩水
physiological saline solution 〔健康〕
　濃度0.9%の食塩水。人体の細胞外液の塩分濃度にほぼ等しく、そのため浸透圧はほぼ血液と等しい等張溶液である。注射液の溶解や組織の保存、動物実験などで使われる。

せかいほけんきかん　世界保健機関
WHO：World Health Organization
〔組織法律〕
　健康に関する国連の専門機関。「すべての人民が可能な最高の健康水準に到達すること」を目的として、1948年4月7日に設立された。旧訳、世界保健機構。加盟国数は192ヵ国（2006年7月時点）。

せきがいせんすいぶんけい　赤外線水分計
infrared moisture analyzer 〔分析〕
　参照：水分の分析

せきがいせんぶんせき　赤外線分析
infrared analysis 〔分析〕
　製塩では赤外線吸収スペクトルを利用して粒径、水分、主要塩類組成などのオンライン分析に利用されている。

せっこう　石こう
gypsum 〔副産〕
　参照：硫酸カルシウム

せれっくすほう　セレックス法
selex method 〔天日塩岩塩〕
　参照：洗浄
　天日塩の洗浄方式の一種。縦型洗浄機をシリーズで使う洗浄装置で内部水流をサイクロン流動にする方法。1960年代にヨーロッパで開発され、洗浄効果が高いという評価があって各地で使われている。現在はその改良型や変化した方式もある。

せんえん　泉塩　〔塩種〕
　参照：井塩
　塩水が自噴してできた塩泉から作られた塩。稀な塩資源。

せんごう　煎ごう
crystallization, evaporation〔煮つめ〕
　同義語：煮つめ
　参照：煎ごう塩、煮つめ塩、蒸発缶
　煮詰め。旧漢字で煎熬。製塩では、かん水を加熱蒸発して塩を結晶化させることを表す。
　製塩業界で広く用いられた言葉だが、一般消費者になじみがない言葉で理解しにくいことから、食用塩公正競争規約では「煮つめ」という言葉が使われる。工程としては通常、蒸発缶*にかん水を入れる操作から脱水して塩の結晶ができるまでをいう。広義には乾燥工程までが入る。

せんごうえん　煎ごう塩
evaporated salt〔塩種〕
　同義語：煮つめ塩
　煮つめて結晶化させた塩。その技術は製塩土器から平釜、真空式蒸発缶へと進歩してきた。日本の製塩は全て煎ごう塩で大部分は真空式製塩で作られる。天日塩や岩塩を溶解したかん水を煮つめて塩の結晶を作る場合も煎ごう塩である。煎ごう塩は不溶解分（泥など）がほとんどないきれいな塩で食用に適している。世界的にも上質の食用塩は煎ごう塩が使われる。

せんごうしゅうてん　煎ごう終点
final evaporation point〔煮つめ〕
　参照：煮つめ濃度、にがり、母液
　煎ごう*工程における母液*の最終濃縮点。かん水を煮つめて塩の大部分が析出し、塩化カリウムなどの塩類が析出開始する点で、にがりを分離するポイントを煎ごう終点という。煎ごう終点は母液の濃度で決定するが、塩の品質、製塩の歩留まりを勘案して最適点を求める。

せんじょう　洗浄
washing〔天日塩岩塩〕
　巻頭写真3参照
　天日塩等に含まれる泥などの異物を除くために行う洗浄操作。一般的に行われる方法として
(1) 分散洗浄法（Disperse washing column）
(2) スクリューコンベア洗浄法（Screw conveyor washing）
(3) サイクロン洗浄法（Hydrocyclone washing）
(4) 螺旋洗浄法（Single classifier washing）
(5) 二重螺旋洗浄法（Double classifier washing）
(6) 螺旋付き混合タンク洗浄法（Mixing tank with classifier washing）
(7) 螺旋付き回転ドラム洗浄法（Rotary

螺旋洗浄法
① Un washed salt
② Side spray
③ Washed salt
④ Brine pump
⑤ Washed brine settler
⑥ Brine tank
⑦ Bleed brine pump

セレックス法（二重サイクロンカラム洗浄）
⑧ Salt
⑨ Crusher
⑩ Column 1
⑪ Hydrocyclone
⑫ Column 2
⑬ Slurry pump
⑭ Centrifuge
⑮ Decenter
⑯ Brine pump
⑰ Brine tank
⑱ Settling tank
⑲ Washed salt

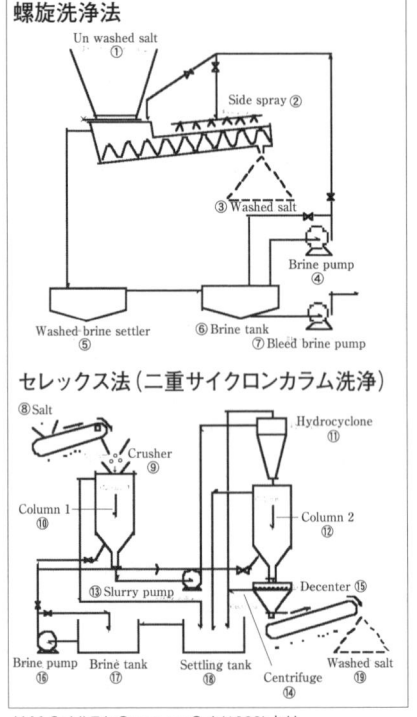

H.M.Gohil, 7th Symp. on Salt(1993)より

drum with classifier washing）
(8) 螺旋付き混合タンクサイクロン洗浄法（Hydrocyclone classifier washing）
(9) 振動スクリーン洗浄法（Vibrator screen washing）
(10) セレックス法*（二重サイクロンカラム洗浄）（Selex method, Double column cyclone method）
(11) 混合タンク付き二重スクリューコンベア洗浄法（Double screw washing with mixing tank）

　日本で大口に輸入されるメキシコ、オーストラリアの天日塩は螺旋洗浄法が多い。より高度の洗浄にはセレックス法が使われる例が多い。

せんたーえん　センター塩〔塩種〕
　参照：生活用塩
　財団法人塩事業センターが販売している塩の略称。塩事業法では生活の基盤となる良質な塩を安定的に供給することを目的として、国の管理の下に製造、販売されている塩。買い入れ契約等に適用する製造に係る基準に基づき製造工程における装置材料からの溶出や加工助剤*の残留などについて、科学的なデータを基に商品の安全性を確保されている。国の委託を受けて財団法人塩事業センターが販売している。主に財団法人塩事業センター*と契約する小売店を通じて販売される。旧専売塩の塩種が踏襲されていて、価格も安い。商品名として、食塩、精製塩、食卓塩、クッキングソルト、ニュークッキングソルト、キッチンソルト、新家庭塩、つけもの塩、並塩、原塩、粉砕塩がある。

せんたくとうかけいすう　選択透過係数
permselectivity cofficient〔採かん〕
　製塩では主に、イオン交換膜における同符号イオン間選択透過性をさす。イオン交換膜電気透析法*において、陽イオン交換膜*ではナトリウムイオン、カルシウムイオン、マグネシウムイオンなどが、また、陰イオン交換膜*では塩化物イオン、臭化物イオン、硫酸イオンなどが透過している。これらのイオンのイオン交換膜における透過のしやすさを数値化したものを選択透過係数という。陽イオン交換膜における選択透過係数は、ナトリウムイオンの透過性を基準として、また陰イオン交換膜における選択透過係数は、塩化物イオンの透過性を基準として算出される。例として、カリウムイオンの選択透過係数（T^K_{Na}）の算出式を示す。

せんたくとうかせい　選択透過性
permselective property〔採かん〕
　製塩用のイオン交換膜は、製塩効率を向上させるためにイオン交換膜に選択性を与えて、陰イオン交換膜には硫酸イオンを通りにくくして、スケールを防止し、さらに陽イオン交換膜ではマグネシウム、カルシウムを通りにくくして、かん水の純塩率を向上させて製塩の歩留まりをあげる処理が行われる。選択性を与える方法は、膜表面に膜がもっている電荷の反対電荷の二重層を作る方法が一般的である。なお、電荷を持たない分子は水などのごく小さな分子以外は通過しない。

カリウムイオンの選択透過計数の算出方法

$$T^K_{Na} = \frac{濃縮室のカリウムイオン濃度}{脱塩室のカリウムイオン濃度} \times \frac{脱塩室のナトリウムイオン濃度}{濃縮室のナトリウムイオン濃度}$$

せんできえん　洗滌塩
washed salt　〔塩種〕

参照：洗浄

　岩塩や塩田の塩には不純物が混ざっていることが多いため、塩の利用価値を高めるために水またはかん水で洗滌*して不純物を除去した塩をいう。

せんばいえん　専売塩
monopoly salt　〔文化〕

　1905年（明治38）6月1日～1997年（平成9）3月31日まで続いた塩専売制度下で製造または販売されていた塩。現在の塩事業センターの生活用塩の大部分は専売塩のブランドを引き継いでいる。

そーだこうぎょう　ソーダ工業
chlor-alkali industry　〔利用〕

　参照：水酸化ナトリウム、塩素、炭酸ナトリウム

　塩を主原料として各種ナトリウム化合物、塩素化合物の基礎化学薬品を製造する工業でその主な製品は、電解法による水酸化ナトリウム、塩素、次亜塩素酸ナトリウム、さらし粉、水素、塩酸の製造およびアンモニアソーダ法による炭酸ナトリウム、塩化アンモニウム、塩化カルシウムの製造である。また、ソーダ工業の工場ではこれらの基本素材を原料とする多くの二次製品の製造が行われている。

そーだこうぎょうようえん　ソーダ工業用塩
salt for chlor-alkali industry　〔利用〕

　参照：ソーダ工業

　ソーダ工業に使われる塩で日本の塩需要の85%を占める。日本のソーダ工業用塩は全て輸入天日塩で、主としてメキシコおよびオーストラリア西岸からの輸入である。ソーダ工業用塩は専売制の時代（1917年大正6年）から基本的に自主取引であり、輸入貿易管理令による輸入割当品目の指定を受けていたが、1997年の専売制廃止によりこれらの規制もなくなった。しかし輸入を行うには「塩特定販売業」として財務大臣への登録が必要とされている。また、帳簿の記載、保存、定期報告などが義務づけられている。

そーだでんかい　ソーダ電解
electrolysis of sodium chloride for caustic soda　〔利用〕

　参照：かん水精製

　ソーダ工業の基本となる方式。アスベスト隔膜法、水銀法、イオン交換膜法があるが、日本では1986年に水銀法はなくなり、90%以上がイオン交換膜法を採用している。概略の原単位は塩1kgから水酸化ナトリウム0.66kg、塩素0.58kgが製造される。塩は高度の品質が要求されるため、天日塩を精製して使用する。使用す

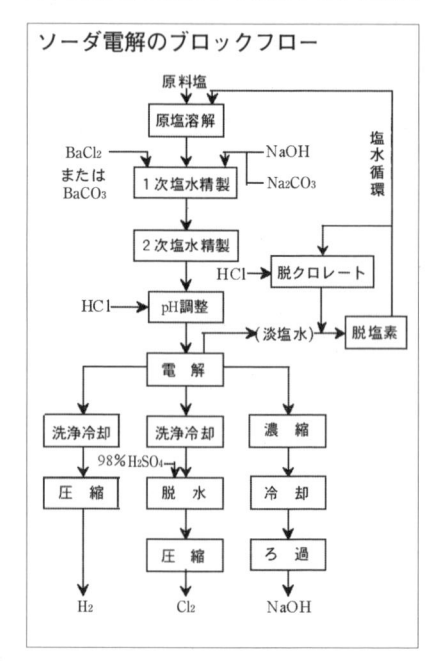

```
ソーダ電解のブロックフロー
                    原料塩
                      ↓
                  原塩溶解
BaCl2          ↓           NaOH
または   →  1次塩水精製  ←  Na2CO3
BaCO3          ↓
              2次塩水精製
                 ↓         HCl
                         →  脱クロレート
         HCl  ↓
          →  pH調整
                 ↓        （淡塩水）→ 脱塩素
               電  解
         ↓       ↓          ↓
       洗浄冷却  洗浄冷却    濃縮
              98%H2SO4
         ↓       ↓          ↓
        圧縮    脱水         冷却
         ↓       ↓          ↓
                圧縮        ろ過
         ↓       ↓          ↓
        H2      Cl2        NaOH
```
（塩水循環）

るイオン交換膜は製塩で用いるスチレンジビニルベンゼン系の炭水素膜ではなく、パーフルオロスルホン酸樹脂とパーフルオロカルボン酸樹脂の二層構造をもった酸、およびアルカリに強いフッ素樹脂膜が使われる。

そうたいしつど　相対湿度
relative humidity　〔分析〕

略号：RH
同義語：関係湿度

空気またはその他のガスにおいて、単位体積当たりに含まれる水蒸気の量を、その温度における飽和の水蒸気量で除した値(単位＝%)。飽和の水蒸気量は温度が上昇すると増加し、温度が低下すると減少するので、気体中の水蒸気量が同量であっても相対湿度は温度により変化する。一般的に使用される湿度は相対湿度を指す場合が多い。

ぞうりゅうえん　造粒塩
grained salt, granulated salt　〔塩種〕

巻頭写真5参照

圧縮成型した塩。一般的にはアーモンド状または平板状に成型し数mm以上の粒径とする。ほとんど業務用で、家庭用小物は市販されていない。成型することにより粒径が大きく均一に揃うため、流動性が良くなり、扱い易くなる。溶けにくいので、長く塩の効果を持続したい場合に使用される。軟水器のイオン交換樹脂再生用、水産物の塩蔵、道路融雪などに使用される。

そじゅうてんかさみつど　粗充填かさ密度
bulk density of loose packing　〔分析〕

参照：かさ密度

そせいかいすいえんかかりうむ　粗製海水塩化カリウム　〔副産〕

食品衛生法で定める食品添加物として、にがりから析出する塩化カリウムを粗製海水塩化カリウムという。製塩で得られる母液またはにがりを、室温まで冷却し、析出分離させて得られる。塩化カリウム*と塩化ナトリウム*の混合物。古くは苦汁カリ塩と称した。主成分は塩化カリウム*で60.0〜85.0%含まれる。無色の結晶または白色の粉末。匂いがなく、塩味がある。主な用途は減塩用のカリウム添加塩*、漬物、魚卵などの離醤剤、一部の食品の食味改質剤などに使用される。

そせいかいすいえんかまぐねしうむ　粗製海水塩化マグネシウム　〔副産〕

参照：にがり、塩化マグネシウム含有物

食品添加物公定書に記載される「にがり」の公式名称。定義および組成について次の原案が提出されている。

定義：海水から塩化カリウムおよび塩化ナトリウムを析出分離して得られた塩化マグネシウムを主成分とするもの。

含量、性状：マグネシウム2.5〜8.5%を含む、無色〜淡黄色の液体で、苦味を有する。

ナトリウム(Na)として4%以下、カリウム(K)として6%以下、カルシウム(Ca)として4%以下、硫酸塩(SO$_4$)として4.8%以下、臭化物(Br)として4%以下、などが定められている。

そりゅうしえん　粗粒子塩
salt of coarse grained　〔塩種〕

参照：育晶

真空式製塩法で作られる塩で通常より粒径の大きな塩。どの程度からの粒径を粗粒子塩というかは定義がない。食塩平均粒径が0.4mmであり、少なくともそれ

より大きくなければ粗粒子塩とはいわない。商品としては白塩（大粒、中粒など）が相当する。粒径0.7mm程度までは立方体で、真空式の結晶をそのまま大きくした形をもっている。これ以上の粒径の粗粒子塩では、製造時の状態によって六面体状のものと、数個の結晶が集合したものとが混じっている。また、液中で食塩結晶の流動が激しい場合には、六面体の各隅が丸みを帯びて球状に近くなる。なお、多数の微結晶が集合した1mm程度の団粒状のものができることもあるが、これは微結晶間の結合が弱く、崩れやすいので、このような団粒ができないように製造時に注意が払われている。

そるちんぐあっぷ　ソルチングアップ
salting up〔煮つめ〕

晶析装置において、析出物が装置壁面に付着して、徐々に成長していく現象で、装置トラブルの原因となる。製塩においては、蒸発面付近に多く見られ、結晶が大きく成長した後に何らかの衝撃で落下すると、ソルトレッグ*に詰まり採塩不能となる。小さい塊が連続して落下したり、伝熱管*で発生した場合には循環が悪くなり、突沸などの原因となる。

そるとあうとほう　ソルトアウト法
salting-out method
〔天日塩岩塩・煮つめ〕

塩析法ともいう。飽和かん水に濃厚にがりを添加して製塩する方法。現在メキシコゲレロネグロ塩田で実用化されている。反応晶析によってできる塩で通常微粒になる。育晶および純度向上のための育晶槽を併置する。多量の濃厚にがりが余っているところではその有効利用として価値が生まれるが、日本のような濃厚にがりを得るためにエネルギーが要るところでは実用性がない。

そるとさいえんすけんきゅうざいだん　ソルト・サイエンス研究財団
The Salt Science Reseach Foundation
〔組織法律〕

日本たばこ産業株式会社*ほか21機関の寄付金により、昭和63年3月30日に設立された財務省所管の公益法人。塩に関する研究の助成・委託とこれらに関する情報・資料の収集、調査・研究等を行うことによって、我が国塩産業の振興と基盤強化に寄与し、広く我が国経済・文化の進展と国民生活の充実に資することを目的としている。主な事業は(1)塩に関する研究への助成、委託(2)塩と人間生活の関わりに関する研究(3)国内外の塩産業・塩技術等に関する情報の収集・分析・提供(4)塩に関する研究発表会・シンポジウム・講演会の開催(5)関係学会・調査研究機関との協力・提携などである。

そるとれっぐ　ソルトレッグ
salt leg, classifying leg〔煮つめ〕
参照：外側加熱循環型蒸発缶

だいおきしんるい　ダイオキシン類
dioxins 〔健康〕

　ダイオキシン類は、主に廃棄物の焼却過程などで生成される化学物質で、強い毒性と難分解性であることが知られている。

　ダイオキシン類とは、ポリ塩化ジベンゾ-パラ-ジオキシン（PCDDs）75種類、ポリ塩化ジベンゾフラン（PCDFs）135種類、コプラナーPCB十数種類の総称で、そのうち毒性があるものはそれぞれ7種類、10種類、12種類である。通常、各異性体の毒性の強さを係数で表し、濃度に乗ずることにより毒性当量（TEQ）で示す。日本におけるダイオキシン類の耐容一日摂取量は4pg-TEQとされている。

だいたいえん　代替塩
substituted salt 〔塩種〕

　食塩の代わりになる塩。減塩用として塩化カリウムをはじめいくつかの開発提案はあるが、現在味覚的に許容されるものはない。

だいちょうきんぐんすう　大腸菌群数
colibacillus colony 〔分析〕

　大腸菌群とは、大腸菌および大腸菌と極めてよく似た性質をもつ菌の総称で、細菌分類学上の大腸菌よりも広義の意味で、便宜上、グラム染色陰性、無芽胞性の桿菌で乳糖を分解して酸とガスを形成する好気性または通性嫌気性菌をいう。大腸菌群数とは、大腸菌群を定量的に表したもので、し尿汚染の指標として用いられてきたが、今日では環境衛生管理上の汚染指標と考えられている。大腸菌の検出されない水には病原菌も存在しないと考えられている。塩については生菌数*の場合と同じく、世界規格にこの項目の基準はない。国内では（社）日本塩工業会*の自主規格として「食用塩の安全衛生ガイドライン*」により陰性であることを定めている。

だくしつ　濁質
suspended matter 〔海水〕
　参照：懸濁物質

だくど　濁度
turbidity 〔海水〕

　濁りの度合いを示す指標。光を当てたときの散乱光の強さによって測定する。カオリン粉末の散乱強度と比較して表示する。沿岸海水では陸水の影響で大きく変化し、降雨時に河川の濁水が入る場合、また、赤潮などの生物の異常増殖時などで極度に濁る。正常時の海水は2〜10ppm、膜濃縮を行う場合のろ過海水は0.1ppm、程度になっている。なお、水道水の基準値は2ppm以下である。

たけしお　竹塩
bamboo salt 〔塩種〕
　参照：焼き塩

　韓国で作られる特産品。塩を竹につめて高温で焼成した塩。ダイオキシン生成を防止するため800℃以上で焼成する。健康によいとされているが、日本ではその薬効的効果は確証されていない。

たじゅうこうようほう　多重効用法
multiple-effect evaporation 〔煮つめ〕
　参照：真空式製塩法　巻頭写真1

　最も効率の良い加熱蒸発法として製塩に利用されている。使用蒸気の数倍の蒸発が可能でエネルギーが有効利用され、また大量生産、自動化も容易なため、世界中で採用されている。

　数基の蒸発缶を隣接して建設し、先頭の蒸発缶の加熱部に加熱用蒸気を供給する。

一方、最終缶は真空とし、先頭の缶と最終缶の沸点に差を生じさせる。先頭の蒸発缶で発生する蒸発蒸気は隣の缶の加熱部に熱源として供給される。同様に順次ベーパーパイプで連結して、加熱蒸気の熱源を数回利用する。この利用回数を効用数*といい、製塩では3あるいは4重効用が一般的で、供給蒸気の2〜3倍の蒸発が可能である。使用する釜は一般的には外側加熱循環型蒸発缶*を用い、真空形成にはバロメトリックコンデンサー*が使われる。(図参照)

だつえんしつ　脱塩室
diluting compartment 〔採かん〕
参照：イオン交換膜電気透析槽
イオン交換膜電気透析槽の海水が流れる部分。

だっきき　脱気器
degasser 〔煮つめ〕
かん水中に溶解した炭酸ガスや酸素といったスケール*や腐食*の原因となるガスを分離し除去するために使用される装置。気体は主に温度が高く圧力が低いほど、溶液中に溶けにくくなる。真空下で温度や圧力によるガスの溶解度差を利用し、溶存ガスを取り除く装置である。脱気法はガス放散塔、棚段塔を用い溶存ガ

スを放散させる気曝法と、同様な脱気器を用いて空気の送入を遮断し、塔内を減圧して行う減圧脱気法がある。

だっしゅうにがり　脱臭にがり〔副産〕
参照：にがり
臭素を除去したにがり。

だっしゅしょく　DASH食
dietary approaches to stop hypertension 〔健康〕
高血圧予防食である。果物・野菜と低脂肪乳製品の摂取量を多くすることにより、減塩で血圧を低下させるよりも大きな血圧低下効果があることで注目されている。これに減塩を加えると更に血圧低下効果がある。

だっすいき　脱水機
dehydrator 〔煮つめ〕
参照：遠心分離機
製塩の最終段階で結晶化した塩と付着している母液を分離する機器。主として遠心分離機が使われるが、外国では加圧ろ過機や真空ろ過機が使われる例もある。脱水の方法としては、積み上げて自然に母液が流れ落ちるのを待つ静置脱水が天日塩田で行われている。下部に簀の

多重（3重）効用法概略

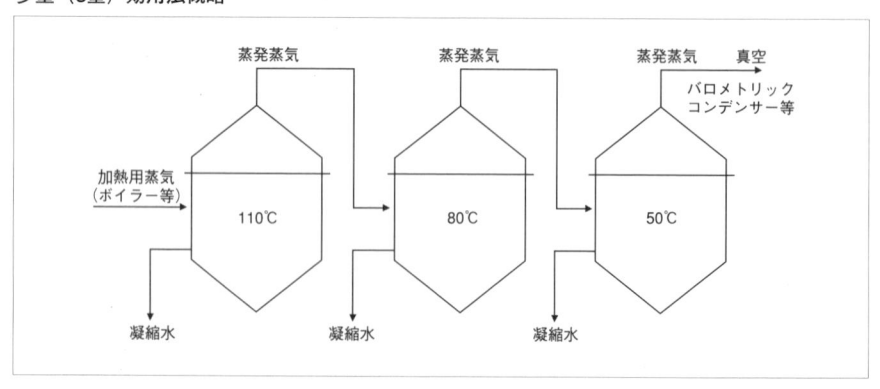

子を用いて静置する居出場*の脱水が平釜を使う小規模製塩で使われる。

だつせいぶんふしょく　脱成分腐食
selective corrosion, dealloying 〔煮つめ〕

同義語：選択腐食

合金中の一元素が流体系の作用で選択的に溶出する腐食現象である。代表的な例として、黄銅の脱亜鉛腐食(dezincification)がある。黄銅の表面が銅色になる。形状は変わらないが、強度が失われ漏れとして発見されることがある。

たてがま　立釜
vertical pan, vertical evaporator 〔煮つめ〕

参照：蒸発缶

外側加熱循環型蒸発缶*や標準缶*の完全混合型の蒸発缶。平釜と対照したときに缶形態が縦長なので立釜という。ポンプで釜の中が強く撹拌されており、立方晶の比較的大きな結晶が得られる。平釜に比較して伝熱性が優れ、生産効率およびエネルギー効率が高い。真空式、完全混合などの言葉が一般消費者にわかりにくいため公正競争規約で製法を表示する際に使われることになった。

たてしお　立て塩
brine salting, brine washing 〔利用〕

巻頭写真7参照

材料に塩味を含ませたり、魚介類を下洗いするときに用いる塩水のこと。また塩水を用い魚介類を塩締め・塩蔵する方法。塩水の濃度は、魚介類の下洗いや、材料に薄い塩味を付ける場合は3～4%程度、塩蔵の場合は約10%以上の濃い食塩水が用いられる。真水で洗うと魚の旨味が逃げるので、これを防止するのと、肉が水っぽくなるのを防ぐ効果がある。浸透圧の差によって脱水作用が起こり魚肉の身崩れを防ぐ。食品が空気に触れないため油やけの心配がなく、塩むらもできないメリットがある。また一様に味を付けられ、空気に触れないので脂肪の酸化を防ぐことができる。切り身の魚には向かない。

調理直前に海水程度の塩分で魚を浸けて身が固くならない程度の塩締めと味付けをすることやキュウリ、レタスなどの水分の多い野菜の生食で味付けに使う場合なども立て塩という。

たねしょう　種晶
seed crystal 〔煮つめ〕

参照：種添加法

晶析装置に供給する種結晶。晶析では、核化によって結晶が形成され、これが成長することによって製品となるが、この核化現象の代わりに微細結晶を添加して製品を製造する場合、添加する微細結晶を種晶という。製塩においては粒径が約0.2mmの種晶(塩化ナトリウム結晶)を添加して0.4mmの製品を製造する場合がある。

たねてんかほう　種添加法
seeded crystallization 〔煮つめ〕

参照：種晶

粒径を制御するため種晶*を添加する方法。食塩の微粒結晶（種晶）を結晶缶に入れて結晶を成長させる。また、スケール防止のために種晶を添加する場合もある。蒸発法かん水を濃縮する際に濃縮缶に石こう微粒を入れて、缶壁に石こうスケールが付着するのを防止する。

たばことしおのはくぶつかん　たばこと塩の博物館
Tobacco & Salt Museum　〔組織法律〕

参照：巻末付表8　塩に関する資料館等

1978年に開館し、たばこと塩に関する資料の収集、調査・研究を行うとともに、その歴史と文化を紹介している博物館。所在地は東京都渋谷区神南1-16-8（渋谷駅から徒歩10分）

だぶりゅえっちおー　WHO
World Health Organization　〔組織法律〕

参照：世界保健機関

たぶれっとえん　タブレット塩
tablet salt　〔塩種〕

参照：造粒塩

加圧造粒して錠剤（タブレット）の形に成型した塩。道路用、樹脂再生、塩蔵、石油脱水など、特に大粒が望ましい場合やスポーツ、酷暑労働など汗をかく場合の塩分補給用として携帯する場合などに使われる。

たらそてらぴー　タラソテラピー
thalassotherapy　〔健康〕

同義語：海洋療法

ギリシャ語のタラッサ（海）とフランス語のセラピー（治療）を組み合わせた言葉。ヨーロッパでは古代ギリシャやローマの頃から温海水浴として治療に使われてきた歴史がある。フランスの厚生省では海水、海藻、海洋性気候のもつ医学的な治療効果を利用する自然療法と定義している。近年日本でも普及し始めた。リラックス効果によるストレス解消、リハビリ、新陳代謝促進による痩身法、美肌法、皮膚病治療に利用される。

たんさんかるしうむ　炭酸カルシウム
calcium carbonate　〔副産〕

元素記号：$CaCO_3$　式量：100.09

海水を煮つめていくと最初の方に析出しはじめ、容積が1/10までになれば100%析出してしまう。水には溶け難いが、二酸化炭素を含む水には炭酸水素カルシウムとして溶解する。

酸には二酸化炭素を発生して容易に溶ける。加熱すると二酸化炭素と酸化カルシウムに解離する。天然には主として石灰岩（主成分は方解石）として大規模に産するほか、珊瑚など種々の海生生物にも含まれている。外国では塩の固結防止剤に使われることがある。用途はセメント、酸化カルシウムの製造のほか、顔料、歯磨き粉、医薬品としても利用される。

たんさんまぐねしうむ　炭酸マグネシウム
magnesium carbonate　〔副産〕

正炭酸マグネシウム$MgCO_3$と塩基性炭酸マグネシウム$3MgCO_3Mg(OH)_2・3H_2O$がある。通常は塩基性炭酸マグネシウムで加熱によって正炭酸マグネシウムになる。700℃に加熱すると酸化マグネシウムになる。見かけ比重により軽質（比重0.15以下）と重質（比重0.32以下）がある。にがりに炭酸アンモニウムまたは炭酸ナトリウムを反応させて製造する。天然にはマグネサイトとして産出する。水に不溶、酸に易溶。食品添加物に指定されている塩の固結防止剤として広く使われている。添加の上限は0.5%である。この他、ゴムの充填剤、塗料、医薬品および化粧品などの原材料、保湿剤として広く用いられている。

たんぱくしつぎょうこさよう　蛋白質凝固作用
protein solidification action　〔利用〕

蛋白質の高次構造は塩濃度が高くなると変性し溶解度が減少する。豆腐は大豆蛋白質が2価塩類によって凝固したものである。また蛋白質は熱を加えることによって固まるが、塩分があると固まる温度が低くなり凝固を促進する。魚や肉を焼くとき予め塩をすると表面脱水によって身を締めると同時に表面凝固を促進して肉汁が出なくなり旨味を増す。

蛋白質は塩類、酸、熱などで変性し凝固する。塩類、酸は調理、食品加工のいろいろなところで利用されている。例えば、豆腐製造ではカルシウム塩やマグネシウム塩がヨーグルト製造では乳酸が用いられる。シメサバは食塩で締めた後に酢で締めて肉質を変性させている。

たんぱくしつようかいさよう　蛋白質溶解作用
protein dissolution action　〔利用〕

蛋白質の中でグロブリンに属するものは薄い塩溶液に溶解する。塩は、肉や魚の塩溶性蛋白質(アクチン、ミオシン)を溶解して、繊維上の巨大分子(アクトミオシン)となり、分子が絡み合って粘着性が増すため、水産練り製品やソーセージの製造など食肉加工に利用されている。また、塩は小麦などに含まれる蛋白質であるグリアジンの粘性を増し、グルテンの網目構造を緻密にし、コシを強くする。

水産練り製品の製造に使われるすり身は魚の筋原蛋白質を溶解するものであり、パンや麺は小麦のグルテリンを溶解してグルテンを形成する。食塩を加えると肉の塩溶性蛋白質が一部溶解し粘着性がでるのでソーセージの製造など食肉加工に利用されている。

ちたん　チタン
titanium　〔煮つめ〕

原子番号が22の強度が高い金属。密度は4.5g/cm^{3}で軽い。多くの環境中で耐食性が高く、海水や塩化物溶液中においても孔食*や応力腐食割れ*を起こしにくい。その特性から航空機材料や海水用の熱交換器、淡水化装置等によく使用されている。製塩では最も耐食性のある材料の一つとして評価され、熱交換器や配管、伝熱管、遠心分離機等に使用されることがある。高温では隙間腐食*を起こす場合がある。

ちのしお　地の塩
salt of the earth　〔文化〕

聖書マタイ伝5章13節にある山上の垂訓「汝らは地の塩なり、塩もし効力を失はば、何をもってか之に塩すべき。塩は用なし、外に捨てられて人に踏まるるのみ」塩とは人間のこと。塩は他の人の持ち味を生かすものであるの例え。

ちゃくしょくえん　着色塩
colored salt　〔塩種〕

塩は基本的に透明もしくは白色であるが、製品として色を付けた塩と、意図せずして着色された塩がある。着色製品の目的には道路融雪用など食用以外に使うように用途を限定して区別するために付けることがあるが、日本では一般的には塩に着色することはあまり見られない。添加物による着色としては、健康上の効果を意図して鉄塩を添加した場合に、ヘミ鉄による黒色、クエン酸鉄による黄色などの着色塩がある。意図しない着色塩としては、天日塩*で泥、錆などの異物により色がついている場合、製造設備の鉄系金属に塩が堆積していた場合に錆が発生し、その茶色が塩に移行した場合、

天日塩でプランクトン、海藻、好塩菌などで着色する場合、岩塩で共存する鉱物によって着色する場合、製造、輸送、保管などの過程でトラブルによって汚染された場合、がある。

ちゅうてつ　鋳鉄
cast iron〔煮つめ〕

2.0%以上の炭素を含む鉄合金。通常、炭素のほかに珪素・マンガンなどを含む。鋳物用の工業材料。炭素含有量2.0%以下の鉄合金である鋼と比較し、硬くて脆く加工性は良くないが、耐食性は優れている。

ちょくしゃしきせいえんほう　直煮式製塩法
salt production method by direct evaporation of seawater〔煮つめ〕

参照：海水直煮製塩法

つけものえん　つけもの塩
pickles salt〔塩種〕

漬物用に作られた塩で各種の○○漬物塩がある。単独の商品名としての「つけもの塩」は生活用塩の商品名として使われている。天日塩を粉砕して使いやすく粒度を調整し、リンゴ酸、クエン酸等を添加している。漬物用としてはそのほか多くの商品が販売されており、漬物の味や保存性の向上を目的とし、漬物用に適した品質にするために各種の添加物が工夫されている。ただし、漬物には、一般的な塩でも使用できる。

ていなとりうむえん　低ナトリウム塩
low sodium salt〔健康・塩種〕

塩分の取り過ぎを気にする人や塩分を控えなければならない人向けに塩分を減量した塩が販売されている。特別用途食品として厚生労働省許可のカリウム添加塩があるが、多量の塩化カリウムが添加された塩は主治医に相談した上で使用する必要がある。食用塩公正競争規約案では、塩化ナトリウム60%以下について低ナトリウム塩の表記を求めている。

ていなとりうむけっしょう　低ナトリウム血症
hyponatremia〔健康〕

血漿ナトリウム濃度が135mEq/ℓ以下になった場合を低ナトリウム血症という。これにはナトリウムが欠乏して循環血漿量が減少している状態と、バゾプレシンが過剰になって水が体内に蓄積している状態とがある。ナトリウム欠乏としては下痢などの場合に水よりもナトリウムが相対的に多く失われるような状態では低ナトリウム血症となる。またアルドステロンやコルチゾールが欠乏して腎臓からナトリウムが失われる場合も低ナトリウム血症となる。また、血漿ブドウ糖濃度が高いため、細胞内から水が引き細胞外液のナトリウム濃度が低下する場合もある。高脂血症や高蛋白血症のように水に溶解しない物質が増えている場合には見かけ上、ナトリウムが低く測定され、これを偽性低ナトリウム血症という。

ていみ　呈味
gustation〔利用〕

味覚により感じとられる味のこと。甘味、酸味、苦味、塩味、旨味の5つの基本味と、辛味、渋味、えぐ味、さらにこく、まろやかさ、持続性などの味わいを加えた味を表す総称。

ていりょうかげん　定量下限
Quantitation Limit〔分析〕

対象としている分析方法で正確さと精

度をもって定量できる最小濃度。定量限界(LOQ:Limit of Quantitation)には、定量下限と定量上限があるが、一般に定量下限を示す。

てきえん　適塩
moderate salt intake　〔健康〕
　参照：減塩効果
　身体に害を及ぼさない適当量の食塩摂取量を適塩という。食塩摂取量が多いと高血圧症による血管障害が多くなることから減塩が勧められた。しかし、減塩に走るあまりに日本の伝統食であり栄養豊富な味噌汁も嫌われ、栄養摂取量の不足が心配されるようになった。また食塩は少なければ少ない方がよいという誤った考えから、極端に食塩を制限した結果、食塩欠乏による障害を来すことが少なくない。そのことを憂慮して「適塩」という言葉が作り出された。適塩とはどれくらいの摂取量を指すのか、これについては個人差が大きいので必ずしも明らかにされていない。食欲をそがない程度に薄味で、いろいろな食べ物がバランス良く食べられる程度に減塩することが適塩に通じると考えられる。

てしおにかける　手塩にかける　〔文化〕
　人任せにせず、初めから自分の手で物事を行うこと。細やかな愛情で大切に育て上げること。「手塩にかけて育てた一人娘」。

てつがま　鉄釜　〔文化〕
　製塩用鉄釜は、中世から知られていたが、大陸からの舶載品として運ばれるなど、当時はきわめて貴重なもので、塩竃神社の神器になっている例もある。日本在来の鉄釜としては、能登を中心とする日本海側と四国に至る太平洋岸に分布する円型の鋳鉄釜をはじめ、伊勢湾・山陰・瀬戸内～豊後水道に見られた方型の鋳鉄釜や、北陸の三陸沿岸で、海水の直煮製塩に使われた、和鉄の板を継ぎ合せた釜も見られた。鋳鉄釜は、煮つめる効率を高めるために、小・深型から大・浅型に進歩した。明治以降、西洋技術の影響を受けて、洋式の鋳鉄製の方型釜が多く普及した。

でんいさふしょく　電位差腐食
galvanic corrosion　〔煮つめ〕
　同義語：異種金属接触腐食
　製塩装置で異なる種類の金属が接触している場合、一方の金属が極度に腐食*する現象。金属は溶液中において、ある電位を示す。溶液中において電位の異なる金属を電気的に接触させると、電位の高い方の金属から電位の低い方の金属に電流が流れる。このとき電位の低い方の金属はイオンとなって溶液中に溶出するため腐食が促進される。製塩においても蒸発缶等において発生することがある。

でんかいしつばらんす　電解質バランス
mineral balance　〔健康〕
　参照：ミネラルバランス
　水に溶けてイオンとなる物質を電解質という。体液にはナトリウム、カリウム、塩素、カルシウム、マグネシウム、重炭酸イオンなどいろいろな電解質が含まれている。それらの濃度は腎臓、ホルモン、神経などの働きにより一定の濃度に維持されている。電解質バランスというのは体内に入る量と出る量の差し引きのことで、電解質出納とも呼ばれる。体液の電解質濃度が一定に保たれるためには、体液に入る量と出る量（出納）が等しいことが必要である。

でんきとうせき　電気透析
electrodialysis　〔採かん〕
　参照：イオン交換膜電気透析法
　膜、あるいは粉体層等を通した、電位差を駆動力とするイオンなどの荷電した溶質の移動。イオン交換膜電気透析法による海水濃縮の基本原理。

でんきぼうしょく　電気防食
electric protection　〔煮つめ〕
　金属材料は海水などの水溶液中で、腐食電位あるいは自然電位と呼ばれる特有の電位を示す。この電位をなんらかの方法でコントロールして防食を行なう方法を電気防食法と呼ぶ。電気防食には亜鉛などを犠牲電極（sacrificial anodes）として用いる流電陽極法（anodic protection）と、外部に直流電源を設置し強制的に電流を流して防食する外部電源法（impressed current protection）とがある。

でんじょうばらんす　電蒸バランス
supply balance of electricity and vapor
　〔煮つめ〕
　参照：コジェネレーション
　イオン交換膜製塩法*における電力と蒸気の使用量のバランス。一般的に、イオン交換膜製塩法*では、ボイラー蒸気でタービンを回して発電し、電気透析槽の電力として利用する。また蒸発缶の熱源はタービン背圧（発電後の排出蒸気）である。採かん*量は塩生産量で決定される一方、効率的に稼働させるためには、電力、蒸気を過不足なくバランスをとって運転し、エネルギーを節減する。

でんねつかん　伝熱管
heat transfer tube, heat exchanger tube
　〔煮つめ〕
　蒸発缶の加熱部内に設置される配管。通常は垂直方向に多数の配管が設置され、塩水を管内に流し、外側に加熱用の蒸気を当て、塩水を加熱する。材料としてチタン、銅系合金などが用いられる。

てんねんかんすい　天然かん水
natural brine　〔天日塩岩塩〕
　塩湖*かん水と地下かん水*を天然かん水ということがある。

てんぴえん　天日塩
solar salt　〔塩種〕
　参照：天日製塩法
　海水を塩田に導き太陽と風の力で蒸発させて作る塩。日本のかつての塩田は濃縮だけで、結晶は釜で焚いており天日塩ではない。日本で輸入される塩の大部分は天日塩で、メキシコゲレロネグロ塩田と西オーストラリアの4ヵ所の大規模塩田からの輸入が多く、ソーダ工業用*が大部分を占める。その他中国、インドネシア、フランス、イタリア、東オーストラリアなど各地から輸入されている。日本に輸入された天日塩は、ソーダ工業用以外では、道路融雪、食品の粗加工、工業用、加工塩の原料などの用途がある。天日塩は食品衛生法に規定されるような衛生管理は不可能であり、土砂等の不純物の混入が避けられないこと等から、先進国では天日塩をそのまま食用とする例は少なく、溶解して煎ごう（天日塩再製）して精製するか、徹底して洗浄して食用としている。

てんぴえんさいせい　天日塩再製
recrystallization of solor salt　〔煮つめ〕
　参照：再製
　天日塩*を海水または淡水に溶解して、再結晶させる製塩法。天日塩に含まれる濁質などを取り除ける他、海水由来の不

純物も低減され、高純度の製品が得られる。溶解再結晶は高純度の塩を作る手段として用いられるが、廉価な天日塩を食用に加工する手段としても用いられる。精製塩*は天日塩を溶解したかん水*を精製してから再結晶させる。また特殊製法塩として天日塩を食用の水準まで精製し、使いやすい粒径に調節する目的で、海水溶解して平釜で煮つめる方法も広く行われている。

てんぴせいえんほう　天日製塩法
salt making of solar salt 〔天日塩岩塩〕

参照：天日塩　巻頭写真3

海水を塩田に引込み、太陽熱と風によって水分を蒸発させ塩を結晶させる方法で、自然の力を利用する製塩法。降雨日数が少なく、湿度が低く、風があることなどの自然条件と、平坦かつ広大で堅牢な粘土質の地盤で、流れ込む河川がないことなどの地勢条件が求められる。現在の天日塩田は概ね貯水池、蒸発池（濃縮池)*、調節池（調整池)*、結晶池の構成となっている。貯水池は原料海水を貯水し、蒸発と同時に浮遊物、泥土などを除去する。蒸発池は複数の区画池からなり、これらの蒸発池を海水が流れる間にほぼ飽和溶液まで蒸発濃縮(3.5°Béから26°Bé)される。この間に、石こうや炭酸カルシウムなどが結晶となって沈殿して除去される。調整池では析出する石こう成分を沈降させる。

年間を通じ雨の少ない地域では、結晶池の底は塩の層で固められ、泥などの混入も少なく比較的きれいな塩ができる。海水から結晶をとるまで約2年間程度かける。雨が多い地域、雨期がある地域の塩田は、塩の層を作れず、降雨時の管理のために塩田区画が小さくなる。海水から結晶をとるまでの期間は乾期だけとなり6～9月の間になる。そのため底土がむき出しになり、かん水が泥水になったり、採塩の時に塩田地盤や側壁の泥が入り汚れてくる。その対策として中国などで側壁を煉瓦にしたり、底部にタイルを敷くなどの工夫をしているが、一般に泥などの混入が多くなる。

でんりゅうこうりつ　電流効率
current efficiency 〔採かん〕

イオン交換膜電気透析法*は、電気の力でイオンを移動させることによりかん水を得る方法である。このとき、与えられた全電気量に対し、実際にイオンの移動に寄与した電気量の比率を電流効率という。実際の電流効率はイオンの種類、温度、運転条件などで変わるが75～90%位になる。

でんりゅうみつど　電流密度
current density 〔採かん〕

電気化学反応における電流に垂直な単位面積あたりの電流の強さ。イオン交換膜電気透析法*に使われるイオン交換膜*の面積がdm^2オーダーであることから、製塩業界では(A/dm^2)の単位がよく用いられる。実際の運転では2～3A/dm^2で運転される。

どうけいごうきん　銅系合金
copper alloy 〔煮つめ〕

銅系合金は熱伝導性が高いため、熱交換器材料として製塩プラント、発電プラントや化学プラントで広く使用される。黄銅*、キュプロニッケル*などが用いられ、キュプロニッケルは耐潰食性が優れている。黄銅系の材料は脱亜鉛腐食という脱成分腐食*を発生する恐れがある。

【関連用語】
・おうどう　黄銅
brass〔煮つめ〕
　95～65%銅と亜鉛の合金。真鍮(しんちゅう)ともいう。熱伝導性が良いため、製塩装置の加熱缶材料に用いられる。しかし、亜鉛の脱成分腐食*を発生する恐れがある。黄銅にさらにスズやアルミニウムを添加すると、脱成分腐食の進行が抑制される。

とうけつぼうしえん　凍結防止塩
deicing salt, road salt〔利用〕
　参照：道路用塩

どうぶつよういやくひん　動物用医薬品
Veterinary Medicinal Product〔組織法律〕
　参照：薬事法
　動物用医薬品とは薬事法*において、動物のために使用されることを目的とした医薬品とされている。牛、豚、鶏などの畜産動物や養殖魚などの病気の診断、治療または予防などに使われる。

とうめいど　透明度
transparency〔海水〕
　海水や湖水の透明の度合いのことである。直径30cmの白色円盤などを水中に沈めて、それが見えなくなったときの深さをメートルで表す。海水の清浄度の指標とされる。プランクトン、富栄養化、汚染などで透明度は低下する。都市部湾奥で1m、黒潮系30～40m、親潮系10～15m。

どうろようえん　道路用塩
deicing salt, road salt〔利用〕
　主として道路の融氷雪に使われる。融氷雪剤、凍結防止剤ともいう。道路の融氷雪用には、水に溶けやすく氷点を降下させる性質があり、水に溶ける際に発熱する性質の3条件をもつ物質がよい。塩化ナトリウム、塩化カルシウム、塩化マグネシウム、CMA(酢酸カルシウム・マグネシウム)、KA(酢酸カリウム)、尿素などがあるが、道路に使用する場合、効果および費用の面から、塩が最も広く使われている。
　融氷雪で塩を使う場合は
①降雪後雪がとけたあと凍結すると、滑りやすい路面となる。この現象は0～－4℃の気温で起こりやすい。塩が融氷雪用として使用できるのは、氷点下10℃位までである。塩水が氷点以下になっても凍らない性質を利用し、融氷雪を行う。
②散布された塩は氷雪をとかし路面に達し、除雪作業を容易にする。塩の臨界湿度は高いため、氷雪除去後の道路の乾きが速い。
③散布方法には、固体散布(じかまき)と塩水散布がある。
④散布量は積雪予防10～40 g/m^2、積雪時100 g/m^2、氷結路面30～50 g/m^2、圧縮氷化雪300 g/m^{2}である。
　積雪量が多い場合は除雪を行ってから撒いた方が効果的かつ経済的である。日本は降雨量が多いので環境への影響は少ないが、樹木の周囲は避けた方がよい。

どえん　土塩
playa salt〔天日塩岩塩〕
　塩分を含んだ土(塩土または泥混じりの湖塩)から塩を溶かし出し得られたかん水から作った塩。土塩地帯に溝を掘って浸出かん水を取って結晶化させた場合、湖塩や泉塩と称している例もある。

とくしゅせいほうえん　特殊製法塩
〔塩種〕
　参照：特殊用塩
　製造の方法が特殊な塩であって塩事業

法施行規則で次のように定義されている。
① 副産塩：化学工場または廃棄物処理場で副産物としてできる塩
② 真空式以外で製造された塩
③ 加工塩で香辛料、にがり、食品添加物、ゴマ昆布などの食品を混和した塩
④ 葬祭用の塩

とくしゅようえん　特殊用塩　〔塩種〕
用途または性状が特殊な塩で、塩事業法施行規則で次のように定義されている。
① 医薬品、医薬部外品又は化粧品に該当する塩
② 試薬塩化ナトリウム
③ 試験研究用培地の塩、その他の研究又は教育用の塩
④ 銅のメッキ処理用触媒
⑤ 各種ミネラルを加えて成型した家畜用塩
⑥ 塩化ナトリウムの含有量が40〜60%の塩
⑦ テスト販売用の塩で1年間の販売数量が100t以内のもの
なお、専売制時代に特殊製法塩も特殊用塩といわれた経緯があり、今なお誤って混同されることがある。

とくていほけんようしょくひん　特定保健用食品
food for specified health use〔組織法律〕
厚労省が健康への効用を示すことを許可した食品。科学的根拠の審査を受け許可を得ることが必要で、許可証票がつけられる。2005年から許可基準が緩和され条件付き特定保健用食品（許可基準に達しないが限定的に効用が認められる）、規格基準型特定保健用食品（個別審査がなく一定の規格基準に適合しているもの）などが認められ、さらに過度に特定保健用食品に期待する傾向を是正するために、食生活は主食、主菜、副菜を基本に食事のバランスを、という表示の義務づけが行われた。

どくぶつおよびげきぶつとりしまりほう　毒物及び劇物取締法
Poisonous and Deleterious Substances Control Law〔組織法律〕
参照：毒物及び劇物
毒物及び劇物*について、保健衛生上の見地から取締を目的として、1950年に制定された。毒物、劇物、特定毒物が指定され、登録を受けた者でなければこれを流通することを禁止されている。なお、毒物や劇物を指定する評価基準は動物試験による急性毒性値である。

どくぶつ・げきぶつ　毒物・劇物
poisonous substance・deleterious substance〔健康〕
参照：LD$_{50}$
毒物及び劇物取締法*により、医薬品および医薬部外品以外のもので動物または人に対して毒性が著しく高いとされる物質を「毒物」、毒性が高いとされる物質を「劇物」としている。

とくべつようとしょくひん　特別用途食品
food for special dietary use〔組織法律〕
参照：低ナトリウム塩
乳幼児、妊産婦、病者など発育、健康保持、回復の用に適当であることを厚労省の許可をえて表記した食品。塩に関連しては低ナトリウム食品として塩化カリウムを添加した塩が高血圧、全身性浮腫、腎疾患、などで承認されており、医師の指導の下で使うことが求められている。

とくれいえん　特例塩　〔文化〕
昭和46年（1971）専売制の緩和措置と

して国内製塩業者が専売法規格外品を自主的に販売できる制度ができた。その塩を特例塩（販売特例塩）と称し、1号塩「塩化ナトリウムの含有率が百分の99.5以上の塩」と4号塩「粒形が正六面体で、かつ、粒度が200μmをこえ590μm未満である塩以外の規格を有する塩」があった。

どじょうしょり　土壌処理
soil treatment　〔利用〕

グランドやコートなどの土壌処理に使う。ほこり防止、土をほぐして締まりやすい土質に変えること、霜柱の発生防止、雑草の発生防止などである。使い方は表土を掘り起こし、塩を1.5〜3kg/m²混合し、水分調整後ローラー掛けする。

とっきゅうえん　特級塩　〔塩種〕

日本塩工業会の製品分類規格にある。海水を原料とし、膜濃縮・真空式製塩の乾燥塩で塩化ナトリウム99.5%以上、平均粒径300〜450μmの純国産の高純度の塩。食品加工用の高級塩種として使用される。

とっきゅうせいせいえん　特級精製塩
〔塩種〕

塩化ナトリウム99.8%以上、粒度180〜500μmが85%以上の塩事業センターが販売する塩の中で最も高純度の塩。天日塩の溶解再製でかん水精製工程を経て真空式製塩法で製造される。粒子のそろったサラサラした塩で、純度が高く、医薬用、バター・チーズなどの食品加工用として使用される。

どひょうのしお　土俵の塩　〔文化〕

相撲の場を清め潔い勝負を願うためのもので、一場所15日間に土俵にまかれる塩の量は600kgになる。しかし、塩をまくと、その水分のため土俵の砂が次第に湿っぽくなるので、時々砂をとりかえ補給する必要がある。土俵上塩はつきものであるが、その起源は、平安の昔に神事としての節会相撲が始まって、供え物であった塩が力士の手に移ったという説もある。明らかなのは明治初期からである。通常十両以上の力士に塩を撒くことが許されたと伝えられる。本来土俵を清めるためであったが、後にそれが力士の負傷に即効を上げ、土俵の砂を適当な堅さに保つ効用もいわれるようになった。

どらいべーす　ドライベース
dry base　〔分析〕

同義語：乾量基準、乾物基準
参照：ウェットベース

分析結果を表現する場合に、水分値を除外して100%とする表示方法。外国の塩分析ではしばしば採用されている。塩化ナトリウム以外のミネラル分を重視するときの表示に便利。

とれーさびりてぃしすてむ　トレーサビリティシステム
traceability system　〔組織法律〕

食品の生産、加工、流通などの各段階で原材料の産地や種別、流通経路などを記録し、食品の情報を追跡可能とすることで、食中毒などの早期原因究明や問題食品の迅速な回収など、消費者の信頼確保に資するもの。国産牛肉については、2004年12月からトレーサビリティシステムを導入することが義務化された。

とれみー　トレミー
tremie　〔塩種〕

巻頭写真5参照

液表面で析出、成長して逆ピラミッドのホッパー状になった結晶で、液攪拌を小さくして析出させたときにできる。大

粒径のあらじおではトレミー結晶の形が残っている。フレーク塩として販売される塩はこれが破砕されたものである。

ないぶんぴつかくらんぶっしつ　内分泌攪乱物質
endocrine disrupting chemicals 〔分析〕
　参照：環境ホルモン

なとりうむけつぼうしょう　ナトリウム欠乏症
sodium deficiency 〔健康〕
　関連語：熱射病、脱水症
　細胞外液からのナトリウム喪失による欠乏症で、熱射病のような高度の発汗などで水と塩分を失ったとき、水だけを与えると低張性脱水症と呼ばれるナトリウム欠乏症を起こす。嘔吐、下痢、慢性腎不全でも起こる。ナトリウム欠乏症になると倦怠感、立ちくらみ、嘔吐、けいれんなどが起こる。治療には食塩水を与える。なお、強度の減塩でも倦怠感や活力の低下が起こるといわれている。

なとりうむぽんぷ　ナトリウムポンプ
sodium pump 〔健康〕
　細胞内と細胞外のナトリウム、カリウムの濃度が大きく異なるのはナトリウムポンプの働きによる。本態はATP分解酵素で、解離した高エネルギーリンにより3個のナトリウムを細胞外に汲み出し2個のカリウムを細胞内に汲み入れる。これによって膜電位を発生する。膜電位は細胞の興奮性を制御し、神経、心筋、血管など平滑筋の興奮や収縮などの機能を制御する。

【関連用語】
・さいぼうがいえき　細胞外液
　extracellular fluid 〔健康〕
　　細胞外液には血漿と組織間液があり、主成分はナトリウムイオン、塩化物イオン、重炭酸イオンである。

・さいぼうないえき　細胞内液
　intracellular fluid 〔健康〕
　　主成分はカリウムイオンと有機性のリン酸である蛋白質。細胞室内の蛋白質は陰イオンとしてふるまう。

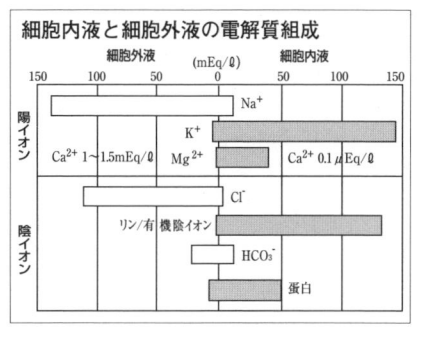

細胞内液と細胞外液の電解質組成

	細胞外液 (mEq/ℓ)	細胞内液
陽イオン	Na⁺, Ca²⁺ 1〜1.5mEq/ℓ	K⁺, Mg²⁺, Ca²⁺ 0.1μEq/ℓ
陰イオン	Cl⁻, リン/有機陰イオン, HCO₃⁻	蛋白

なまにがり　生にがり、生苦汁
bittern(fresh bittern, crude bittern) 〔副産〕
　参照：にがり
　製塩後に得られた無加工のにがりを生にがりという場合がある。加工には例えば、濃縮、希釈、成分調整、添加物の混合、などがある。

なみえん　並塩　〔塩種〕
　専売制時代の品質規格商品名を踏襲した塩。海水原料の純国産塩で、膜濃縮・真空式製塩で作られる未乾燥塩。塩化ナトリウム95％以上、水分約1.2％、平均粒径0.4mm。最も一般的な湿った塩。にがり

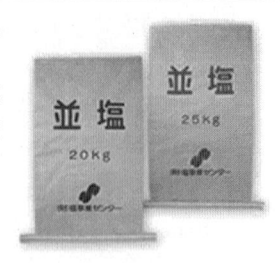

分が多く、通常0.7%位含まれている。業務用として漬物、味噌などきわめて汎用性が高い。

なみのはな　浪の花〔文化〕

かつて、塩は夜間に運搬したり売買してはいけない、また塩という言葉を使ってはいけないという慣行があり、夜「塩」という言葉を避けるために「浪の花」というようになったと伝えられる。また浪の花は花柳界の用語であるとも言われている。「波の花」は海の白波、または強風により波が海岸に打ち寄せてできる大量の泡をいう。

なめくじにしお　ナメクジに塩〔文化〕

ナメクジのような生き物に塩をかけると、浸透圧の作用で水分が体外に吸い出されて収縮してしまう現象に因み、ひとたまりもなく辟易して縮み込むの意味で、苦手なものの前ですっかり萎縮し精彩を失っているさまをいう。同意語として「蛭に塩」がある。

なんこう　軟鋼
mild steel〔煮つめ〕

炭素含有量の低い鋼。厳密には炭素含有量が0.13〜0.20%の鋼。低炭素鋼。加工が容易で廉価なため、針金、釘、工具、クラッド鋼の母材などに使用される。

にがり　にがり
bittern〔副産〕

海水を煮詰めて製塩した後に残る濃い塩分の液体のことで、非常に苦みが強い物質である。海水を濃縮するにつれて塩分濃度は上昇し、塩が析出するまでをかん水*、塩が析出し始めると母液*、塩化ナトリウム以外の塩類析出が起こって採塩が終了し、析出塩類を分離した溶液が「にがり」である。無加工品を「生にがり*」ということがある。

主成分*は塩化マグネシウム*であり、それ以外の塩類組成*は製塩法*によって異なる。イオン交換膜製塩*にがりでは、カルシウムが多く、塩化カルシウムとして含まれているため、「塩カル系にがり*」または「膜法にがり」と呼ばれ、それに対し、塩田製塩にがり*は硫酸イオンが多く「硫マ系にがり*」または「蒸発法にがり」と呼ばれる。にがりの製造法や濃縮度合いによってその成分は異なる。

膜濃縮の場合は、大部分の塩化ナトリウムが析出した母液*または生にがりを冷却して塩化ナトリウム、塩化カリウムを析出させ、さらに濃縮して塩化ナトリウムが少ないにがりを作る場合がある。蒸発法では大部分の塩化ナトリウムが析出した後、塩化ナトリウム、硫酸マグネシウム、塩化カリウムが混合した苦汁カリ塩*が析出し、塩化ナトリウムが少ないにがりになる。蒸発法の場合、濃縮のレベルは各企業でまちまちであり、また中間ににがりの温度低下がある場合があるなど、条件は様々で濃度や組成が変動する。これらの塩化ナトリウムが少なくなったにがりを「濃厚にがり」という。

母液、生にがり、濃厚にがりは操作上の区別であって組成上明確な区分はない。特別な濃縮操作を加えなくても煮詰め濃度を上げた生にがりは濃厚にがりと同様の組成になる。食品添加物としての「にがり」は粗製海水塩化マグネシウム*として名称が定義されている。規格案は、Mg：2.5〜8.5%、Na：<4%、Ca：<4%、K：<6%、SO_4：<4.8%

これは通常の生にがりの組成である。母液*は「にがり」になる前の状態で、一般的にナトリウムがマグネシウム＋カルシウムより多い。濃厚にがりはナトリウムが通常2%以下である。塩以外のミネラル成分は一般的に蒸発法より膜濃縮法が多い。にがりの比重は操作方法が違うので一概にいえないが、生にがりで1.25以上、膜濃縮で1.23以上である。市販にがりでは塩類析出を防ぐため水で希釈している場合がある。

蒸発法にがりは、冬場を越えると低温で硫酸マグネシウムが析出する。その残液は「越冬にがり*」という。にがりに塩素ガスを通して臭素を採取した後のにがりは「脱臭にがり」という。「にがり水」として販売されるものは、マグネシウム補給用ミネラルウォーターとしてそのまま飲料にできるように希釈したもので、水で50～200倍に希釈している。

にがりは従来マグネシウム、カリウム、臭素の原料として利用されてきた。マグネシウムは耐火原料、繊維の防炎加工、葉緑素肥料、薬品、など。カリウムは肥料、臭素は難燃剤、フィルム、薬品などに使われる。近年、マグネシウム補給用のサプリメント、飲料などとして直接口に入れるようになった。食品添加物としてのにがりは粗製海水塩化マグネシウムと表記され、豆腐凝固用である。

なお、豆腐については塩化マグネシウムをにがりと表記することが許されており、固体の塩化マグネシウムを「にがり」または「固形にがり」として販売される例がある。またにがりが健康食品として販売されるケースが多くなり、さらに、にがり入りを標榜するキャンデー、錠剤などが販売されるようになっている。

飲用にがり（にがり水）の効用はマグネシウムの補給が主だが、高血圧、高脂血症、糖尿病、痛風、がん、アトピー、リウマチ、尿路結石、二日酔い、肩こり、便秘、更年期障害、不眠、歯周病、口内炎、水虫、脱毛、ダイエット、美肌効果、そのほか数え切れないほどの効用が強調されている。しかし、ダイエットについては確かな効果を実証できるものでないことが国立医薬品食品衛生研究所から発表され、それ以外についても実証されてないケースが多い。

にがりえん　にがり塩〔塩種〕

にがり成分（主成分は塩化マグネシウム）を比較的多く含んだ塩の通称。相対的な表現で使われているもので、にがりの量がどれくらいからにがり塩というかは定義できない。多くはミネラル豊富のイメージ形成を目的とする。にがりが塩に含まれる量は、製塩工程における脱水の程度や製品に添加するにがりの量によって定まる。付着性の向上、味の改善、自然指向、昔風、ミネラル入り等をアピールする場合が多く、家庭用塩として種類が多い。潮解しやすく、水分が多いのでべたつく。

にがりが多いと塩を舐めた時に味が丸くあるいは苦くなるが、料理に使うとほとんど違いが分からなくなる。にがりが多い塩は流動性が悪くて使いにくいので食品加工用のユーザーには一般に好まれ

一般的生にがり組成

	Na	K	Mg	Ca	SO$_4$	比重
膜法にがり	0.4～3.1	2.0～5.7	2.3～5.4	0.7～3.6	0	1.26～1.32
塩田にがり	0.8～4.3	1.0～2.0	3.5～6.5	0	1.6～2.5	1.23～1.29

ない。にがりがたっぷり入った塩が健康に良いというイメージが一部にあるが、特殊なものを除き健康上有効な量のミネラルを塩から摂取することは不可能である。

にがりこうぎょう　にがり工業
bittern industry〔副産〕

海水を濃縮し、塩を分離した後に生成するにがり*中の成分の採取を工業的に行うことである。採取成分について簡単に記す。

1. 石こう*（硫酸カルシウム）

イオン交換膜法*のにがりには多量の塩化カルシウム*が存在し、硫酸マグネシウム*を添加することにより、硫酸カルシウム*として採取することができる。

2. カリウム*

高温の母液*またはにがりをさらに濃縮したり冷却することにより、塩化ナトリウム*と塩化カリウム*の混合物である苦汁カリ塩が析出する。また、にがりを濃縮し、放冷するとカーナライト*が析出する。これらの物質を再結晶することにより、塩化カリウムが採取できる。

3. マグネシウム*

にがりの主成分*である塩化マグネシウム*が主な製品である。他にはpH*をアルカリ性にして得られる水酸化マグネシウム*、これを焼成して得られる酸化マグネシウム*、硫酸を加えて生成する硫酸マグネシウム*などがある。

4. 臭素*

にがりに塩素を吹き込み、臭化物イオン*を遊離臭素ガスとして分離する。

$2Br^- + Cl_2 \rightarrow Br_2 + 2Cl^-$

にがりすい　にがり水　〔副産〕

参照：にがり

にがりを希釈して飲用に適するように加工した飲料。

にがりせいぶん　にがり成分
component of bittern〔分析〕

塩の中の付着母液の成分をいう。塩化マグネシウム、塩化カルシウム、硫酸マグネシウム、塩化カリウムをいう。硫酸カルシウムは固体で含有しており、にがり成分とはいわない。

にそうすてんれすこう　二相ステンレス鋼
duplex stainless steel　〔煮つめ〕

同義語：オーステナイト・フェライト系ステンレス鋼

二相ステンレス鋼はオーステナイト相とフェライト相からなり、オーステナイト・フェライト系ステンレス鋼とも呼ばれる。オーステナイト系ステンレス鋼とフェライト系ステンレス鋼の特徴を合わせ持っており、塩化物環境での耐応力腐食割れ性、溶接性に優れ、高強度である。

【関連用語】

・ふぇらいと　フェライト
ferrite〔煮つめ〕

参照：ステンレス鋼

α型の鉄あるいはこれに他の元素が固溶化した合金の組織名。体心立方構造をとり、強磁性を示す。

・ふぇらいとけいすてんれすこう　フェライト系ステンレス鋼
ferrite stainless steel　〔煮つめ〕

13～30％のクロムを含有するステンレス鋼。体心立方構造をとり、強磁性を示す。フェライト系ステンレス鋼は、強度は劣るが加工性が優れ、家電機器、厨房機器、自動車などに使用されている。代表的なフェライト系ステンレス鋼としてSUS430などがある。オーステナイト系ステンレス鋼に比べ、耐塩化

物局部腐食*性は劣るが、応力腐食割れ*感受性がない。
ナイト系ステンレス鋼に比べ、耐塩化物局部腐食*性は劣るが、応力腐食割れ*感受性がない。

にっけるけいごうきん　ニッケル系合金
nickel alloy　〔煮つめ〕

　製塩環境で使用されるニッケル系合金には、ハステロイC系合金（ハステロイC：クロム約16％－モリブデン約17％、ハステロイC－22：クロム約22％－モリブデン約13％を含むニッケル合金）、モネル（ニッケル－銅）*系合金などが使用される。耐応力腐食割れ*性が高いので、製塩環境のような高温の塩化物水溶液環境に適している。

につめ　煮つめ　〔煮つめ〕
　同義語：煎ごう
　煎ごうの用語が消費者に分かりにくいため、公正競争規約案で煎ごうの代わりに提案された用語。

につめのうど　煮つめ濃度
concentration of mother liquid　〔煮つめ〕
　参照：煎ごう終点
　煮つめ*工程における母液*の濃縮度。指標としては母液の比重*などが用いられる。一般に、製塩かん水*には様々な夾雑物が含まれており、煮つめを進めていくと塩化ナトリウムが母液中から高選択的に製品として排出されるため、夾雑物*が次第に濃縮されることとなる。濃縮が進むと、製品純度低下などのトラブルが発生するため、煮つめ濃度を監視して、適宜、母液を系外に排出する。

にほんかいすいがっかい　日本海水学会
The Society of Sea Water Science, Japan
〔組織法律〕

　日本の塩産業の技術的基盤の強化と発展を目的に1950年（昭和25年）日本塩学会として設立され、1965年（昭和40年）領域の拡大を目差して日本海水学会に改称された。イオン交換膜電気透析法、逆浸透法、多段フラッシュ法および海水資源の採取等の研究により、製塩産業をはじめとした多くの産業や学術界に貢献をしてきた。現在は海水科学を共通の活動基盤とし、主に海水を資源として取り扱う資源科学分野、海水と地球環境との関わりを扱う環境科学分野、および海水と生命活動との関わりを扱う生命科学分野で活動している。

にほんしおかいそう　日本塩回送
Nippon Shio Kaiso Co., Ltd　〔組織法律〕
　瀬戸内沿岸の塩回船問屋に起源をもつ塩を中心とする海陸一貫輸送会社。

にほんしおこうぎょうかい　日本塩工業会
The Japan Salt Industry Association
〔組織法律〕

　日本で海水を原料に真空式により大規模製塩を行っている製塩会社4社で組織する団体（社団法人）。会員4社は海水から作られる塩の99％、国内食料塩の約80％を生産している。日本塩工業会では製塩事業の経営および技術の改善に関する調査研究、情報提供を行うとともに、「食用塩の安全衛生ガイドライン」*を定め、工場検査を行い、合格した工場の製品には認定マークを付けるなどの活動を行っている。会員4社は株式会社日本海水（福島県、兵庫県、香川県）、ナイカイ塩業株式会社（岡山県）、鳴門塩業株式会社（徳島県）、ダイヤソルト株式会社（長崎県）。括弧内は工場所在地。

にほんしぜんえんふきゅうかい　日本自然塩普及会
Association of Natural Salt Prevalence Japan〔組織法律〕

1971年塩業近代化臨時措置法*が施行され、それまでの塩田は廃止され、イオン交換膜を使った新技術の膜濃縮製塩法*で塩を生産することになった。それに対して愛媛県松山市在住の人の中から「塩の品質を守る会」が結成され、塩田製塩を残す運動が始まった。その主張は、イオン膜濃縮の安全性が保障されていない、流下式塩田法は安全性が実証されている、食用塩と工業塩は厳しく峻別すべきである、専売制の中で消費者に選択の余地が残されていないなどであった。その後「自然塩を守る会」「日本自然塩普及会」へと改称して現在に至る。結果的に国内の塩田は残すことはできなかったが、専売公社が輸入している天日塩を原料に塩をつくることが認められ、日本自然塩普及会の支援を得て伯方塩業株式会社が設立された。

これに類似した活動は国内各所であり、例えば、伊豆大島の日本食用塩研究会、沖縄の青い海と自然塩を守る会、などが活動して自然塩の普及活動を行った。前者は海の精株式会社、後者は青い海株式会社に発展した。

にほんせんばいこうしゃ　日本専売公社
The Japan Monopoly Corporation〔文化〕
参照：塩事業センター

1949年（昭和24年）に発足し、たばこ、樟脳、塩の専売制を行った公共企業体。1985年（昭和60年）民営化され日本たばこ産業株式会社（JT）となった。塩専売は塩専売事業本部が設立され、専売業務を引き継いだ。

にほんたばこさんぎょうかぶしきがいしゃ　日本たばこ産業株式会社
Japan Tobacco Inc.〔文化〕

1985年（昭和24）日本専売公社の民営化に伴い発足した会社。塩事業は塩専売事業本部によって塩専売制を継続した。平成9年の塩専売制度の廃止に伴い財団法人塩事業センター*へ引き継がれた。

ぬい　沼井〔文化〕
参照：塩田

塩浜での採かん作業において、塩分の付着した砂（鹹砂）を集めて、海水を注いでかん水を採取するための溶出装置。基本的な原理は共通しているものの、揚浜に用いられた組み立て式の簡易なものから、入浜塩田に見るようなコンクリートを使った装置に至るまで、実際の構造は、塩浜の規模や形式、また地域によっても多くの種類が見られた。また名称も、台、塩穴などの呼称も用いられた。

ねつでんどうど　熱伝導度
thermal conductivity〔煮つめ〕

熱伝導率とも呼ばれる熱の伝導を表す指標。単位面積あたりに単位時間で流れる熱量と、温度勾配の比。温度、圧力一定条件では、物質ごとに固有の値があり、製塩においては蒸発缶*（特に加熱缶など）や釜の材質や寸法（肉厚、伝熱面積など）を決定する場合に重要となる。

図に示すように、厚さhの物質の片面を温度T_1に、対面を温度T_2（$>T_1$）に保つと、物質内における温度の勾配は$(T_2-T_1)/h$となる。この時、単位時間あたりにT_2面からT_1面に伝える熱量Iは、$I=\lambda(T_2-T_1)/h$となり、比例係数λ（単位＝W/(cm・℃)またはW/(m・℃)）を熱伝導率という。

ねっとしき　ネット式
condensation unit of net-type〔採かん〕

　海水またはかん水の濃縮装置の一種。枝条架*式濃縮装置に代わるものとして、1955年頃日本専売公社が開発し流下式塩田で使用された。塩化ビニル製などの垂直または斜交のネットに海水を流下させて滴状として蒸発・濃縮させる立体濃縮装置。現在も一部の小規模製塩で使用している。

熱伝導度測定法

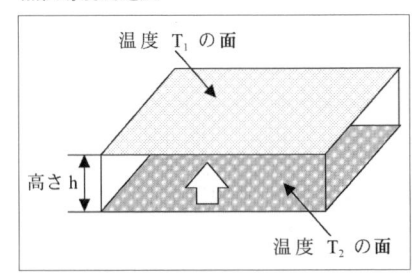

岩塩単結晶の熱伝導度

温度（℃）	熱伝導度 W/(cm・℃)
0	0.0610
100	0.0420
200	0.0312
300	0.0249
400	0.0208

ねりせいひん　練り製品
boiled fish paste〔利用〕

　魚のすり身を練って加工した食品。かまぼこ・はんぺんなど。魚肉を約3％の食塩と一緒にすりつぶすと、魚肉の筋原タンパク質中の塩溶性のタンパク質が溶けて粘調なペースト状になる。これに調味料その他副材料を加え加熱すると網状構造を形成し、弾力（あし）のあるゲルを作る。代表的なかまぼこの製法を図に示す。塩量は2〜3％、にがり成分が少ないものが使われる。（かまぼこの製造工程図参照）

ねんど　粘度
viscosity〔分析〕

　運動している気体や液体の内部に生じる抵抗（単位＝g/(cm・s)、kg/(m・s)、Pa・s)の大きさを表す値であり、圧力および温度により変動するが、これらを決めることにより物質に固有の定数となる。一般に、液体の粘度は温度の増加とともに減少し、圧力の増加とともに増加する。また、気体の粘度は液体に比べてはるかに小さく、温度の上昇とともに増加して圧力にはほとんどよらない。溶液では溶媒の粘度が既知の場合、溶液の粘度を溶媒の粘度（通常水の粘度）で除して相対粘度として表すこともある。海水、かん

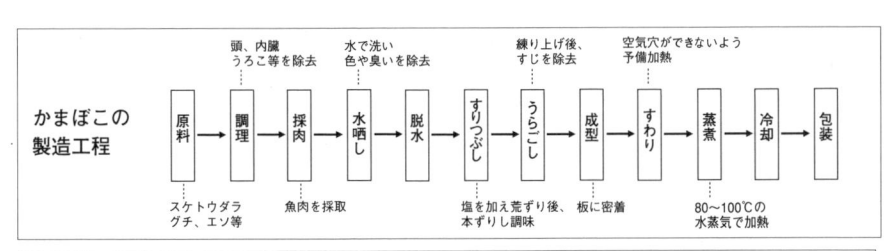

かまぼこの製造工程

原料（スケトウダラ、グチ、エソ等）→ 調理（頭、内臓、うろこ等を除去）→ 採肉（魚肉を採取）→ 水晒し（水で洗い色や臭いを除去）→ 脱水 → すりつぶし（塩を加え荒ずり後、本ずりし調味）→ うらごし（練り上げ後、すじを除去）→ 成型（板に密着）→ すわり（空気穴ができないよう予備加熱）→ 蒸煮（80〜100℃の水蒸気で加熱）→ 冷却 → 包装

相対粘度20℃　0.001Pa・sec　水　　1.002
　　　　　　　　　　　　　　かん水　1.643（全塩分濃度207g/kg）
　　　　　　　　　　　　　　にがり　4.592（全塩分濃度324g/kg）

水の輸送、粒子の沈降、煮詰めの熱伝導、脱水乾燥など製塩における装置設計、運転管理に欠かすことができない基礎数値として使われる。

のうこうにがり　濃厚にがり
concentrated bittern〔副産〕

参照：にがり

生にがりをさらに濃縮したもの。

のうしゅくかん　濃縮缶
brine concentration pan〔採かん〕

蒸発缶のうち、濃縮かん水を製造する濃縮装置。通常の蒸発缶の他、濃縮専用の薄膜流下型蒸発缶*等が知られる。

のうしゅくしつ　濃縮室
concentrating compartment〔採かん〕

参照：イオン交換膜電気透析槽

イオン交換膜電気透析槽で濃縮されたかん水が流れる部分。

のうやく　農薬
agricultural chemical〔健康〕

参照：農薬取締法

農薬とは農薬取締法*において、農作物を有害なものから保護する薬剤及び農作物の生理機能増進、抑制を行う薬剤とされている。殺虫剤、殺菌剤、除草剤、生育調整剤などがある。いわゆる農薬として流通しているものは製剤であり、農薬の有効成分を原体と呼ぶ。販売するためには製剤について農薬取締法で登録を受ける必要がある。

のうやくとりしまりほう　農薬取締法
Agricultural Chemicals Regulation Law〔組織法律〕

農薬について登録制度を設け、販売・使用の規制等を行うことにより、農薬の品質の適正化とその安全かつ適正な使用を図ることを目的として1948年に制定された。同法では、販売する農薬の登録を義務付け、製品容器への表示、使用方法を詳細に規定している。

のうやくのすいしつひょうかししん
農薬の水質評価指針
Water Quality Guideline for Agricultural Chemicals〔組織法律〕

参照：環境基準

公共用水域等における農薬の水質評価指針。空中散布農薬等一時に広範囲に使用される農薬で、環境基準*として設定されていない農薬が公共用水域等から検出された場合に、目安となる指針値。1996年4月環境省通知。

ばーこーど　バーコード
bar-code〔包装加工〕

縦線のバーでメーカー、商品名など各種情報を表現し、これを機械で読みとって販売管理、物流管理、在庫管理などに活用する。目的、形式などにより様々な方式がある。小売店頭の個別商品の販売管理に使うPOSシステム、段ボール箱に表示される物流上の検品、仕分け、在庫管理に用いる物流バーコード（ITFコード）などがある。バーコードは国別に規格があり日本の規格はJANコード（Japanese Article Number）といわれる。

ばいしょうざい　媒晶剤
habit modifier〔煮つめ〕

参照：晶癖

結晶成長*、核化、晶癖*等に影響を与える不純物あるいは添加物。塩化ナトリウム結晶では、尿素、縮合リン酸塩*、マンガンイオン、YPS*などが知られ、8面体、樹枝状塩*などの多面体結晶を形成する。

はくえん　白塩〔塩種〕

日本塩工業会の塩分類規格。海水原料の膜濃縮、真空式製塩*で作られる並塩*（平均粒径0.4mm）より大粒の非乾燥塩をいう。塩化ナトリウムが95%以上、水分はやや少ない。

白塩は通常粒径により4つに分類される。
1.中粒ワイド　　0.5mm以上が50%以上
2.中粒　　　　　0.59mm以上が80%以上
3.大粒ワイド　　1mm以上が10%以上
4.大粒　　　　　1mm以上が50%以上

他に、さらに大きな粒子にした造粒塩がある。

白塩は粒径が大きいので並塩よりいくぶん流動性がよく固まりにくい。やや溶けにくく付着しにくい。主たる用途は味噌、醤油、漬物、水産、麺類などの食品加工用、凍結防止剤、飼料、その他。

はくしょくど　白色度
whiteness〔分析〕

パルプや紙の白さの指標として主に用いられており、酸化マグネシウム標準白板の光の反射量を100、暗闇を0とした物質の光の反射量の割合（単位=%）。塩の白さの指標に使われる。一般的なコピー用紙の白色度は約80%、新聞紙の白色度は約50%である。代表的な市販塩の測定例を表に示す。

製品名	白色度(%)
食塩	87.7
アジシオ	89.8
天塩	68.5
伯方の塩	75.2

はくへんじょうえん　薄片状塩
film salt〔塩種〕

紙のように薄い塩。100℃で溶解した食塩をろ紙でこし、放冷すると80～60℃付近で薄片状塩が析出し、液中を浮遊する。光をあてると薄膜の干渉色と思われる赤、緑、黄などの輝きが見られる。大きさは縦横とも0.2～0.5mm、厚さ10～30μm程度である。

はくまくりゅうかがたじょうはつかん
薄膜流下型蒸発缶
falling film evaporator〔採かん・煮つめ〕

　液を装置上部①に供給し、伝熱管②の内面に薄膜として流下させながら蒸発させるタイプの蒸発缶*。動力、設備費共に他の蒸発缶より有利だが、結晶を析出させることはできない。かん水*の濃縮に用いられる。

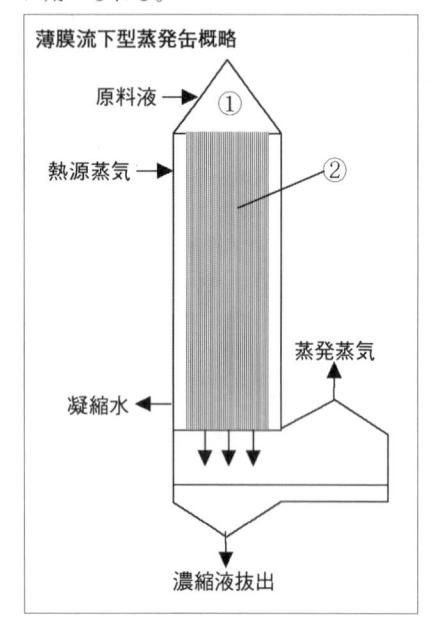

薄膜流下型蒸発缶概略
原料液 →①
熱源蒸気 →②
蒸発蒸気
凝縮水
濃縮液抜出

はざーど　ハザード（危害要因）
hazard〔組織法律〕

　参照：HACCP、リスク

　食品におけるハザードとは、生物学的、化学的、物理的な物質で、人体に悪影響を与える可能性のあるもの、または食品の状態をいう。危害要因ともいう。ほとんどすべての食品にハザードとなり得るものがある。ハザードに関連するリスク*を最小限に抑えることあるいはなくすことが食品の安全を考えることになる。

はさっぷ　HACCP
hazard analysis and critical control points〔組織法律〕

　HACCPとは、「Hazard-Analysis-Critical-Control-Points」の頭文字をとったもので、日本語では、「危害分析重要管理点」と訳されている。

　1960年代に米国で宇宙食の安全性を確保するために開発された食品の衛生管理の手法。

　従来の最終製品（食品）の検査に重点を置く方法とは異なり、原材料から最終製品に至る一連の工程において、あらかじめ危害を予測し、その危害を防止するための重要管理点（CCP）を特定して、その重要管理点を継続的に監視し、記録することで、異常が認められるとすぐに対策をとり、解決するため、不良製品の出荷を未然に防ぐことができるシステムである。

　現在厚労省が食品衛生法上HACCP方式を認定している業種は変敗の激しい製品に限られているが、自主的にHACCP方式を採用する食品工場が多くなっている。HACCP方式ではトレーサビリティと原材料の安全性確認が重要になり、塩については変敗はないが食品工場に納入するためにHACCPに類似する工程管理が実質的に要請されることもある。

はつがんせい　発がん性
carcinogenicity〔健康〕

　人体に取り込むことによって、その物質が悪性腫瘍を誘発させる性質。細胞DNAに突然変異と環境因子が積み重なって発現する。試験においては、対照群に比べて有意に腫瘍の発生が増加するかどうかを追究し発がん性を明らかにしている。発がん性には閾値*がないことが多い。

はっこうちょうせい　発酵調整
fermentation adjustment〔利用〕

　発酵を調整すること。塩は、味噌・醤油・チーズなどの発酵食品の発酵調整に使われている。塩分により、酵母菌や乳酸菌などの有用な好塩微生物の繁殖を適度に調整し、また有害な微生物の繁殖を抑制する。

はまこ　浜子〔文化〕
　参照：塩田、入浜塩田

　入浜塩田で働く人の総称。塩浜の経営者である浜主が一軒前（1～1.5ha）につき10人前後の浜子を雇用した。浜子の仕事は採かん作業全般に及んだ。塩田地盤に撒砂を撒き、蒸発を助けるために撒砂を掻き起こし、塩の付着した砂（鹹砂）を沼井に集め、浜溝から海水を運び沼井に注入し、沼井に残された砂（骸砂）を再び塩田に撒き広げる、といった日々の仕事から、堤防や浜溝の補修、道具類の手入れなど、多岐にわたる重労働であった。

はまやき　浜焼き〔利用〕
　塩浜焼きともいう。真鯛に塩をして、わらで包み、塩の中に埋めて蒸し焼きにした料理。瀬戸内海でとれた魚介類を、沿岸の浜に多い塩田の熱した塩釜中で蒸し焼きにしたのが起源。塩と加熱とにより保存性が高まる。

ぱれっと　パレット
pallet〔加工包装〕
　参照：一貫パレ

　輸送、保管の際に、塩のような物品をまとめて積載する輸送機材。標準形態は1.1m×1.1m、標準型は荷重1t用であるが、塩専用には通常1.5tが使用される。材質は木製が標準であり、木材破片の混入を防ぐ場合にはプラスチックパレット（プラパレ）が使用される。横の穴からフォークリフトのフォーク部を差し込み、輸送することができる。

ばろめとりっくこんでんさー　バロメトリックコンデンサー
barometric condenser〔煮つめ〕
　参照：真空式製塩法

　蒸気などの気体が冷えると体積が縮む作用を利用した凝縮器の一種。製塩では真空蒸発缶*などからの蒸気を海水などの冷却水と直接接触させ、凝縮した蒸気と冷却水とを真空中からポンプなどを用いずに抜き出すために使用される。冷却水として使われた温度が上昇した海水は採かん用の原料海水になることが多い。

はんとうまく　半透膜
semipermeable membrane〔採かん〕
　参照：逆浸透

　溶媒（主に水）のみを透過させ、溶質を透過させない選択透過膜。

ぴーえいち（ぺーはー）　pH〔分析〕
　同義語：水素イオン濃度

　塩溶液は通常中性だが、乾燥塩ではマグネシウム塩の一部が塩基性塩化マグネシウムとなりアルカリ性に傾く。なお、海水はpH8.0～8.4のアルカリ性、塩田濃縮かん水はほぼ中性、膜濃縮かん水はやや酸性、溶解採鉱かん水はややアルカリ性、膜濃縮にがりはややアルカリ性、塩田にがりはほぼ中性が多い。

　pHの定義は、溶液の水素イオン(H^+)濃度を表す指数であり、通常1ℓ中の水素のグラムイオン数の逆数の常用対数（$pH = -\log[H^+]$）で表す。中性は7、酸性は7より小さく、アルカリ性は7より大きい。

ぴーしーびー　ピーシービー
PCB〔健康〕
参照：ポリ塩化ビフェニル、ダイオキシン類

ぴーぴーえむ　ピーピーエム　(ppm)
Part Per Million 〔分析〕
100万分の1を示す分率。濃度や確率に使用される。

例えば、1ppmは1000kg中に1gの物質が含まれていることを意味する。同様に、10億分の1をppb（parts per billion）、1兆分の1をppt（parts per trillion）と表す。1％は1ppc（parts per cent）。

ひじゅう　比重
specific gravity〔分析〕
同義語：密度

ある温度で、ある体積を占める物質の質量と、それと同体積の標準物質の質量との比をいう。液体・固体に対しては4℃の水を標準物質としている。4℃の水の比重はほぼ1.0g/cm³なので、実用上は単位体積当たりの重さとして差し支えない。液体の比重は、測定した温度（例えば20℃）と基準となる水の温度（例えば4℃）を付記し、d_4^{20} 0.895などと記すことが多い。海水、かん水、にがりなどの濃度は比重に比例するから、比重を測定することで濃度を管理する。

びちくえん　備蓄塩
stored salt〔塩種〕
塩の需給が逼迫する等の緊急時に備えるため、塩事業センターが保管している塩。

ひっすみねらる　必須ミネラル
essential mineral〔健康〕
参照：ミネラル

人体にとって必ず必要なミネラル*をいう。そのミネラルが欠乏するとミネラル欠乏症となり、いろいろと不都合な症状が現れる。

人体に必要なミネラル（成人必要量の目安／日）

多量に必要		微量必要		必要量不明
Cl	0.7-7g	Fe	12 mg	S
K	2-4g	Zn	15 mg	As
Na	<10g	Mn	4 mg	Sn
P	900mg	Cu	2.5 mg	B
Ca	600	I	0.1 mg	Si
Mg	300	F	0.1 mg	Br
		Co	0.16 mg	Cd
		Se	0.13 mg	F
		Mo	0.15 mg	Pb
		V	0.25 mg	Li
		Cr	0.29 mg	
		Ni	0.19 mg	

ひとしお（もの）　一塩（物）
(a fish) slightly salted〔利用〕
材料に軽く塩をすること。あるいはしたもの。材料に塩味を含ませたり、余分の水分を除くときに行う。

ひとしおぼし　一塩干し
a salted cured fish〔利用〕
参照：一夜干し

太陽光あるいは乾燥機で短時間乾燥さ

海かん水、にがりの比重

種別	比重	ボーメ比重	NaCl濃度（％）	MgCl₂濃度（％）
海水	1.02〜1.03	2.9〜4.0	2.2〜2.7	0.3〜0.4
かん水（塩田）	1.02〜1.11	3.2〜13.9	2.6〜18	0.3〜11
かん水（膜濃縮）	1.12〜1.16	15〜20	14〜18	0.3〜0.9
にがり	1.24〜1.31	28〜34	1〜11	9〜21

せて水分を50％以上に残す乾燥法で、生干し、一夜干しともいう。魚に軽く塩を振るか、12〜24％の食塩水に数時間浸漬してから乾燥させて製造する。乾燥時に魚肉蛋白質に酵素が作用し、アミノ酸量やイノシン酸量が増加して旨味や風味が増す。この際に、食塩が魚の表面にあることで、魚の内部の水分を吸出し、早く平均に乾燥できる効果がある。

ひねつ　比熱
specific heat 〔分析〕

物質1gの温度を1℃だけ上昇させるのに必要な熱量（単位＝cal/(g·℃)、J/(g·℃)）。一般に、温度上昇は一定の圧力もしくは体積を維持した状態で行われるため、前者を定圧比熱、後者を定容比熱と呼んで区別する。食塩結晶の測定例を右の表に示す。

温度（℃）	比熱cal/(g·℃)
0	0.204
100	0.217
200	0.221
400	0.229
500	0.232
600	0.237

ひひょうめんせき　比表面積
specific surface 〔分析〕

塩1g当たりの塩結晶の粒子表面積の合計（単位＝cm²/g）。粒径が小さくなるほど比表面積は大きくなる。結晶形状が複雑なトレミー結晶では立方晶の塩に比べて大きくなる。比表面積が大きくなると、溶解速度が速くなり付着性が良くなるため、食材へのなじみがよい。一般的測定法としてBET法（ガス吸着量測定）とリーナース法（空気通過抵抗測定）がある。

びふんえん　微粉塩
fine powder salt 〔塩種〕
　参照：微粒塩

粉砕されて粉状になった塩である。製法は、塩水、海水等を噴霧乾燥する方法、原料塩を粉砕して微粉化する方法等がある。微粒塩よりも粒径が小さく、特殊な用途に用いられる塩である。微粒塩と同様固結しやすい欠点があり、長期間保存することは難しい。

ひょうじゅんかん　標準缶
calandria type crystallizer 〔煮つめ〕
　参照：蒸発缶

結晶缶内に伝熱管①が設置され、装置底部には撹拌翼②が挿入されている蒸発缶*の一種。伝熱部分をカランドリアといい、この形式はカランドリア型とも呼ばれる。真空式蒸発缶*の導入とともに採用され長年使用されたが、外側加熱循環型蒸発缶*に比較し流速が大きくとれず伝熱も低下するため、現在、使用例は少なくなっている。

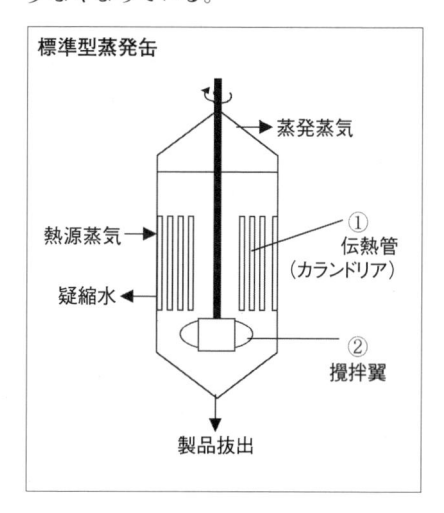

ひょうてんこうか　氷点降下
drop of freezing point　〔分析〕

　水に物質が溶解することにより、氷になる温度（氷点）が0℃より低下する現象であり、凝固点降下*の一種。塩の場合、氷点は最大で約−21℃まで低下するが、低下する温度は物質およびその濃度によって異なる。氷に塩を加えて温度を下げてアイスクリームを作る、冬期の道路における凍結防止などは氷点降下の原理を利用したものである。

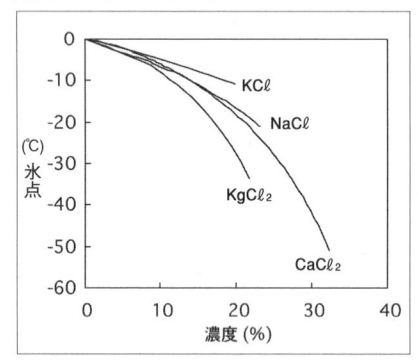

ひらがま　平釜
open pan , flat pan　〔煮つめ〕

　参照：平釜式製塩法　巻頭写真2

　製塩用の釜で、真空式、加圧式などが縦長の釜であるのに対してその形状が平板に近い釜。解放型と密閉型があり、多くは大気圧で操作する。大規模製塩に使われることは少なく、工業的に生産する上では、生産性と熱効率の悪さからコスト高となる。

　構造はバラエティに富む。生産性を上げるために直火で焚く方法が多く撹拌翼をつけているが、立釜*のような強い撹拌は行われない。多くは予熱槽で熱の有効利用を図る。蒸気利用式は密閉型で発生蒸気による熱回収も併せて行う。

　平釜の歴史は長く、御釜神社（宮城県塩竈神社*の末社）の神器は鋳物平釜であり、江戸時代の石釜も平釜である。古式平釜から多くの変遷を経て現在に至っている。赤穂式平釜、蒸気利用式平釜は広く全国で使われた。工夫の多くは、スケール*分離の方法、かん水予熱の方法、採塩などの方法に関するものである。

ひらがまえん　平釜塩
made by open pan system of salt　〔塩種〕

　参照：平釜、平釜製塩法

　直火炊きでは熱対流が大きく小さな立方晶が結合した凝集*体となる。トレミー結晶のあらじおをつくる場合は蒸気加熱などで熱対流を小さくする。これらの塩の特徴としては脱水性が悪いので苦汁（にがり）が残存しやすく塩の純度が下がること、比表面積が大きく付着性、溶解性が良くなる。一方、製品純度が低くなり、サラサラしない、吸湿しやすい、嵩張るという性質を持つ。

ひらがましきせいえんほう　平釜式製塩法
open pan system of salt making　〔煮つめ〕

　参照：煎ごう、平釜、平釜塩

　平釜*を用いて行う製塩法。日本では特殊製法塩用に海水直煮*、天日塩再製*、フレーク塩*の製造などに使われている。古い方式で世界的には実用生産に使っている例は少なくなった。日本で多くの平釜が使われているのは、平釜生産の塩が真空式より珍重され高価に販売できる特殊事情による。

びりゅうえん　微粒塩
fine salt　〔塩種〕

　参照：微粉塩

　一般にNaClが99.7%以上、平均粒径50〜200μmの品質規格の塩を言う。溶けやすさ、分散性の良さ、付着しやすさを求め

る場合に用いられる。素材に溶かし込む、素材に均等に混和する、化粧塩のように素材の表面に付けるときに便利な塩である。製法として、かん水を蒸発缶で濃縮して、結晶を析出させる過程で微粒塩にする方法、原料塩（食塩、特級塩等）を粉砕機で粉砕して微粒にする方法などがある。固結しやすい欠点があるため長期間保存することは難しい。日本塩工業会の分類規格では精選特級塩微粒がある。

びりょうせいぶんのぶんせき　微量成分の分析
analysis of trace components〔分析〕

塩では0.01%（100ppm）以下を微量成分として扱っている。塩試験方法では重金属、ストロンチウム、バナジウム、クロム、マンガン、鉄、ニッケル、銅、亜鉛、カドミウム、水銀、アルミニウム、鉛、ヒ素、臭化物イオン、二酸化ケイ素、リン酸、フェロシアン化物、が規定されている。最近はICP発光分光分析法、イオンクロマトグラフ法などの機器分析法が多用される傾向にある。

ひれじお　ひれ塩〔利用〕

参照：化粧塩　巻頭写真7

魚を姿焼きにする場合、背びれ、胸びれ、尾びれにたっぷりと塩をすること。ひれは薄いので、塩をつけておくと焦げずに形良く焼き上げることができる。

ふーどちぇーん　フードチェーン
food chain〔加工包装〕

食品の一次生産から販売に至るまでの一連の食品供給工程のこと。

ふぁうりんぐ　ファウリング
fouling〔採かん〕

膜濃縮や膜による脱塩において、海水中の懸濁物質や溶質が膜面あるいは膜細孔の入り口や内部に付着、堆積し、膜性能が低下する現象。海水の汚染や海水前処理が不完全な場合にファウリングが進みやすい。

ふぇろしあんかぶつ　フェロシアン化物
ferrocyanides〔加工包装〕

参照：固結防止剤

黄血塩、YPS、YPP、ヘキサシアノ鉄（II）、プルシアン塩ともいう。フェロシアンイオン（$Fe(CN)_6^{4-}$）の化合物。ナトリウム塩、カリウム塩、カルシウム塩は、塩（しお）に対し微少量の添加でも微結晶（デンドライト、樹枝状塩*）を生成し結晶成長を妨げるため、海外では塩の固結防止剤*として使用されてきた。日本では2002年8月、食品添加物として承認された。国際規格の使用限度は10ppmだが日本では20ppmと定められた。一般消費者、国内製塩メーカーなどから安全性に対する疑問が提出され、現在国内メーカーは使用していない。

ふかんぜんこんごうがた　不完全混合型
mixed-bed type〔煮つめ〕

参照：蒸発缶、平釜

蒸発缶内が熱対流または緩やかな攪拌状態で蒸発させる方式。平釜はその代表的例。

ふくえん　複塩
double salt〔副産〕

二種類以上の塩（えん）*が結合した形式で表すことができる化合物のうち、それぞれの成分イオンがそのまま存在するもののことである。例えば、塩化カリウムと塩化マグネシウムの場合$KCl+MgCl_2$→$KCl・MgCl_2$となり、$KCl・MgCl_2$はK^+、Mg^+、Cl^-からなるイオン結晶であり複塩

である。岩塩と同時に採掘されたり、煮つめの過程で条件が揃うと析出する。
（海塩に関係する複塩は下段を参照）

ふくさんえん　副産塩
by-product salt　〔塩種〕

　副産塩は海水等の自然原料から製造されたものではなく、塩以外のものを製造する過程あるいは廃棄物を処理する過程等において、化学反応によって副次的に生成された塩をいう。塩以外の不純物あるいは有害物が含まれる場合が多く、食品衛生上の問題があり、用途指定で使用されている。例として、ごみ焼却場では、排煙中に含まれる有害な塩化水素ガス（HCl）を除去するため、苛性ソーダ（NaOH）水溶液によって洗浄するが、このとき塩（NaCl）が副次的に生成する。

ふしょく　腐食
corrosion　〔煮つめ〕

　参照：応力腐食割れ、孔食、隙間腐食、
　　　　電位差腐食
　金属が置かれている環境により、化学的または電気化学的に侵食されること。物理的な作用と同時に進行する場合もある。形態、原因等により様々に分類される。

ふしょくひろう　腐食疲労
corrosion fatigue　〔煮つめ〕

　腐食性環境において金属材料に繰返しの応力が加えられると、腐食と繰返し応力との相乗作用によって、金属材料が疲労して強度が劣化し破壊に至る。その破壊現象を腐食疲労という。

ふせいきょうそうぼうしほう　不正競争防止法
Unfair Competition Prevention Law
　〔組織法律〕

　事業者間の公正な競争及びこれに関する国際約束の的確な実施を確保するため、不正競争行為の防止及び不正競争に係る損害賠償に関する措置等を規定した法律で、平成5年に全面改正し公布された。不正競争防止法は、他社の商品名や商標を使うこと、虚偽または誇大な表示を行うこと、競合他社の営業上の信頼を害する虚偽の内容を流布すること、産業スパイ行為などを禁止している。

ふちゃくせい　付着性
adhesion　〔分析〕

　物質の他の物質へのひっつきやすさであり、高い、低いで表現される。対象とする物によって大きく変化するが、塩を基準にすると、粒径が小さい、水分が多

海塩に関係する複塩

カーナライト $KCl \cdot MgCl_2 \cdot 6H_2O$、タキハイドライト $2MgCl_2 \cdot CaCl_2 \cdot 12H_2O$、
カイナイト $KCl \cdot MgSO_4 \cdot 3H_2O$、グラゼライト $3Na_2SO_4 \cdot K_2SO_4$、
ファントファイト $3Na_2SO_4 \cdot MgSO_4$、レヴェイット $Na_2SO_4 \cdot MgSO_4 \cdot 2H_2O$、
アストラカナイト $Na_2SO_4 \cdot MgSO_4 \cdot 4H_2O$、ラングバイナイト $K_2SO_4 \cdot 2MgSO_4$、
シェナイト $K_2SO_4 \cdot MgSO_4 \cdot 6H_2O$、グラウベライト $Na_2SO_4 \cdot CaSO_4$、
シンゲナイト $K_2SO_4 \cdot CaSO_4 \cdot H_2O$、ペンタソルト $K_2SO_4 \cdot 5CaSO_4 \cdot H_2O$、
ポリハライト $K_2SO_4 \cdot MgSO_4 \cdot 2CaSO_4 \cdot 2H_2O$

い、結晶形状が複雑で、比表面積が大きい塩ほど付着性は高い。

ふちゃくぼえき　付着母液
adherent mother liquid on crystal
〔煮つめ〕
参照：母液、にがり塩

製品の塩結晶に含まれる母液*。結晶表面に付着した母液と結晶間隙に抱き込んだ母液の総称。マグネシウムを主成分とし、塩の流動性、固結性、吸湿性などに大きな影響があり、味にも影響する。具体的には付着母液が多いと流動性は低下しサラサラ感がなくなり、湿気を帯びやすくなる。また、味に丸みが出るといわれる。微粒結晶、凝集*晶、トレミーでは、脱水性が悪いため、付着母液量が増加する傾向にある。

ふってんじょうしょう　沸点上昇
elevation of boiling point 〔煮つめ〕

純粋な液体に、不揮発性物質を溶解したときに、溶液の沸点が溶媒の沸点より高くなる現象。一般的に濃度に比例して大きくなり、海水で0.3℃、苦汁で20℃程度（水との比較）となる。また圧力低下と共に沸点上昇は大きくなる。

ふどうたい　不動態
passive state 〔煮つめ〕

標準電位列で卑な金属であるにもかかわらず、電気化学的に貴な金属であるような挙動を示す状態(JISZ1013　1022)。これは金属の表面に不動態皮膜と呼ばれる耐食性の優れた酸化皮膜が形成されるためである。ステンレス鋼やニッケル合金、チタン、チタン合金などは不動態による耐食材料である。

ふようかいぶん　不溶解分
insoluble matter 〔分析〕
参照：巻末付表2、3　塩の組成

水に溶けない成分のこと。塩の場合、不溶解分の測定方法は、塩を温水に溶かし、孔径1μmのガラス繊維ろ紙でろ過する。ろ紙を水洗した後乾燥し、その重さをはかって求める。硫酸カルシウムは温水に溶解するから不溶解分には入らない。煎ごう塩では通常不溶解分は0に近い。天日塩、岩塩ではその生産条件によって異なるが、煎ごう塩に比較し極めて多い。砂、泥、海藻、工程で混入した異物、などである。炭酸マグネシウム、各種食品など不溶性添加物も不溶解分として定量される。

ぶらいんれいとう　ブライン冷凍
brine freezing 〔利用〕

ブライン冷凍法には、食塩や塩化カルシウムの濃厚な液（ブライン）を冷却し、魚を直接漬けて冷凍する直接法と、段階式に並べたフラットタンクに冷却ブラインを循環させ、その上に魚をのせ冷凍させる間接法がある。

ぷらすちっくけいざいりょう　プラスチック系材料
plastic material 〔煮つめ〕

高分子化合物をプラスチックと呼ぶ。金属材料と並んで装置材料に使用される。主に使用されるプラスチックに、ポリ塩化ビニル、ポリエチレン、ポリプロピレン、ポリスチレン、四フッ化樹脂、繊維強化プラスチック(FRP：Fiber Reinforced Plastics)* などが挙げられる。

【関連用語】
・せんいきょうかプラスチック　繊維強化プラスチック
　　fiber reinforced plastics　〔煮つめ〕

略称FRP。繊維を複合させて強化させたプラスチック材。耐食性、耐久性に優れているので、管や容器などに使用される。

ふらっくす　フラックス
flux〔利用〕
　鉱石や金属の溶融工程に使用する溶融助剤。フラックス用の塩は、主に銅やアルミニウムの精練に使用されている。フラックス剤を添加すると、塩などの塩化物が溶融して表面を被い、空気と溶融した金属を遮断するなどの効果がある。

ふりーふろーいんぐしけんき　フリーフローイング試験器
free flowing tester〔分析〕
　流動性*を評価するための砂時計方式の試験装置。汎用型では細管部分の内径は5mmφ、長さは10mmで製作されるが、塩の場合には内径7mmφを用いることもある。試験では、50mlの粉体がこの細管を全量通過する時間（単位=s）を測定し、流動性を評価する。

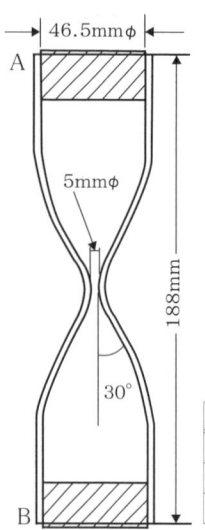

細管内径7mmφで測定した市販塩の測定例

製品名	フリーフロー時間(s)
食塩	6.8
食卓塩	7.3
精製塩	8.1

ぶりけっとえん　ブリケット塩
brick〔塩種〕
　関連語：造粒塩
　用途に応じてプレス機で圧力をかけて高密度に圧縮成型した塩。成型することによって、形が均一に揃うため、取扱いがしやすくなる。動物に舐めさせるために与える大きな柱状にした塩や中心に穴を開けた円筒形の塩などがある（鉱塩）。

ふりしお、ふりじお　振り塩〔利用〕
　巻頭写真7参照
　同義語：当て塩
　野菜から水分を取ったり魚を焼く時に塩をふる操作。魚の塩蔵で保存用や化粧用に塩をふる操作など、塩の利用に広く使われる。余分な水分が抜けて生臭さも減少する。薄塩と強塩（べた塩）がある。乾燥した塩でないと均一にふれない。湿った塩はあらかじめ煎って水分を除くとよい。高い位置から振ると均一に振りやすいのでそのような操作を尺塩という。

ふるーどせる　フルードセル
fleurdesel〔塩種〕
　フランスの天日塩田で、収穫期に初めて水面に浮かんだ塩の結晶を特に「フルー・ド・セル」*と呼んでいる。池の底で固まったものは「グロ・セル*」（粗塩*）という。塩の採取は「ルース」や「ラス」というトンボに似た道具を使って人力で行っている。

ふれーくえん　フレーク塩
flake salt〔塩種〕
　巻頭写真5参照
　平たく浅い平釜*で濃い塩水を静かに熱すると液表面に板状の塩、およびホッパー状のトレミー結晶*ができ、これらが破砕されて薄板状の鱗片状の結晶にな

る。付着性がよく、溶解も速いため、バターやチーズの製造やポップコーン、ピーナッツなどに使われる。通常、苦汁混じりの湿った状態で販売されているが、にがりのないもの、乾燥したフレーク塩もある。大きさが不揃いで保水性に優れているため、乾燥しない場合は粗くてしっとりしている。かさばった塩でかさ比重は一般的な立方晶の塩と比較すると1.5〜2倍になる。

ふれこん　フレコン
flexible container〔加工包装〕

　フレキシブルコンテナーの略。製品包装として1tや500kg単位での包装袋で、使用量の多い場合に利用する。ランニング（繰り返し使用）、セミランニング、ワンウェイ（原則1回使用）に分類される。素材は塩化ビニル、ポリエチレンなど樹脂材料が一般的である。

ふんさいえん　粉砕塩
crashed salt〔塩種〕

　岩塩や天日塩を粉砕機で細かく砕いた塩をいう。生活用塩の商品名としての粉砕塩は天日塩を粉砕したものである。一般的に篩い分けにより粒径を揃えて製品化している。品質には大きな幅がある。煎ごう塩に比較して異物や不溶解分が多いので、品質要求が厳しくない用途に使われる。

ふんさいき　粉砕機
crasher〔加工包装〕

　塩用の粉砕機としては、天日塩の粗砕用（粉砕塩）にハンマークラッシャー型とロールクラッシャー型が主に使われている。岩塩では固いのでジョークラッシャー型が多い。（図参照）

ふんむかんそうほう　噴霧乾燥法
spray drying〔煮つめ〕

　同義語：スプレードライ
　海水を噴霧し温風中で乾燥するか、熱板に吹き付けて乾燥する方法。海水成分をそのまま乾燥するので海水ミネラル*を多量に含む塩ができる。微粒の塩になる。

ぶんるい　分類
classification〔塩種〕

　参照：塩種分類

べいえんのし　米塩の資〔文化〕

　米と塩は人間が生きる上で欠くことができないもので、人間が生きていく上で最低限必要なものの例え。

へいきんりゅうけい　平均粒径
mean particle diameter〔分析〕

　参照：粒径分布
　一定の基準によって幾何学的に算出した平均の大きさ（単位=nm、μm、mm）。塩においては直径を基準として算出した

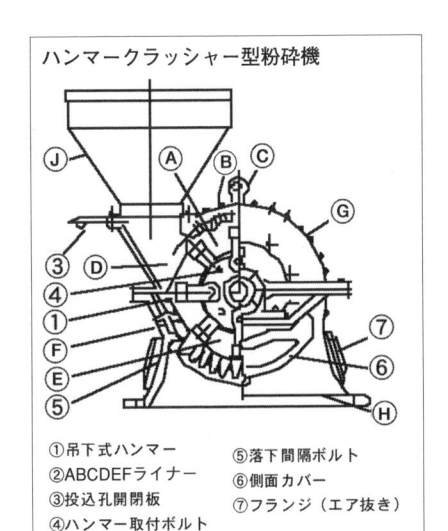

```
ハンマークラッシャー型粉砕機
```

①吊下式ハンマー
②ABCDEFライナー
③投込孔開閉板
④ハンマー取付ボルト
⑤落下間隔ボルト
⑥側面カバー
⑦フランジ（エア抜き）

183

平均の大きさを平均粒径と定義している。一般的には着目する基準によって体積平均径、面積平均径、個数平均径などがある。

べたしお　べた塩〔利用〕

巻頭写真8参照

強塩ともいう。魚に塩する方法の一つ。べったり塩をつけるのでべた塩という。特に塩さばを作るときに用いる方法。

ぼーめど　ボーメ度
Baume's degree〔分析〕

製塩業界の現場ではボーメ比重がまだ広く使われている。ボーメ比重はその数値がほぼ塩類濃度を示すため理解しやすい特徴がある。記号としてBéを用い、5°Béのようにしるす。製塩で使われるボーメ度は純水を0°Bé、15%食塩水を15°Béとしている。

ボーメ度：Bh、d=144.3/(144.3-Bh)

ボーメ度の定義は国により、業界により若干の差異がある。

ぼーめひじゅうけい　ボーメ比重計
Baume's hydrometer〔分析〕

参照：サリノメーター

ボーメ度*を直接に目盛った浮きばかり*の一種。液体の比重測定用として工業分野で広く慣用されてきたがメートル法の施行以来用途は減少してきている。溶液の塩分濃度を簡易的に測定するため使われてきた。比重計はガラス又は金属製の管の下部に膨らみを設け、底部に水銀または鉛などを入れ、液中で直立するように設計されている。水より比重が重い液体に用いる重液用と、水より軽い液体用の軽液用があり、塩業界では重液用が用いられる。

ぼいらー　ボイラー
boiler〔煮つめ〕

密閉した容器内に水などを入れ、これを加熱し、蒸気または温水を作って、それを他に供給する装置。蒸気ボイラーと温水ボイラーに区別される。

ぼうしつ　防湿
moisture proofing, prevention of moisture〔加工包装〕

参照：包装材料

塩の包装材料*には外気から遮断し吸湿を防止する、湿った塩による紙袋の強度低下を防ぐ、等のためにいろいろ工夫がされている。一般的防湿素材としてポリエチレンフィルム、ポリエチレンフィルムをクラフト紙でサンドイッチ状に加工したポリサンド紙、クラフト紙にポリエチレンをラミネート加工(溶着加工)したもの、アルミ蒸着、PET、ナイロン仕様などがある。また、塩を焼くことで付着母液の塩化マグネシウム*も吸湿性のない酸化マグネシウムに変化させ防湿を図ることもできる。

ぼうしょう　芒硝
mirabilite〔副産〕

化学式Na_2SO_4で表される。結晶芒硝は10水塩。硫酸ナトリウムの俗称でありしばしば芒硝を併産する岩塩鉱がある。アルカリによるかん水精製を行った精製塩、芒硝含有の岩塩を原料とした塩は硫酸ナトリウムが含まれ、芒硝系の塩と呼ぶことがある。硫酸ナトリウム無水塩は斜方晶系結晶であり、乾燥剤、ガラスの原料、染色、パルプの製造などに用いられる。

ほうそうざいりょう　包装材料
packaging material(s) 〔加工包装〕

塩包装材料には大口包装では500kg以上はフレコン、5〜25kgは紙袋、1kg以下の小口包装ではポリエチレン袋が多い。段ボール（カートン）、ガラス瓶、ポリプロピレンボトル、ポリエチレンパック、パウチ袋等も使用されている。いずれの材質も食品衛生法の基準を満たさなければならない。

ほうわ　飽和
saturation 〔分析〕

ある温度のもとで、ある溶媒の中に溶かし得る、最大限の量の溶質が溶けている状態。塩の主成分である塩化ナトリウムは、25℃の水100mℓに対し、最大35.9g溶解することで、飽和となる。

ぼえき　母液
mother liquid 〔煮つめ〕

参照：付着母液、にがり

晶析*操作において、結晶を産出する溶液。製塩においては塩化ナトリウム飽和水溶液で缶内液とも呼ばれる。製塩母液中にはナトリウムおよび塩化物イオンの他、原料（かん水*）由来のマグネシウム、カルシウム、カリウム、臭化物、硫酸イオンなど多様な不純物を含んでおり、塩化ナトリウムが結晶化して装置外に排出されるため、装置内ではこれら不純物イオンが濃縮される。製品品質が損なわれない程度まで濃縮した後、装置外に排出する（にがり*という）。

また蒸発缶から塩を抜出す場合、結晶のみを抜出すことはできず、スラリー*状態で抜出すこととなるが、このスラリー中の母液を同伴母液とよぶ。その後、遠心分離機などで脱水されるときに分離される母液を分離母液、結晶表面に残留した母液を付着母液*と呼ぶ。付着母液は液泡*同様、製品純度を低下させる。

ぼえきちゅうかほう　母液注加法
addition method of mother liquid 〔煮つめ〕

同義語：苦汁注加法

蒸発法かん水を煎ごうするときのスケール防止法。蒸発缶内母液濃度を高くすることで注入かん水中の硫酸カルシウムを析出させ壁面析出を防止する。注入かん水量と母液排出量のバランスをとることで缶内液濃度を調節する。沸点上昇が大きくなり多重効用では有効温度差が減少する欠点がある。

ほけんきのうしょくひん　保健機能食品
food with health claims 〔組織法律〕

健康食品の中には、国が安全性と有効性を考慮して設定した基準等を満たしている場合「保健機能食品」と称することのできる制度がある。健康機能食品制度による健康機能食品は、個別に審査・許可を受けた「特定保健用食品*」と、規格基準に適合していれば、個別の審査・許可を必要としない「栄養機能食品*」の二つに分類される。

ぽじてぃぶりすと　ポジティブリスト
Positive List 〔組織法律〕

参照：残留農薬

食品衛生法第11条3項の「食品に残留する農薬等のポジティブリスト制度」（平成18年6月施行）の略称。食品全体を対象として残留農薬の危険性が基準値以下であることを示す合理的な立証を求める法律である。食塩は極めて農薬汚染の危険が少ない食品ではあるが法の対象となる。

ほぞんげんそ　保存元素
conservative element〔海水〕

　海水中で均一に分布する元素で、巻末付表1；海水の元素組成表の分類に表記してある。

ぽっぷす　POPs〔組織法律〕
　参照：残留性有機汚染物質

ぽりえちれん　ポリエチレン
polyethylene〔加工包装〕
　参照：クラフト紙

　塩包装材料として広く使われる。エチレン重合体で、重合反応の圧力により高圧、中圧、低圧に分けられるが、食塩包装に使われるのは袋包装では高圧ポリエチレン、射出成形のビンなどでは不透明の中圧ポリエチレンが使われることもある。小袋に広く使われる。また水濡れの懸念がある場合には25kg重袋にも使われる。透明性が良く、ヒートシール特性が優れている。最近は熱特性が優れた線状低密度ポリエチレン（L-LDPE）が使われる例が多い。防水性向上のためにクラフト紙*に溶着したラミネート紙もクラフト紙と併用して広く使われる。クラフト紙やフレコンバックの内装袋としても使われる。射出成型品は食卓用の振り出し容器に使われる。

ぽりえんかびふぇにる（ぴーしーびー）ポリ塩化ビフェニル（PCB）
Polychlorobiphenyl〔健康〕
　参照：ダイオキシン類

　化学式 $C_{12}H_{10-x}Cl_x$、熱安定性、電気絶縁性に優れた化学物質で、塩化物の付加数、位置により209の異性体が存在する。市販されたカネクロール、アロクロールは混合物。米ぬか食用油に混入し、油症を発症したカネミ油症事件により毒性が注目された。環境基準では検出されないこととされている。

　PCBのうち、塩素位置によりビフェニルの二つのベンゼン環が同一平面に扁平した構造を有するものをコプラナーPCBと呼び、強い毒性を示すためダイオキシン類*に分類されている。

ほんたいせいこうけつあつしょう　本態性高血圧症
essential hypertension〔健康〕
　参照：高血圧

　血圧が収縮期圧140mmHg以上、または拡張期圧90mmHg以上の場合を高血圧症という。原因が分かっている二次性高血圧は高血圧症全体の5％程度で、大部分は原因が不明な本態性高血圧症である。本態性高血圧症は家族性に起こることが多く、何らかの遺伝的素因が関与すると考えられる。候補遺伝子の検索が進められているが、未解決である。

　高血圧が続くと、細動脈硬化が起こり、脳卒中、心筋梗塞、腎硬化症などのさまざまな臓器障害がおこる。原因が何であれ、血圧を下げることによってこれらの臓器障害を防ぐことができる。

　高血圧の程度が軽い場合には、減塩、禁煙、過度の飲酒制限、カロリー過剰摂取制限、運動などの生活習慣の改善が有効である。薬物療法としては、利尿薬、カルシウム拮抗薬、交感神経遮断薬、レニン・アンギオテンシン系抑制薬などが用いられる。

まぐねしうむ　マグネシウム
magnesium〔分析〕
　参照：にがり

　海水中には0.13％程度含まれる。膜濃縮、塩田法いずれの場合もにがりに移行し、にがりの主成分である。食塩結晶には含

まれず、付着母液として塩に混入する。塩田法にがりの場合、一部のマグネシウムは硫酸マグネシウムになる。健康上重要なミネラルであり、成人一人当たり1日目標摂取量は300mgである。塩のマグネシウムの定量分析は、通常EDTAによる滴定を行うが、微量の場合は原子吸光光度法で定量される。

まくのうしゅく　膜濃縮 〔採かん〕

参照：イオン交換膜電気透析法、逆浸透法、膜濃縮煎ごう法

膜を使って濃縮する方法。製塩には主としてイオン交換膜電気透析法が用いられる。逆浸透法による淡水化副産物として得られるかん水を利用した製塩もある。

まくのうしゅくせんごうえん　膜濃縮煎ごう塩
vacuum salt using membrane 〔塩種〕

参照：イオン交換膜電気透析法

イオン交換膜による海水濃縮とその濃縮された海水を煎ごうする二つの組み合わされた製法を膜濃縮煎ごう法あるいはイオン膜立釜方式といい、作られた塩を膜濃縮煎ごう塩またはイオン膜立釜塩という。昭和47年（1972）以降、日本における製塩法は、イオン交換膜と電気エネルギーを利用して濃い海水（かん水）を採り（採かん）、真空式蒸発缶で煮つめる（煎ごう）製法に転換した。現在、膜濃縮煎ごう塩は年間130万tを国内4社6工場で生産している。

膜濃縮煎ごう法の特徴
・天候に左右されないで製塩できる（安定生産を実現した）
・広大な塩田面積を必要とせず土地利用効率が高い（狭隘な国土を有効に活用し経済発展に貢献した）
・労働生産性が高い（入浜塩田の350倍、流下式塩田の12倍）
・コストの大幅な低下（入浜塩田の1/20、流下式塩田の1/4）
・海水汚染の影響を受けにくく極めて安全性が高い（イオン篩効果で汚染物質をほぼ完全に排除できる）

現在のような合理化、大規模化によって製塩を天候に左右される農業的生産から自動化された装置産業へ変身させるとともに、最も安全性が高い製塩方法が実現した。

まくほうにがり　膜法にがり
bittern made by membrane method 〔副産〕

同義語：塩カル系にがり
参照：にがり

海水の初期濃縮に膜濃縮を用いた製塩で生成したにがりをいう。主成分は塩化マグネシウム、塩化カリウム、塩化カルシウムで、硫酸を含まないことが特徴。「塩カル系にがり」ともいう。

ましお　真塩 〔文化〕

参照：差し塩

明治中期まで使われた塩の品質または製法を表す言葉。煎ごう時ににがりを注加せずに煮つめ、長時間塩をねかしてにがりを減らした品質の良い塩をいう。最近は高品質の平釜塩をイメージする商業用語として使われることがある。

まっさーじそると　マッサージソルト
massage salt 〔健康〕

参照：塩マッサージ

塩商品の一種で、マッサージ用、美容に使われる塩である。皮膚を痛めないように微粒の塩を原料にするが、家庭では結晶が柔らかく溶けやすい平釜塩が使いやすい。各種の天然物、薬剤、香料など

を混合する場合が多い。冷え性の防止、美肌効果など塩浴と同様の効果が期待されている。

まんせいどくせい　慢性毒性
chronic toxicity　〔健康〕
　参照：無作用量
　長期間反復投与して発現する毒性。動物試験では、平均寿命を基に投与期間が設定される。無作用量＊を求めるための試験。

みかけみつど　見かけ密度
bulk density　〔分析〕
　参照：かさ密度

みかんそうえん　未乾燥塩
wet salt　〔塩種〕
　乾燥機を通してないやや湿った塩。真空式で大量に生産される代表的な未乾燥塩として並塩、白塩があり、主に業務用に販売されている。家庭用小袋として昔ながらのしっとりした塩が欲しいという消費者のニーズや、にがりを含んだ塩への要望にそって多くの未乾燥塩が販売されている。これらは真空式、平釜式、天日塩加工、など各種の方法で製造されている。未乾燥塩は流動性が悪くサラサラしていないため、工業的にはホッパー操作、計量などがしにくく扱い難くなる。

みしおどの　御塩殿　〔文化〕
　巻頭写真6参照
　伊勢神宮の所管社。祭神は一説によると塩土の翁＊といわれる。御塩浜、御塩汲み入れ所、御塩焼き所、などがある。伊勢神宮の神事に使われる塩は、全て三角錐の形に焼き固められた堅塩が使われるが、この堅塩を焼き固める儀式が行われるのが御塩殿である。現在は、毎年10月5日に御塩殿神社において御塩殿祭が執り行われる。その際、御塩殿で御塩焼き固めが行われ、焼き固めた三角錐の形をした堅塩が奉製される。この堅塩は伊勢神宮の一年間のあらゆる神事に使用される。この神事用の塩は、二見町にある御塩浜の塩田で7月下旬〜8月上旬にかけてかん水を取り、御塩殿神社の鉄製塩釜で煮詰めて荒塩とし御塩倉に収められる。この塩が、10月5日の御塩殿祭において堅塩に焼き固められる。

みそ　味噌
miso　〔利用〕

```
米味噌の製法

                          水に浸し
                          12時間
                          静置
大豆 → 選別 → 浸漬 → 蒸煮 → 冷却 ──配合割合87%── 混合 → 発酵醸成 → 掘出 → 包装
      未熟な        1.5〜2時間                13%    種水添加
      ものや                                          (水分調整)
      異物を                              麹菌を繁殖  スターター(※)、
      除去                                させ発酵    ビタミン、
                                          醸成       アミノ酸を含有
                                                    ※スターター：発酵を
精米 → 精白 → 浸漬 → 蒸煮 → 冷却 → 種付 → 製麹 → 塩切  促進させる微生物
            吸水  ●でんぷんの      種麹を混合  塊をほぐし
                  糖化酵素、                  塩を混合
                  消化酵素の                  (菌糸の発育を抑制し発熱を防止)
                  作用を促進
                 ●殺菌

●タンクに充填し、表面をビニールシートで被い重石
●異常発酵を防止するため塩を添加 塩量：11%
```

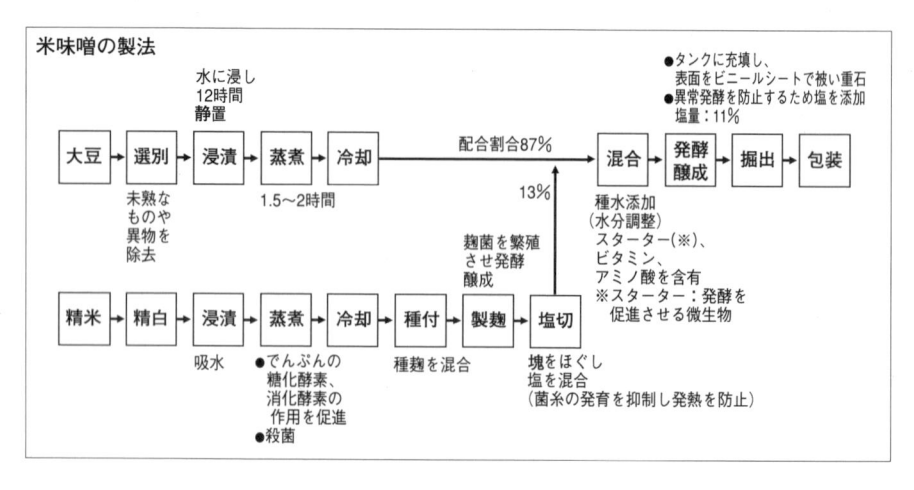

大豆と米を原料とする米味噌、大豆、米、大麦を原料とする麦味噌、大豆のみを原料とする豆味噌がある。これらを蒸煮した後、麹、食塩、水を加えて発酵させる。麹菌のプロテアーゼによって大豆蛋白質が分解して旨味のあるペプチド、アミノ酸を生成する。食塩含量は甘味噌の6%から辛口味噌の13%まで幅がある。

みそにいれたしお　味噌に入れた塩
〔文化〕

他人のために尽くしたことは無駄のようだが、結局は自分のためになるという意味。

みつじゅうてんかさみつど　密充填かさ密度
bulk density of tight packing〔分析〕

参照：かさ密度

みつど　密度
density〔分析〕

空間などを含まない状態の物質の密度*（単位=g/cm³、kg/m³）。密度は同じ物質であっても温度によって変化するが、塩の場合はあまり変化せず、約2.16g/cm³である。

みねらる　ミネラル
mineral〔健康〕

参照：必須ミネラル、にがり含有塩

ミネラルとは一般に鉱物の意味で酸素、水素、炭素、窒素以外の無機質をいうが、学術上の用語ではなく厳密な定義がない。塩を含め多くの食品で人体に有用な無機成分を総称している場合が多いが、特に定義を曖昧にして、都合がよいように商品の説明や宣伝に使用する例があり、用語としては混乱した使い方になっている。例えば、「塩化ナトリウムはミネラルとはいわない」、「生体に有害な成分や関係がない成分についてはミネラルとはいわない」、「人間に必要な生体必須元素はミネラルだが、土砂、酸不溶の鉱石類などはミネラルとはいわない」、「人間以外、例えば植物の必須元素であるケイ酸などはミネラルとはいわない」、等のように使う場合がある。ミネラルを含み健康に有益であることを表示する場合は、健康改善法に規定する手続き、表記基準に従わなければならない。栄養表示基準の中で無機質として表示できるのはカルシウム、鉄、ナトリウム、マグネシウム、銅、亜鉛である。塩の中に含まれるミネラルで多いのはマグネシウムだが通常の塩の組成範囲の製品では、健康上有益であることを表記できる基準量は含有していない場合が多く、また厚生労働省が減塩を推進している中で塩を摂ることでミネラル補給ができるという認識が好ましくないという理由で、健康上の有利性を強調することは望ましくないとされている。

みねらるえん　ミネラル塩
mineral salt〔塩種〕

参照：ミネラル

栄養強化のためミネラル*成分を添加配合した塩の総称をいう。配合するミネラル*の主なものはカリウム*、カルシウム*、マグネシウム*、鉄、ヨードなどがある。カリウム添加塩*は減塩用として塩化ナトリウムの代替として塩化カリウムを配合し、血圧低下作用を期待した製品であり、マグネシウム添加塩は主ににがり*を添加したもので、しばしば自然塩、健康塩、昔ながらの塩*などのうたい文句で市販されている。鉄は貧血予防目的に添加される。ヨード添加塩は中国などで添加を義務付けられているが日本では海藻をよく食べるので必要はない。

みねらるばらんす　ミネラルバランス
mineral balance　〔健康〕

参照：ミネラル、ミネラル塩、必須ミネラル

人体が必要とするミネラル*は、カルシウム*やカリウム*のように多いものから銅などの微量のものまでたくさんある。ミネラル*をバランスよく摂取すればミネラル間の協力作用により健康保持の役目を果たすが、効果があるからといって、ある一つのミネラルだけを過剰摂取すると他のミネラルの吸収を妨げ、欠乏させることとなり逆効果になる場合がある。

しかし、どのような食塩であろうとも食塩から摂取できる塩化ナトリウム以外のミネラル量は微々たるものであり、食物をバランスよく偏食しないように食べることが大切である。

みらい　味蕾
taste bud　〔利用〕

ヒトの味覚受容器で、舌表面や口腔内に多数存在する。花のつぼみのような形をしているので味蕾とよばれ、この味蕾に含まれる味細胞に食物成分（呈味物質）が吸着し、その刺激が味覚神経を通じて脳に送り込まれることによって味覚を感ずる。味蕾総数は、加齢とともに減少し、老年期になると著しく減少すると考えられていたが、現在では年齢による差は認められないという説が有力である。

むえん　無塩
saltless, salt-free　〔利用〕

塩分を含まないこと。加工食品の栄養表示基準では食品100g当たりナトリウム5mg（0.005％）以下を無塩と表示できる。また、塩魚に対比して塩をしてない生魚を無塩（ぶえん）という。

むえんぶんか　無塩文化
no salt culture　〔健康〕

伝統的な狩猟採集生活を送っている社会では結晶した塩を使う習慣がない。そのような社会の食習慣を無塩文化と称する。例えば、アマゾンの奥地に住むヤノマモ・インディアンで、彼等の食塩摂取量は1日当たり1g以下である。無塩文化の社会では加齢による血圧上昇が見られないことから、食塩を高血圧の因子と考える一つの根拠として注目された。しかし、寿命も短く健康的な食文化とはいえない。

むかえしお　迎え塩　〔利用〕
参照：塩抜き、呼び塩、塩出し

むさようりょう（のえる）無作用量（NOEL）
No Observed Effect Level　〔健康〕

ある物質についての動物試験において、薬物投与群が対照群と比較して、生物学的に有意な変化を示さなかった最大の投与量。

むどくせいりょう（のあえる）　無毒性量（NOAEL）
No Observed Adverse Effect Level　〔健康〕

ある物質についての動物試験において、毒性学的に有害な影響が観察されない最大の量。評価の対象となる物質に関するさまざまな動物試験について毒性が認められなかった最大の量のうち、最も小さい量を、その物質の無毒性量とする。

めいそうでんりゅうふしょく　迷走電流腐食
stray current corrosion　〔煮つめ〕

同義語：漏洩電流腐食

金属部品に外部から電流が流れ込み、溶液中へその電流が流れ出るとその部分に発生する腐食形態。電食とも呼ばれる。例えば、ポンプなど海水を取り扱う機器のアースが完全でないと、漏洩した電流が機械に流れ込み腐食が発生することがある。

めいど　明度
lightness 〔分析〕

塩の色を表す客観表示方法の一つ。物体の明るさの度合を表す用語であり、高い、低いで表現される。明度が最も高いのは白であり、最も低いのは黒である。主にデザインの分野において物体の明るさを感覚的に定義するために用いられる。マンセル色票系*では完全な黒を明度0とし、完全な白を明度10として、その間を感覚的に10分割して明度を規定している。

もーすこうど　モース硬度
Mohs' hardness 〔分析〕

参照：硬度

鉱物、宝石の硬度*を評価する基準。10種類の標準物質で対象物質を引っかき、どの標準物質で初めて傷が付くかを調べて硬度を10段階で評価する。別名、引っかき硬度とも呼ばれる。塩のモース硬度は2〜2.5であり、ジプサム（石こう）と方解石の中間の硬さである。

もくひょうしょくえんせっしゅりょう
目標食塩摂取量
recommended upper limit of salt intake
〔健康〕

厚生労働省（旧厚生省）は1979年に国民栄養所要量の中で食塩摂取量の努力目標を1日当たり10g以下と定めて、その値に近づける保健政策を採っている。学術的に適正摂取量はない。

もしお　藻塩 〔塩種〕
参照：藻塩焼

海水／かん水に海藻を浸漬して海藻成分を抽出した後煎ごうして結晶化させるか、塩に海藻エキス、海藻片、海藻灰などを混合したものが藻塩として販売されている。海藻から抽出された色素によって灰色から褐色に着色した製品が多い。微量のヨード、アミノ酸、重金属類を含有しているものもある。古代藻塩焼きを再現したものは販売されていない。

もしおやき　藻塩焼 〔文化〕
参照：藻塩

塩浜に移行する以前の古代日本の製塩法に対する呼称。諸説があり製塩法は確定されていないが、有力な説は、浜に広げて日に干した海藻を掻き集め、上から海水を注いで干藻表面の塩分を洗い出し、滴下する濃い塩水を採取する。この滴下するかん水が「藻塩垂る」と表現され、これを製塩土器や塩竈などで煮詰めて作られる塩が昔の「藻塩」である。海藻を焼いて塩とする方法もあり、これは灰塩といわれる。また灰塩から海水で塩分を浸出させて製塩土器で煮詰める方式もあり、縄文後期、関東地方で行われたと考えられている。

もねる　モネル
monel 〔煮つめ〕

スペシャルメタル社の登録商標で、約30%の銅を含むニッケル－銅合金である。JIS規格において相当する組成の板材の記号はNCuP。耐食性が高く、特に耐海水性が良い。海水用や化学工業用、建築用等に使用される。製塩では蒸発缶*や加熱缶*の材料として使用されることがある。

もりじお　盛り塩　〔文化〕

料理屋や寄席などで客寄せの縁起をかついで門口に塩を盛ること。また、その塩のこと。地鎮祭など各種祭事にも盛塩が行われる。後宮で皇帝の牛車を門前に止めた中国の故事に由来する、土地の神の荒御霊を鎮めるため、清浄の場として結界をつくるため、など諸説がある。

やきしお　焼き塩
baked salt　〔塩種〕

巻頭写真2参照
参照：煎り塩

高温加熱した塩をいう。市場に出ている焼塩はキルンなどの高温の焼成設備を用い400℃以上で焼いて作られている。塩に含まれるにがりの成分である塩化マグネシウムは6水塩$MgCl_2 \cdot 6H_2O$で、焼くことによって塩基性塩化マグネシウムおよび酸化マグネシウムに変化することで固結しにくく、流動性の良い塩になり、アルカリ性を示す。どの温度まで焼けば焼き塩というかは定義がないが、変異点の温度は約107℃で4水塩、160℃で2水塩、214℃で1水塩、380℃で酸化マグネシウムに変化し始める。通常、加熱により酸化マグネシウムになる不可逆的変性が行われたものについて焼き塩といっており、380℃以下の焼成では通常焼き塩とはいわないが、低温焼き塩、炒り塩という場合がある。焼成温度と加熱時間の程度により酸化マグネシウムになる比率が異なるが、温度、時間に関して明確な定義はない。またマグネシウム化合物が塩の表面を包み込むことで、塩カドがとれたまろやかな味に変化する。

ゆうきしゅうかぶつ　有機臭化物
organotion bromide　〔分析〕

参照：臭化物イオン

海水には微量の無機臭化物が含まれており、塩の中にもそのごく一部が移行するが、無機臭化物は生理的に無害な物質である。醤油の品質検査で全臭素が表示されるが、穀物などの残留農薬として有機臭化物（臭化メチル）と混同されて問題となったことがある。その後の多くの分析結果より、国内塩には有機臭化物が存在しないことが立証され、醤油の臭化物は全く無害であることが明らかになった。

ゆうきりん　有機燐
Organic Phosphorus　〔健康〕

燐を含む有機化合物で、農薬は非常に強い効果を有する。環境基準において規制されているのは、メチルジメトン、メチルパラチオン、パラチオン、EPNである。環境基準では検出されないこととされている。更に毒物および劇物取締法ではメチルパラチオン、パラチオンが規制されている。

メチルジメトン　化学式：$C_{12}H_{30}O_6P_2S_4$、分子量：460.55、ADI：0.0003mg/kg体重（JMPR）

メチルパラチオン　化学式：$C_8H_{10}NO_5PS$、分子量：263.20、ADI：0.003mg/kg体重（JMPR）

パラチオン　化学式：$C_{10}H_{14}NO_5PS$、分子量：291.26、ADI：0.004mg/kg体重（JMPR）

EPN　化学式：$C_{14}H_{14}NO_4PS$、分子量：323.30、ADI：0.0023mg/kg体重（環境省）

ゆえき　輸液
infusion of body fluids　〔健康〕

参照：リンゲル液

嘔吐や下痢などで体液が失われたり、手術その他で経口的な水分摂取ができな

い場合には、点滴によって体液の量的、質的な異常を補正または予防する必要がある。点滴に使用する溶液が輸液である。輸液が必要な場合は細胞内液も減少しているので、リンゲル液や生理的食塩水などの輸液をすると、水のみが細胞内に取り込まれ高ナトリウム血症になる危険性があるので、通常はナトリウムを下げた調整液を輸液する。

ゆにゅうえん　輸入塩
imported salt〔組織法律〕

　海外から輸入した塩をいう。日本は世界最大の塩輸入国であり、日本で使われる塩890万tのうち760万tが輸入されており、大部分はメキシコ、オーストラリアの天日塩*である。多くはソーダ工業用*に使用されている。1997年塩専売法廃止を契機に、家庭用小袋商品の製品輸入、輸入した天日塩の溶解再製*などによる加工販売、そのまま粉砕、または洗浄して食品加工に利用、道路用など品質要求が厳しくない塩の輸入、などが増加している。

ゆるめかさみつど　ゆるめかさ密度
bulk density of loose packing〔分析〕

　参照：かさ密度
　同義語：粗充填かさ密度
　粒体をゆっくり詰めたときの見かけ密度をいう。

よーどけつぼうしょう　ヨード欠乏症
iodine deficiency〔健康〕

　ヨード摂取量の不足から生じてくる症状。発育不全、知能障害、甲状腺腫等がある。昔はヨード欠乏の土地に住む人々で発生した症状であったことから、アメリカ、ヨーロッパでも風土病とされたが、ヨードを添加した塩を食べることにより、この症状は解消された。しかし、現在でもアジア、アフリカでは数億人の人々がこの症状になる危険性があることから、ユニセフがヨード添加塩を普及させることにより撲滅を図る運動を続けている。日本ではヨードが含まれている海草を食べる習慣があることからヨード欠乏症はない。

よーどてんかえん　ヨード添加塩
iodine salt〔塩種〕

　ヨードを添加した塩。ヨードは甲状腺ホルモンの生成に不可欠なミネラルである。世界には海岸から遠い地域でヨード不足による甲状腺障害を起こしている地域が多く、塩にヨード添加を義務付けている地域もある。添加形態はヨウ化ナトリウム、ヨウ化カリウム、沃素酸カリウムとして加える。添加量は国によって異なり7〜100mg/kgである。日本人は昆布、ワカメ、ひじきなどの海草を食べるため、ヨード不足による甲状腺障害はほとんどなく、ヨード過剰摂取による甲状腺への悪影響もあるため、塩へのヨード添加は行われていない。

よういおんこうかんまく　陽イオン交換膜
cation exchange membrane〔採かん〕

　参照：イオン交換膜
　マイナスの荷電をもち、陽イオンを透過する性質をもつイオン交換膜。

ようかいさいこう　溶解採鉱
solution mining〔天日塩岩塩〕

　参照：岩塩
　岩塩層の塩を溶解し塩水として取り出す方法。岩塩層までボーリングし、パイプを入れて淡水を圧入して岩塩を溶解させる。岩塩層内にできた飽和かん水をポンプで汲み上げ、精製してかん水のままソーダ工業用の原料としたり、煎ごうして結晶塩として製品にする。

ようかいさいせい　溶解再製
recrystallization 〔煮つめ〕

参照：再製

単に再製という場合がある。溶解再製とは、塩結晶をいったん水で溶解し、再度煮詰めて製塩する方法。

ようかいせい　溶解性
solubility 〔分析〕

溶質の溶媒に対する溶けやすさを表す用語。良い、悪いで表現される。一般的には粒径が小さく、比表面積*が大きい物質ほど溶解性は良い。また、溶解性を数値として評価するには溶解速度*などが主に用いられる。

ようかいそくど　溶解速度
dissolution speed 〔分析〕

塩が溶ける速さ。塩の種類、水温、かき混ぜ方、装置または容器、などによって変化する。また溶解速度の表現として、一定量の塩がどれだけ速く全部溶けるか。どれだけ速く目的の濃さの塩水が得られるか、振り塩塩蔵の場合にはいつまで塩結晶として残っているか、など目的によって溶解速度の見方や表し方は変わる。

どれだけ速く目的の濃さの塩水ができるかを示す指標は、単位時間あたりに溶質が溶媒に溶ける量（単位=g/s、g/min）で表す。溶解速度は塩の比表面積に比例し、粒子が小さいこと、トレミー結晶であることで溶解速度は速くなる。また、温度の上昇と攪拌により著しく速くなる。実用上は装置または容器によって影響され、塩が沈まず、液との接触が良いほど速くなる。

ようかいど　溶解度
solubility 〔分析〕

溶質が一定量の溶媒に溶ける限界量であり、飽和溶液の濃度がこれにあたる。塩の場合、温度によってあまり変化しない。通常g/100gで表示する。塩溶液では実用上容積基準で表記した方が都合がよい場合があり、慣習的に使われる場合がある。

塩の溶解度

温度 (℃)	溶解度 (g/100g)	溶解度 (g/100mℓ)	密度(g/mℓ)
0	26.34	31.85	1.209
10	26.35	31.73	1.204
20	26.43	31.72	1.200
30	26.56	31.77	1.196
40	26.71	31.81	1.191
50	26.89	31.92	1.187
60	27.09	32.05	1.183
70	27.30	32.19	1.179
80	27.53	32.35	1.175
90	27.80	32.53	1.170
100	28.12	32.79	1.166

ようじょう　溶状
solution state 〔分析〕

塩を溶かした溶液の色と濁りかた。安全性をチェックする方法として、食用塩安全衛生ガイドラインに採用されている。検塩20gを50℃温水に溶解して100ℓとし、波長400nm、1cmセルで測定して吸光度0.03以下の場合無色透明とする。吸光度0.03以上では懸濁あるいは着色とする。添加物等で故意に着色していない塩で懸濁または着色している場合は食用塩として適当でないと評価される。

ようぞんがす　溶存ガス
dissolved gas 〔海水〕

海水中に溶存している気体。大気と海水はこれらの気体を交換し合っているので平衡状態にある。海水中には窒素、酸素、および希ガス（ヘリウム、ネオン、クリプトン等）などの気体成分が溶存し、表層海水（水温10℃、塩分34.7%）では、1mℓ中に窒

素11.412mℓ、酸素6.3mℓ、アルゴン0.31mℓが溶存している。また、閉鎖系の海域など溶存酸素が少ない場合には、有機物の腐敗分解などにより硫化水素、メタンガスなどが生成されることもある。二酸化炭素は海水中では大部分がHCO_3^-の形で、他に少量がCO_2、CO_3^{2-}の形で存在している。これらをまとめて全炭酸という。現在の海洋表層の全炭酸の濃度は2mmol/kg程度で、二酸化炭素換算で海水1kg中に約45mℓ存在している。

かん水中の溶存ガスは塩分濃度の増加とともに減少する。溶存酸素*は製塩機器に対する腐食に大きく影響する。通常は溶存酸素の増加とともに金属腐食が促進されるため、しばしば脱気器によって供給かん水の酸素濃度を低下させる。しかし、金属の種類や雰囲気によって酸素が金属の不働態化を促進したり、水素脆化を防止して、金属腐食を防止することもある。

ようぞんさんそ　溶存酸素
dissolved oxygen　〔海水・煮つめ〕
　参照：溶存ガス
　溶液中に溶けている酸素。海水および製塩環境における金属の腐食反応に重要な役割を果たす。溶存酸素は金属表面に酸化物を形成し腐食を抑制する効果がある。一方で、酸素が腐食の還元反応を担い金属の腐食を進行させる。製塩環境においては溶存酸素がカソード反応を担っていることが多く、かん水を脱気すると腐食は抑制されることになる。

ようと　用途　〔利用〕
　参照：塩消費量

ようゆうえん　溶融塩
molten salt〔塩種〕
　高温で溶融して作られた塩で、赤外線の透過性がよいため、主に赤外線プリズムなど赤外線に関する工学材料として使われる。高温で溶融した後、ゆっくりと単結晶として引き上げるか、あるいは極めてゆっくり冷却して塩の結晶を得る。

よびしお　呼び塩
soaking food in thin salt water 〔利用〕
　参照：塩抜き、迎え塩、塩出し
　塩蔵品の塩出しする方法の一つで、薄い食塩水（1〜1.5%）につけること。迎え塩ともいう。塩抜きに真水を使用すると食品の塩分濃度が高いので水が浸透圧の作用で食品中の方へ移動し、塩分はよく溶出するが水っぽくなる。しかし、浸す水に少量の塩を加えると水をあまり吸い込まず、うまく塩を呼び出すことができる。

らいにんぐ　ライニング
lining　〔煮つめ〕
　装置の金属の表面を防食するため、その表面に金属や非金属で被覆すること。無機質などを溶射、焼付け、張り合わせなどで被覆する無機質ライニングと、有機物質を溶射、塗布、張り合わせなどで被覆する有機質ライニングとがある。

りすく　リスク
risk　〔組織法律〕
　参照：ハザード、HACCP
　食品におけるリスクとは、ハザード*が存在する結果として生じる健康への悪影響の程度(危険)。悪影響が起きる確率がほとんどない場合にリスクは低いというが、確率が低くとも悪影響が大きければリスクは高いという。

りすくかんり　リスク管理
risk management　〔組織法律〕
　参照：リスク評価、HACCP

リスク評価＊の結果を基に、関係者と協議を行い、組織的にリスク低減の措置を検討、実施すること。食品安全基本法における政策措置、および見直しを含む。

りすくこみゅにけーしょん　リスクコミュニケーション
risk communication 〔組織法律〕

参照：リスク分析、HACCP

リスク分析＊において、すべての関係者の間で、情報および意見を相互に交換すること。リスク評価の結果およびリスク管理の決定事項の説明を含む。

りすくひょうか　リスク評価
risk assessment 〔組織法律〕

参照：食品安全基本法、HACCP

食品中に含まれる化学物質や微生物などハザード＊を摂取することによる、健康へのリスクについて科学的な予測評価をすること。食品安全基本法＊でいう食品健康影響評価はリスク評価＊を指す。

りすくぶんせき　リスク分析
risk analysis 〔組織法律〕

参照：リスク評価、リスク管理、リスクコミュニケーション

食品の安全性に関するリスク分析とは、リスクに対して、その発生を防止、もしくは最小限にすること。リスク分析はリスク評価＊、リスク管理＊およびリスクコミュニケーション＊の三つの要素からなる。

りっぽうしょう　立方晶
cubic crystal 〔塩種〕

巻頭写真5参照

いわゆるサイコロ形の結晶。通常、塩化ナトリウムは立方晶となる。

りゅうかいふしょく　粒界腐食
intergranular corrosion 〔煮つめ〕

粒界腐食は主として合金系で生じ、特に製塩環境ではオーステナイト系ステンレス鋼＊で問題になりやすい。304、316鋼のオーステナイト系ステンレス鋼は溶接などにより、400℃以上の温度にさらされると含有する炭素がクロムを中心とする炭化物を形成し結晶粒界に析出する。この結果、粒界近傍にクロム欠乏層が生じ結晶粒界の耐食性が劣化する。選択的に結晶粒界が腐食していくため粒界腐食と呼ばれる。粒界腐食を防止するために、炭素の少ない304L、316Lなどのステンレス鋼が使用される。

りゅうかしきえんでん　流下式塩田 〔文化〕

巻頭写真6参照

1952年頃から1971年まで日本で行われた海水濃縮方法。入浜塩田の塩田用地を改造して作られたが、その採かん原理は入浜塩田とは大きく異なり、砂を動かす労力がなくなりポンプで海水を動かす方法になった。構造は、海粘土で固めた緩傾斜の塩田面（流下盤）に海水を流下させて太陽熱や風力により水分を蒸発させる方法であり、枝条架＊装置（竹の篠を用いた高さ6m、幅6m、長さ50mの立体濃縮装置）を併用した。こうして採取したかん水は、当時普及しつつあった真空式蒸発缶によって煮詰められた。この流下式の導入によって、労働力は入浜式の1/10～2/10に減少し、生産は2倍以上になり生産コストも大幅に下がったが、この方法も1971年をもってイオン交換膜製塩法＊に取って代わられ、わずか20年間しか続かなかった。

りゅうけい　粒径
particle diameter〔分析〕

同義語：粒度、粒子径

粒子の粒径を長さ（単位=nm、μm、mm）で示した用語。塩の場合は粒子集合体の粒子径を表示しなければならないため、乾燥した後、JIS Z 8801に規定される目開きの異なる篩により分別し、その残存量から粒径分布あるいは平均粒径によって表示するのが標準法とされる。湿った塩については画像解析、工程内測定では沈降法などが使用される例がある。

りゅうけいぶんぷ　粒径分布
particle diameter distribution〔分析〕

同義語：粒度分布

粒径*のバラつき程度（分布）を表す方法。横軸に粒径、縦軸にその粒径の積算重量を示す粒径分布図で示すことが多い。図は正規確率紙またはロジンラムラー線図で表す。篩通過重量が50％の点を平均粒径（D_{50}）、16％と84％の点と平均粒径の差を標準偏差（σ）とする。正規確率紙を例示する。

りゅうさんいおん　硫酸イオン
sulfate ion〔分析〕

海水中に0.26％程度含む。膜濃縮では通常選択膜の使用により、硫酸の大部分はかん水に入らないので塩に硫酸イオンがほとんどない。塩田では一部は硫酸カルシウムとして除去され、一部は塩結晶と一緒に夾雑物*として混入し、また一部は硫酸マグネシウムとしてにがりになる。生理効果や味の効果は報告がなく、大きな作用はないと考えられる。分析法としてはクロム酸バリウム吸光光度法が標準だが、イオンクロマトグラフ法*が広く用いられるようになった。国際標準は低

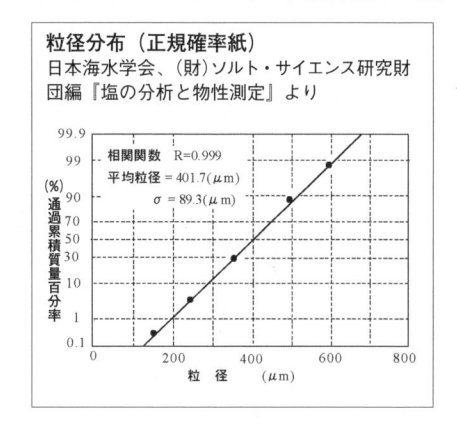

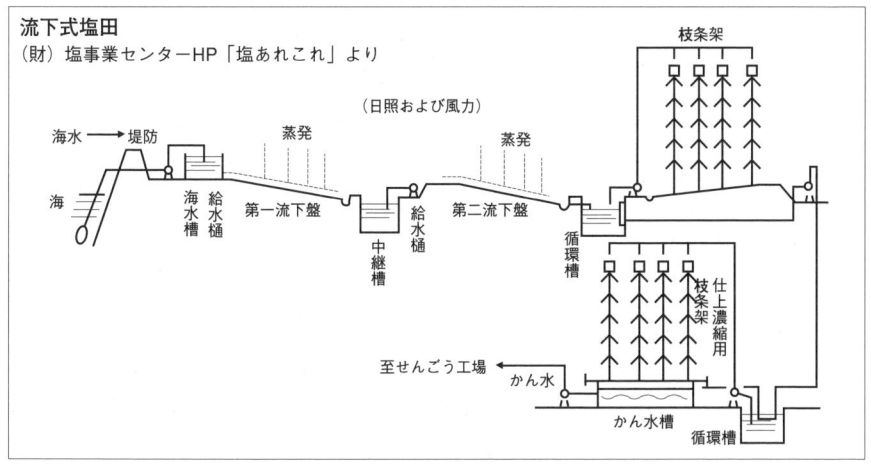

粒径分布（正規確率紙）
日本海水学会、（財）ソルト・サイエンス研究財団編『塩の分析と物性測定』より

相関関数　R=0.999
平均粒径 = 401.7(μm)
σ = 89.3(μm)

流下式塩田
（財）塩事業センターHP「塩あれこれ」より

開発国でもできることを考慮し塩化バリウムによる重量法が採用されている。

りゅうさんかるしうむ　硫酸カルシウム
calcium sulfate〔副産〕

同義語：石こう
参照：スケール

通称石こうという。石こうは硫酸カルシウム*の総称でその含有する結晶水の数によって2水塩（$CaSO_4 \cdot 2H_2O$）、半水塩（$CaSO_4 \cdot 1/2H_2O$）、および無水塩（$CaSO_4$）がある。2水塩を単に石こうと称することが多く、天然に最も多量に産出する。

無水石こう：無色の斜方晶系結晶、密度2.97g/cm³、水に難溶。

2水石こう：無色の斜方晶系結晶、密度2.31g/cm³、溶解度0.176 g（0℃）、0.209g（30℃）/100g水（無水塩として）。

半水石こう：無色の六方晶系結晶、密度2.62～2.76 g/cm³、水に難溶。

海水中には$CaSO_4$として表わすと1.38g/海水kg含まれる。海水を濃縮していくと、炭酸カルシウム*の結晶ができ、次に硫酸カルシウム*が出はじめ、次に塩化ナトリウムが出てくるようになり、塩の中に石こうが混じることになる。塩を生産する場合には品質面からこの石こうをできるだけ取り除く工夫をしている。例えば、天日塩*では濃縮池で石こうをできるだけ析出させておき、その後の液から析出した塩を採取する。膜濃縮では硫酸イオンが膜を透過しないようにした選択膜を使用する。岩塩にはしばしば無水石こうが共存する。

蒸発缶で食塩結晶を析出させる際は、塩化ナトリウムの結晶化前に析出し始め、晶析缶などに付着しトラブルを引き起こす。硫酸カルシウム$CaSO_4$（石こう）は高温では無水石こう（$CaSO_4$）、低温では2水石こう（$CaSO_4 \cdot 2H_2O$）、中温で半水石こう（$CaSO_4 \cdot 1/2H_2O$）として析出する。

石こうボード、歯科材料、セメントにも使用されている。食用では豆腐の凝固剤などに使用され、保水力が高く、できあがった豆腐も舌ざわりが良く、滑らかで弾力のある豆腐ができる。

りゅうさんなとりうむ　硫酸ナトリウム
sodium sulfate〔副産〕

参照：芒硝

りゅうさんまぐねしうむ　硫酸マグネシウム
magnesium sulfate〔副産〕

$MgSO_4$、瀉利塩（Epsomite）ともいう。1水塩鉱石はKieserite。通常7水塩、比重1.67、1,6,12水塩がある。無色の斜方晶系結晶。密度は2.70g/cm³、溶解度は26.9g/100g水（0℃）、エタノールにわずかに溶ける。70℃で1水塩、200℃で無水、融点は1185℃。1124℃からMgOとSO_3とに分解しはじめる。毒性LD_{50}：1.03mg/kg海水を原料とした蒸発法の塩およびにがりに含まれている化合物の一つ。膜濃縮法の塩およびにがりには含まれない。にがり利用工業でも製造される製品。苦み、えぐ味の強い物質であり、塩に混じっていると塩辛さの味が変わる。耐火剤、媒染剤、凝集剤、緩下剤、苦土肥料などに用いられる。

りゅうどうかんそう　流動乾燥
fluidized drying〔加工包装〕

巻頭写真2参照

製塩用に最も広く使われる乾燥機。塩などの粉粒状の材料を多孔板上にのせ、板の下から熱風を送り流動状態を形成させながら乾燥する方法である。製塩工場では塩どうしの付着や装置への付着を防止するため熱風の他に空気を送ることで

冷却もしている。

りゅうどうしょうぼいらー　流動床ボイラー
fluidized bed boiler 〔煮つめ〕

流動床型燃焼を利用したボイラー*。流動床型燃焼とは原料となる石炭（粒径1～5mm）等を水平に設けられた穴のあいた板（多孔板）の上に乗せ、加圧された空気を多孔板の下から上向きに吹き上げ、多孔板上の石炭などを流動化させ燃焼する方法である。

りゅうどうせい　流動性
free ranning, flowability 〔分析〕

物質の流れやすさを表す用語。良い、悪いで表現される。塩の流動性は一般的には大きさが大きく、粒子が球形に近く、乾燥しており、サラサラしている物質ほど流動性は良い。流動性を数値として評価するには圧縮度*、安息角*、フリーフローイング試験器、Carrの流動性指数*などが主に用いられる。

りゅうまけいにがり　硫マ系にがり 〔副産〕

参照：にがり

蒸発法にがりともいう。塩田製塩など初期濃縮を蒸発法によっている場合に得られるにがりで、硫酸マグネシウムを含有する。

りろんさいだいいちにちせっしゅりょう
理論最大一日摂取量
TMDI：Theoretical Maximum Daily Intake 〔健康〕

参照：一日許容摂取量

食品から人への暴露評価方式。残留農薬基準の設定において、一日許容摂取量*(ADI)が求められた場合、この値を用いて各食品に基準値を採用した場合の予想される暴露量が試算される。試算値がADIより低い場合には、その残留基準値が採用される。この暴露量試算に用いられるのが理論最大一日摂取量方式である。食品毎にADIから求められた残留基準値(初期設定値)と平均摂取量を乗じて得た当該食品の暴露量を、その残留基準を設定しようとする全ての食品について足し合わせて当該農薬等の暴露量とする方式。

りんかいしつど　臨界湿度
critical humidity 〔分析〕

大気中に物質が存在するとき、物質が大気中の水蒸気（水）を捕らえる量と、捕らえた水を大気中に解放する量がつりあう相対湿度*すなわち塩が乾くか湿るかの境界の湿度。塩化カルシウムは温度により臨界湿度も変化する（18～40%）が、塩化ナトリウム、塩化マグネシウム、塩化カリウムは温度により臨界湿度はあまり変化せず、塩化ナトリウム75%、塩化マグネシウム33%、塩化カリウム85%である。市販塩はマグネシウム塩などを含むため塩化ナトリウムの75%よりやや低くなる。

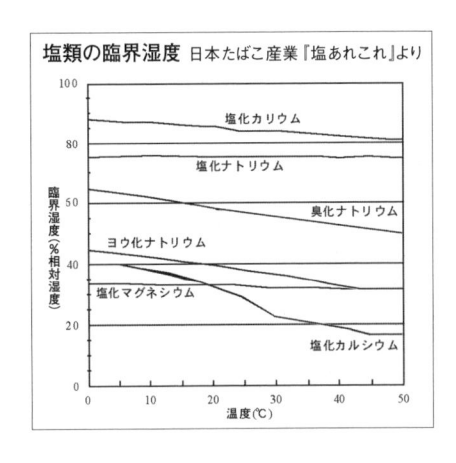

塩類の臨界湿度　日本たばこ産業『塩あれこれ』より

りんげるえき　リンゲル液
Ringer's solution 〔健康〕
　　参照：輸液

　イギリスの生理学者Sydney Ringer（1855〜1950）が考案した細胞外液に類似した組成の溶液。Ringerは1882年にカエルの摘出心の環流実験を行う際に従来の生理的食塩水にカルシウムやカリウムを加えると心臓の拍動が長時間持続することに気づいた。それ以後、いろいろな生理学的な実験に用いられるようになった溶液である。1ℓ中にNaCl 8.6g、$CaCl_2$ 0.3g、KCl 0.33g が含まれる。その後、リンゲル液に重炭酸を加えてpHを整えたり、エネルギー源としてブドウ糖を加えたりして、より生理的な溶液が工夫されている。

りんさんすいそなとりうむ　リン酸水素ナトリウム
sodium dihydrogen phosphate
　　〔加工包装〕

　リン酸二水素ナトリウムNaH_2OPO_4とリン酸水素二ナトリウムNa_2HPO_4がある。塩については、リン酸二水素ナトリウムが固結防止剤、流動性改良剤として用いられる。主として調湿効果が利用される。1,2,7水和物があり、通常2水和物結晶。無色の単斜晶系結晶。密度は$2.37g/cm^3$、溶解度は94.2g/100g水（25℃、無水塩として）。毒性LD_{50}：8.3g/kg。発酵工業をはじめ、缶詰、プロセスチーズなどに安定剤や緩衝剤、ハム、ソーセージの結着剤などに用いられる。

わいぴーえす　YPS
yellow prussiate of potash
　　〔加工包装〕
　　参照：フェロシアン化物

付表

付表1　海水の元素組成表

付表2　国内塩主成分組成表

付表3　輸入塩主成分組成表

付表4　にがり主成分組成表

付表5　塩需給統計

付表6　食用塩国際規格

付表7　食用塩の安全衛生ガイドライン

付表8　塩に関する資料館等

付表9　単位換算表

付表1　海水の元素組成表

原子番号	名称	元素記号	原子量	海水中の濃度 mg/kg	存在形	分類
1	水素	H	1.008	4.032×10^{-7}	H_2O	
2	ヘリウム	He	4.003	6.805×10^{-6}	He	保存
3	リチウム	Li	6.941	1.735×10^{-1}	Li^+	保存
4	ベリリウム	Be	9.012	2.253×10^{-7}	$BeOH^+$	栄養、除掃
5	ホウ素	B	10.81	4.450	$B(OH)_3^-$	主要、保存
6	炭素	C	12.01	2.642×10	HCO_3	栄養
7	窒素	N	14.01	8.266	N_2、NO_3^-	保存、栄養
8	酸素	O	16.00	4.000	O_2	
9	フッ素	F	19.00	1.292	F^-	主要、保存
10	ネオン	Ne	20.18	1.413×10^{-4}	Ne	保存
11	ナトリウム	Na	22.99	1.078×10^4	Na^+	主要、保存
12	マグネシウム	Mg	24.31	1.281×10^3	Mg^{2+}	主要、保存
13	アルミニウム	Al	26.98	2.698×10^{-5}	$Al(OH)_3^0$	除掃
14	ケイ素	Si	28.09	3.090	H_2SiO_4	栄養
15	リン	P	30.97	6.194×10^{-2}	$H_2PO_4^-$	栄養
16	硫黄	S	32.07	2.713×10^3	SO_4^{2-}	主要、保存
17	塩素	Cl	35.45	1.936×10^4	Cl^-	主要、保存
18	アルゴン	Ar	39.95	4.794×10^{-1}	Ar	保存
19	カリウム	K	39.10	3.988×10^2	K^+	主要、保存
20	カルシウム	Ca	40.08	4.168×10^2	Ca^{2+}	主要、保存
21	スカンジウム	Sc	44.96	6.744×10^{-7}	$Sc(OH)_3^0$	栄養、除掃
22	チタン	Ti	47.87	6.223×10^{-6}	$Ti(OH)_4^0$	栄養、除掃
23	バナジウム	V	50.94	2.038×10^{-3}	$H_2VO_4^-$	栄養
24	クロム	Cr	52.00	2.600×10^{-4}	CrO_4^{2-}	栄養
25	マンガン	Mn	54.94	1.648×10^{-5}	Mn^{2+}	除掃
26	鉄	Fe	55.85	3.351×10^{-5}	$Fe(OH)_3^0$	栄養、除掃
27	コバルト	Co	58.93	1.179×10^{-6}	Co^{2+}	除掃
28	ニッケル	Ni	58.69	4.695×10^{-4}	Ni^{2+}	栄養
29	銅	Cu	63.55	1.271×10^{-4}	$Cu(OH)_2^0$	栄養、除掃
30	亜鉛	Zn	65.39	3.923×10^{-4}	Zn^{2+}	栄養
31	ガリウム	Ga	69.72	1.046×10^{-6}	$Ga(OH)_4^-$	栄養、除掃
32	ゲルマニウム	Ge	72.61	5.083×10^{-6}	H_4GeO_4	栄養
33	ヒ素	As	74.92	1.723×10^{-3}	$HAsO_4^{2-}$	栄養
34	セレン	Se	78.96	1.579×10^{-4}	SeO_4^{2-}	栄養
35	臭素	Br	79.90	6.712×10	Br^-	主要、保存
36	クリプトン	Kr	83.80	2.263×10^{-4}	Kr	保存
37	ルビジウム	Rb	85.47	1.239×10^{-1}	Rb^+	保存
38	ストロンチウム	Sr	87.62	7.798	Sr^{2+}	主要、保存
39	イットリウム	Y	88.91	1.334×10^{-5}	YCO_3^+	
40	ジルコニウム	Zr	91.22	1.824×10^{-5}	$Zr(OH)_4^0$	
41	ニオブ	Nb	92.91	4.646×10^{-18}	$Nb(OH)_6^-$	
42	モリブデン	Mo	95.94	1.055×10^{-2}	MoO_4^{2-}	保存
43	テクネチウム	Tc	99	0		
44	ルテニウム	Ru	101.1	5.055×10^{-9}		
45	ロジウム	Rh	102.9	0		
46	パラジウム	Pd	106.4	6.384×10^{-8}		栄養

原子番号	名称	元素記号	原子量	海水中の濃度 mg/kg	存在形	分類
47	銀	Ag	107.9	8.093×10^{-5}	$AgCl_2^-$	栄養
48	カドミウム	Cd	112.4	8.430×10^{-5}	$CdCl_2^0$	栄養
49	インジウム	In	114.8	1.952×10^{17}	$In(OH)_3^0$	
50	スズ	Sn	118.7	4.748×10^{-7}	$SnO(OH)_3^-$	除掃
51	アンチモン	Sb	121.8	2.436×10^{-4}	$Sb(OH)_6^-$	
52	テルル	Te	127.6	7.146×10^{-7}	TeO_3^{2-}	
53	ヨウ素	I	126.9	5.837×10^{-2}	IO_3^-	栄養
54	キセノン	Xe	131.3	6.565×10^{-5}	Xe	保存
55	セシウム	Cs	132.9	3.057×10^{-4}	Cs^+	保存
56	バリウム	Ba	137.3	1.538×10^{-2}	Ba^{2+}	栄養
57	ランタン	La	138.9	5.556×10^{-6}	La_3^+	栄養
58	セリウム	Ce	140.1	1.261×10^{-6}	$CeCO_3^+$	栄養
59	プラセオジム	Pr	140.9	8.454×10^{-7}	$PrCO_3^+$	栄養
60	ネオジム	Nd	144.2	3.605×10^{-6}	$NdCO_3^+$	栄養
61	プロメチウム	Pm	145	0		
62	サマリウム	Sm	150.4	6.317×10^{-7}	$SmCO_3^+$	栄養
63	ユウロピウム	Eu	152.0	1.824×10^{-7}	$EuCO_3^+$	栄養
64	ガドリニウム	Gd	157.3	1.258×10^{-6}	$GdCO_3^+$	栄養
65	テルビウム	Tb	158.9	2.384×10^{-7}	$TbCO_3^+$	栄養
66	ジスプロシウム	Dy	162.5	1.300×10^{-6}	$DyCO_3^+$	栄養
67	ホルミウム	Ho	164.9	6.266×10^{-7}	$HoCO_3^+$	栄養
68	エルビウム	Er	167.3	1.338×10^{-6}	$ErCO_3^+$	栄養
69	ツリウム	Tm	168.9	3.378×10^{-7}	$TmCO_3^+$	栄養
70	イッテルビウム	Yb	173.0	1.211×10^{-6}	$YbCO_3^+$	栄養
71	ルチチウム	Lu	175.0	3.850×10^{-7}	$LuCO_3^+$	栄養
72	ハフニウム	Hf	178.5	3.392×10^{-6}	$Hf(CO)_4^0$	
73	タンタル	Ta	180.9	2.533×10^{-6}		
74	タングステン	W	183.8	1.048×10^{-5}	WO_4^{2-}	
75	レニウム	Re	186.2	1.862×10^{-6}	ReO_4^{2-}	
76	オスミウム	Os	190.2	0		
77	イリジウム	Ir	192.2	1.922×10^{-3}		
78	白金	Pt	195.1	1.951×10^{-7}		栄養
79	銀	Au	197.0	2.955×10^{-8}	$AuCl_2^-$	
80	水銀	Hg	200.6	4.012×10^{-7}	$HgCl_4^{2-}$	
81	タリウム	Tl	204.4	1.329×10^{-5}	Tl^+	保存
82	鉛	Pb	207.2	2.694×10^{-6}	$Pb(Co_3)^0$	除掃
83	ビスマス	Bi	209.0	3.135×10^{-8}	BiO^+	除掃
84	ポロニウム	Po	210	0		
85	アスタチン	At	210	0		
86	ラドン	Rn	222	0		
87	フランシウム	Fr	223	0		
88	ラジウム	Ra	226	0		
89	アクチニウム	Ac	227	0		
90	トリウム	Th	232.0	4.640×10^{-8}		除掃
91	プロトアクチニウム	Pa	231.0	0		
92	ウラン	U	238.0	3.189×10^{-3}	$UO_2(CO_3)_3^{4-}$	保存

『海水の科学と工業』日本海水学会、ソルト・サイエンス研究財団共編（東海大学出版会）のデータを編集

付表2　国内塩主成分組成表

文献：新野靖、西村ひとみ、古賀明洋、篠原富男、伊藤浩志、「日本調理科学会誌」32,pp133（1998）
　　　新野靖、西村ひとみ、古賀明洋、中山由佳、芳賀麻衣子、「日本調理科学会誌」36,pp305（2003）
※試料は市販塩買い取り品。分析方法は塩試験方法（塩事業センター）による。

(%)

資料No.	塩基	試料名	加熱減量	不溶解分	Mg	NaCl	CaSO₄	CaCl₂	MgCl₂	MgSO₄	KCl	Na₂SO₄	にがり分
1	イオン交換膜かん水煎ごう	特選 鳴門のうず塩	4.38	0.00	0.64	91.51	0.19		1.85	0.82	1.15	-	3.82
2		鮮度塩	1.29	0.00	0.066	98.00	0.03	0.11	0.26		0.31	-	0.68
3		磯の華	3.86	0.00	0.16	94.65	0.01	0.27	0.63		0.43	-	1.33
4		瀬戸のましお	5.17	0.00	0.060	94.27	0.01	0.10	0.24		0.08	-	0.42
5		五島灘の塩	4.07	0.01	0.35	93.93	0.03	0.25	1.39		0.26	-	1.90
6		瀬戸のほんじお	7.01	0.00	0.35	85.37	0.03	0.52	1.35		5.34	-	7.21
7		ふんわりいそしお	2.41	0.00	0.14	96.64	0.04	0.22	0.56		0.10	-	0.88
8		赤穂 あら塩	3.53	0.00	0.28	94.78	0.05	0.17	1.10		0.23	-	1.50
9		赤穂あらなみ塩	3.69	0.00	0.29	94.68	0.03	0.17	1.14		0.25	-	1.56
10		いそしお	4.15	0.00	0.37	93.61	0.03	0.27	1.44		0.34	-	2.05
11		しっとり塩	3.75	0.00	0.62	89.85	0.19	0.00	1.79	0.82	3.40	-	6.01
12		昔塩	3.40	0.00	0.21	95.01	0.03	0.41	0.82		0.31	-	1.54
13		赤穂の塩 浪園 やき塩	0.51	0.02	0.054	98.76	0.02	0.11	0.21		0.22	-	0.54
14		食塩	0.15	0.00	0.019	99.52	0.04	0.03	0.07		0.19	-	0.29
		並塩	1.68	0.00	0.067	97.62	0.04	0.11	0.26		0.30	-	0.67
		白塩中粒	0.86	0.00	0.04	98.43	0.38	0.08	0.19	0	0.17	-	0.44
		特級塩	0.02	0.00	0.00	99.81	0.02	0.01	0.01	0	0.12	-	0.14
15		新家庭塩	5.14	0.00	0.14	93.32	0.04	0.28	0.55		0.69		1.51
16	海水蒸発かん水濃縮	鎌倉山のシェフの塩	1.05	0.03	0.22	97.21	0.54		0.44	0.51	0.14		1.09
17		沖縄の海水塩	5.35	0.00	0.18	92.65	0.95		0.22	0.62	0.13		0.97
18		命の塩 ぬちマース	5.84	0.68	3.63	72.44	1.79		8.59	7.10	2.41		18.10
19		深層海塩 ハマネ	8.35	0.00	0.52	87.57	1.34		0.74	1.66	0.33		2.73
20		龍宮のしほ	5.04	0.00	0.33	92.59	0.75		0.87	0.51	0.20		1.58
21		粟國の塩（釜炊き）	17.85	0.12	1.63	72.08	1.71		3.82	3.23	1.03		8.08
22		粟國の塩（天日干し）	7.52	0.03	0.67	87.02	1.55		1.21	1.79	0.64		3.64
23		自然海塩海水100%（最進の塩）	8.75	0.10	0.63	84.02	3.92		1.12	1.70	0.38		3.20
24		奥能登 天然塩	10.94	0.03	0.35	86.30	1.01		0.90	0.58	0.26		1.74
25		オホーツクの自然塩（焼塩）	3.04	0.02	0.83	92.15	0.63		1.98	1.61	0.51		4.10
26		自然海塩 海の精	10.15	0.01	0.81	84.82	0.96		1.56	2.04	0.46		4.06
27		ひんぎゃの塩	6.36	0.04	0.84	85.06	3.68		1.17	2.70	1.01		4.88
28		石垣の塩	5.12	0.04	0.43	89.18	3.19		0.62	1.34	0.31		2.27
29		伊達の旨塩	9.01	0.00	0.35	87.60	1.34		0.72	0.80	0.23		1.75
30		小笠原自然海塩	10.11	0.06	0.87	83.48	1.79		1.76	2.10	0.51		4.37
31		天日古代塩	8.31	0.07	0.68	84.34	3.75		1.30	1.74	0.44		3.48
32		海の深層水 天海の塩	10.64	0.01	0.90	84.38	0.40		2.25	1.64	0.59		4.48
33		小笠原の塩	9.39	0.03	0.62	85.27	1.95		1.52	1.15	0.39		3.06
34		海人の藻塩	3.09	0.01	0.55	92.86	1.10		0.99	1.49	0.48		2.96
35		海の力	12.56	0.14	2.85	72.44	0.83		7.95	4.06	1.77		13.78
36		宗谷の塩	9.61	0.13	3.19	71.94	1.90		7.93	5.75	1.90		15.58
37		アダンの夢 黒潮海塩	2.79	0.03	0.12	94.73	1.31		0.00	0.61	0.10	0.40	0.71
38		しほ 海の馨	7.27	0.01	0.42	89.54	0.95		0.41	1.55	0.24		2.20
39		珠州の海	11.32	0.02	1.34	81.25	0.71		2.03	4.06	0.51		6.60
40		龍馬塩	10.82	0.05	0.54	83.19	3.14		0.97	1.44	0.34		2.75
41		雪塩	8.07	0.18	3.17	73.72	1.38		8.64	4.75	1.90		15.29

資料No.	塩基	試料名	加熱減量	不溶解分	Mg	NaCl	CaSO$_4$	CaCl$_2$	MgCl$_2$	MgSO$_4$	KCl	Na$_2$SO$_4$	にがり分
42	海水蒸発かん水濃縮	ルミル	8.75	0.00	0.19	89.86	0.25		0.44	0.36	0.13	-	0.93
43		室戸海洋深層水 深海の華	7.24	0.03	0.71	88.25	0.73		1.24	1.93	0.35	-	3.52
44		島の塩	7.73	0.01	0.60	88.52	0.71		1.40	1.20	0.36	-	2.96
45		完全天日塩 はやさき	3.76	0.01	0.27	93.52	1.35		0.68	0.47	0.20	-	1.35
46		小さな海 天草の塩	7.47	0.03	0.54	89.25	0.49		1.23	1.12	0.30	-	2.65
47		沖縄糸満海水塩	5.27	0.00	0.28	92.02	1.05		0.50	0.75	0.20	-	1.45
48		天海の塩	6.37	0.00	0.52	90.76	0.10		1.51	0.69	0.39	-	2.59
49		長者のうまい塩	1.62	0.00	0.27	97.01	0.08		0.17	1.14	0.04		1.35
50		伯方の塩	2.85	0.00	0.068	96.48	0.24		0.11	0.20	0.05		0.36
51		ヨネマース	3.80	0.01	0.030	95.74	0.10	0.02	0.12		0.09		0.23
52		沖縄の塩(シママース)	5.43	0.00	0.080	93.64	0.37		0.18	0.17	0.06		0.41
53		とみしろ塩	4.69	0.01	0.002	95.25	0.02		0.01		0.00		0.01
54		おふくろの塩	7.79	0.01	0.24	91.02	0.14		0.93	0.03	0.03		0.99
55		塩（沖縄の真心）	6.66	0.01	0.094	92.41	0.45		0.17	0.25	0.06		0.48
56		あらしお	9.59	0.00	0.018	90.10	0.09		0.06	0.02	0.04		0.12
57		赤穂あらなみの天日塩	3.75	0.00	0.26	94.73	0.12	0.11	1.01		0.15		1.27
58		古式海塩	7.92	0.00	0.018	91.82	0.06		0.07		0.02		0.09
59		瀬戸の昔塩	8.96	0.00	0.41	88.89	0.17		1.39	0.26	0.12		1.77
60		日精の天日塩	3.71	0.00	0.37	94.63	0.07		1.44		0.06		1.50
61		生塩	0.14	0.01	0.006	99.43	0.09	0.07	0.02		0.03		0.12
62		調理の塩 塩舞	5.32	0.00	0.20	93.58	0.10		0.59	0.23	0.13		0.95
63		調理の塩	7.53	0.01	0.39	90.02	0.35		1.07	0.60	0.22		1.89
64		フルールドセル 塩の花	0.82	0.00	0.024	98.82	0.13		0.07	0.03	0.02		0.12
65		泡瀬の塩	6.22	0.00	0.15	92.52	0.39		0.33	0.33	0.09		0.75
66		天然の塩	2.45	0.00	0.003	97.40	0.05		0.01		0.02		0.03
67		長者の塩 特選	5.33	0.00	0.22	88.92	0.78	1.71	0.86		0.03		2.60
68	輸入天日塩加工	琉球の塩	0.13	0.00	0.004	99.62	0.12		0.02		0.02		0.04
69		はごろもの塩(「ムーまぁす」)	0.20	0.00	0.004	99.58	0.16		0.02		0.01		0.03
70		華風(「ムーまぁす」)	0.14	0.00	0.003	99.65	0.10		0.01		0.02		0.03
71		なると浜の塩	3.41	0.00	0.21	95.31	0.07	0.35	0.84		0.03		1.22
72		鳴門のあらじお	6.33	0.00	0.046	93.23	0.10		0.13	0.07	0.04		0.24
73		瀬戸内のしお	5.55	0.00	0.38	92.37	0.12		1.38	0.13	0.20		1.71
74		海からの塩	4.98	0.00	0.14	94.09	0.02	0.23	0.56		0.08		0.87
75		昔あら塩	4.28	0.00	0.17	94.70	0.13		0.53	0.16	0.09		0.78
76		天塩 やきしお	0.94	0.16	0.15	97.90	0.00		0.58	0.03	0.05		0.66
77		赤穂の天塩 (粗塩)	6.75	0.00	0.52	91.04	0.04		1.97	0.08	0.06		2.11
78		沖縄の塩	0.16	0.00	0.006	99.54	0.10		0.02	0.01	0.02		0.05
79		ムーまぁす 天然の塩	2.95	0.00	0.002	96.84	0.16		0.01		0.01		0.02
80		大粒 天日の塩	0.67	0.00	0.012	99.11	0.08		0.04	0.01	0.02		0.07
81		コーシャス塩	1.06	0.00	0.050	98.67	0.08		0.15	0.05	0.07		0.27
		食卓塩、ニュークッキングソルト、キッチンソルト	0.05	0.00	0.098	99.55	0.00	0.02	0.00		0.00		0.02
		クッキングソルト	0.04	0.00	0.096	99.59	0.01	0.00	0.00		0.00		0.00
		精製塩1kg	0.04	0.00	0.061	99.72	0.01	0.00	0.00		0.00		0.00
		精製塩25kg	0.03	0.00	0	99.96	0.01	0.00	0.00		0.00		0.00
		特級精製塩	0.02	0.00	0	99.97	0.01	0.00	0.00		0.00		0.00
		つけもの塩	1.72	0.00	0.029	97.91	0.05	0.08	0.11		0.03		0.22
		原塩、粉砕塩	2.21	0.01	0.015	97.55	0.13	0.00	0.04	0.03	0.03		0.09

付表3　輸入塩主成分組成表

付表2の分析値は試買購入品などの分析値であり、その製品を代表したり平均した分析値ではない。
文献：新野靖、西村ひとみ、古賀明洋、篠原富男、伊藤浩志、「日本調理科学会誌」32,pp133（1998）
　　　新野靖、西村ひとみ、古賀明洋、中山由佳、芳賀麻衣子、「日本調理科学会誌」36,pp305（2003）
※試料は市販塩買い取り品。分析方法は塩試験方法(塩事業センター)による。

(%)

資料No.	塩基	原産国	試料名	加熱減量	不溶解分	Mg	NaCl	CaSO₄	CaCl₂	MgCl₂	MgSO₄	KCl	Na₂SO₄	にがり分
82	天然塩	イタリア	イタリアの自然塩(岩塩)	0.05	0.01	0.000	99.68	0.11				0.00	0.00	0
83		イタリア	天然岩塩（微粒）	0.02	0.01	0.000	99.80	0.14	0.00			0.01	-	0.01
84		イタリア	岩塩(ミル付)	0.02	0.00	0.004	99.92	0.00		0.00	0.02	0.01	-	0.03
85		チリ	岩塩(チリ産)	0.12	0.01	0.010	99.10	0.22			0.05	0.07	0.42	0.12
86		ドイツ	岩塩(ドイツ)	0.14	0.03	0.033	98.56	0.76			0.16	0.18	0.13	0.34
87		ドイツ	Crystal Salt(ドイツ岩塩)	0.07	0.02	0.016	98.97	0.72			0.08	0.09	0.05	0.17
88		ボリビア	アンデスの夕焼け塩	0.22	0.16	0.015	98.72	0.67			0.07	0.08	0.06	0.15
89		中国	天外天岩塩(内モンゴル自治区)	0.84	0.06	0.006	96.52	2.58	0.00	0.02		0.00		0.02
90	岩塩かん水煎ごう	中国	山菱岩塩(中国産)	0.14	0.00	0.001	97.89	0.13			0.00	0.00	1.73	0
91		中国	中国・四川省岩塩	0.15	0.00	0.002	98.98	0.08			0.01		0.65	0.01
92	岩塩かん水天日	中国	チベット高原の塩	1.32	0.04	0.080	98.22	0.06	0.13	0.31		0.01	-	0.45
93		ペルー	インカ天日塩	2.03	0.24	0.014	96.32	1.24	0.05	0.05		0.00	0.01	0.11
94	天日塩	イタリア	SALE di ROCCIA	0.03	0.01	0.001	99.87	0.07			0.00	0.00	0.01	0
95		イタリア	MOTHIA(シチリア天然海塩 細粒)	1.42	0.02	0.18	97.12	0.36			0.48	0.28	0.12	0.88
96		イタリア	MOTHIA(シチリア天然海塩 粗粒)	4.93	0.08	0.19	93.07	1.05			0.49	0.31	0.13	0.93
97		イタリア	シチリア天然海塩(粗粒,パスタゆで用,調理用)	0.57	0.06	0.064	98.89	0.25			0.16	0.12	0.05	0.33
98		イタリア	シチリア天然海塩(細粒,仕上げ用)	0.50	0.15	0.051	98.39	0.66			0.14	0.07	0.04	0.25
99		イタリア	アドリア海の自然塩	1.79	0.24	0.24	95.35	1.25			0.47	0.58	0.28	1.33
100		イタリア	マリーノ(海塩)	0.28	0.02	0.016	98.91	0.55			0.05	0.01	0.03	0.09
101		フランス	セルマリン Fin(細粒,仕上げ用)	2.90	0.31	0.45	94.08	0.61			1.02	0.94	0.21	2.17
102		フランス	ウーヴィル・セル	4.85	0.24	0.48	92.20	0.33			0.48	1.76	0.14	2.38
103		フランス	フルール ダクアセル	12.97	0.02	0.40	84.43	0.49			0.97	0.74	0.20	1.91
104		フランス	ラ・バレンヌ シーソルト	0.14	0.13	0.048	99.37	0.08			0.18	0.01	0.02	0.21
105		フランス	セルマランドブルターニュ(ゲランドの塩顆粒)	2.70	0.68	0.53	93.66	0.97			0.92	1.05	0.21	2.18
106		フランス	セルマランドブルターニュ(ゲランドの塩あら塩)	11.43	0.60	0.44	85.03	0.94			1.03	0.90	0.20	2.13
107		フランス	ゲランドの塩 (粗粒)	5.68	0.34	0.51	91.07	0.50			1.18	1.03	0.23	2.44
108		フランス	ゲランドの塩 (顆粒)-食卓用	3.88	0.33	0.57	92.51	0.52			1.33	1.12	0.24	2.69
109	天日塩	フランス	ゲランド産の塩(赤ラベル)	4.02	0.36	0.55	92.55	0.49			1.30	1.11	0.25	2.66
110		フランス	ゲランド産の塩(華)	4.46	0.07	0.54	92.42	0.48			1.28	1.04	0.28	2.6
111		フランス	フリュードメール ドゲランド	7.75	0.07	0.68	88.46	0.40			1.62	1.31	0.33	3.26
112		フランス	バレンヌの塩(顆粒)	0.33	0.80	0.069	98.53	0.08			0.27		0.02	0.29
113		フランス	グロ セル マラン オ ザルク	0.21	0.25	0.018	99.12	0.14			0.07	0.00	0.07	0.14
114		中国	古代の塩	4.90	0.09	0.35	93.09	0.43			0.79	0.54	0.20	1.53
115		中国	WHITE MINERAL	4.47	0.05	0.22	93.66	0.56			0.53	0.41	0.16	1.1
116		中国	めいらく 天然の塩 鳳凰	3.53	0.05	0.22	94.75	0.43			0.58	0.37	0.16	1.11
117		中国	浜菱	3.91	0.01	0.064	95.57	0.16			0.16	0.11	0.04	0.31
118		中国	皇家塩	4.44	0.03	0.31	93.53	0.45			0.76	0.57	0.21	1.54
119		中国	皇帝塩	4.21	0.29	0.26	93.81	0.63			0.65	0.47	0.17	1.29
120		USA	セルリアン・シーソルト(粗粒)	0.10	0.02	0.008	99.64	0.13			0.03	0.01	0.02	0.06
121		インドネシア	南十字星の塩	7.43	0.03	0.56	89.18	0.04			1.71	1.21	0.32	3.24
122		キリバス	クリスマス島の海の塩	0.35	0.02	0.020	98.86	0.51			0.06	0.02	0.02	0.1
123		スペイン	ＡＲＷＥＮ	1.28	0.04	0.10	97.79	0.26			0.26	0.18	0.06	0.5
124		ベトナム	天然天日塩	10.33	0.01	0.15	88.17	0.61			0.36	0.30	0.10	0.76

(%)

資料No.	塩基	原産国	試料名	加熱減量	不溶解分	Mg	NaCl	CaSO₄	CaCl₂	MgCl₂	MgSO₄	KCl	Na₂SO₄	にがり分
125	天日塩	ポルトガル	ヴァージン・ソルト	0.16	0.02	0.007	99.50			0.02	0.01	0.03		0.06
126		中国	浜菱焼塩	0.60	0.02	0.071	98.64	0.11		0.15	0.17	0.05	-	0.37
127		中国	ディナーエン(低納塩)	5.33	0.00	1.09	66.30	0.42		0.56	4.67	22.87	-	28.1
128	天日かん水煎ごう	中国	低納塩	4.87	0.00	1.03	67.97	0.11		0.51	4.45	21.86	-	26.82
129		中国	食塩(中国青島産)	0.14	0.00	0.005	99.55	0.07		0.01	0.02	0.00	-	0.03
130		中国	千年万年 天然塩	0.19	0.00	0.010	99.55	0.10			0.05	0.01	0.01	0.06
131		イスラエル	イスラエル・死海産湖塩	0.25	0.00	0.006	99.47	0.19		0.02	0.00	0.06	-	0.08
132	湖塩	ボリビア	ウユニ塩湖の天然塩	1.02	0.02	0.093	97.16	0.00		0.26	0.13	0.19	-	0.58
133		ボリビア	アンデスの岩塩	1.02	0.50	0.052	96.81	1.22			0.26	0.11	0.35	0.37
134		中国	天外天 月光塩	1.37	0.03	0.038	98.35	0.99		0.10	0.06	0.02	-	0.18
135	湖塩かん水煎ごう	中国	天外天塩	0.17	0.00	0.013	99.37	0.08			0.06	0.01	0.00	0.07

付表4　にがり主成分組成表

文献：芳賀麻衣子、新野靖、西村ひとみ、関洋子、「日本調理科学会誌」38,pp281（2005）
※試料は市販にがり買い取り品。分析方法は塩試験方法（塩事業センター）による。

(%)

	Cl	Ca	Mg	SO₄	K	Na	全塩分濃度	NaCl	MgCl₂	CaCl₂	KCl	CaSO₄	MgSO₄
室戸海洋深層水 天然にがり	15.36	0.013	3.61	4.24	0.93	4.61	28.76	11.72	9.96	—	1.77	0.04	5.27
天然にがり 深海の恵み	15.41	0.012	3.62	4.21	1.08	4.52	28.85	11.48	10.04	—	2.06	0.04	5.24
オホーツクの海水にがり	15.2	0.008	4.63	6.04	1.31	3.22	30.41	8.18	12.15	—	2.51	0.03	7.55
青い海 にがり	14.99	0.015	3.34	3.84	0.98	4.65	27.82	11.82	9.33	—	1.87	0.05	4.76
石垣島 天然本にがり	15.21	0.02	2.22	2.31	0.57	6.42	26.75	16.31	6.44	—	1.08	0.07	2.83
能登の海 天然にがり	15.3	0.014	2.81	2.71	0.73	5.46	27.02	13.88	8.35	—	1.39	0.05	3.36
最進の塩 純にがり	15.42	0.01	4.45	5.37	1.26	3.41	29.92	8.66	12.15	—	2.4	0.03	6.69
紀州の潮騒 天然にがり	15.67	0.03	1.03	1.36	0.36	8.62	27.07	21.91	2.77	—	0.68	0.1	1.62
天然にがり まどうら	13.77	0.008	4.88	6.45	1.16	2.1	28.37	5.34	12.74	—	2.22	0.03	8.06
塩焚き爺の天然にがり	16.04	0.012	4.55	4.52	1.37	3.15	29.64	8.01	13.38	—	2.61	0.04	5.63
奥平戸の天然にがり	15.16	0.01	4.4	5.69	1.04	3.62	29.92	9.19	11.63	—	1.99	0.03	7.1
瀬譜のにがり	20.7	2.7	4.54	0.01	1.36	0.94	30.25	2.39	17.8	7.47	2.58	0.01	—
海の恵み 天然にがり	21.56	2.44	5	0.007	1.4	0.9	31.31	2.29	19.58	6.76	2.66	0.01	—

付表5 塩需給統計

表1 塩の需要量と供給量（単位万トン）

区分		2003年度	2004年度	2005年度
需要量	生活用	20	22	22
	業務用	177	180	192
	ソーダ工業用	707	729	722
	計	908	932	936
供給量	国内産	126	123	123
	外国産	774	825	828
	計	901	948	951

表2 生活・業務用塩の消費量（単位万トン）

区分	2002年度	2003年度	2004年度	2005年度
生活用	25	24	22	22
食品工業用	97	96	91	92
一般工業用	18	20	23	25
その他	14	14	12	12
融氷雪用	45	47	55	64
計	199	201	203	214

表3 食品工業用の用途別消費量（単位万トン）

区分	2002年度	2003年度	2004年度	2005年度
漬物用	10	9	10	9
味噌用	5	6	4	5
醤油用	20	21	19	17
水産用	23	23	21	21
調味用	18	14	14	16
加工食品用	12	13	12	12
その他	9	11	12	13
計	97	96	91	93

表4 特殊用塩販売実績（単位千トン）

区分	2003年度	2004年度	2005年度
医薬・医薬部外品・化粧品	48	40	38
塩化ナトリウム含有量60%以下のもの	7	7	17
販売先を限定して試験的に販売	4	4	4
その他	10	17	25
合計	68	68	85

表5 特殊製法塩販売実績（単位千トン）

区分	2003年度	2004年度	2005年度
副産塩(食用に供されるもの以外)	42	17	48
真空式以外の方法により製造	35	38	27
香辛料、にがり、ごま等の添加	99	83	100
固結防止剤等が混和(食用以外)	8	7	9
合計	183	145	184

表6 国別輸入数量（単位千トン）
大口4国（単位千トン）

国名	2003年度	2004年度	2005年度
メキシコ	3,515	3,861	3,701
オーストラリア	3,318	3,714	3,902
インド	384	371	412
中国	410	305	296

小口30国（単位トン）

国名	2003年度	2004年度	2005年度
オーストラリア			18,766
オランダ	2,157	2,731	1,558
アメリカ	1,663	1,981	2,674
ドイツ	1,380	1,620	1,515
ベトナム	1,124	1,218	7,770
イタリア	819	1,151	1,025
韓国	694	763	838
インドネシア	541	437	386
タイ	538	825	1,276
ボリビア	437	288	242
パキスタン	396	243	336
イギリス	366	289	244
フランス	364	288	360
台湾	321	277	4
イスラエル	311	459	1,344
モンゴル	150	149	176
フィリピン	75	978	506
オーストリア	59	11	12
チリー	58	59	59
スリランカ	55	117	155
スウェーデン	42	21	44
ネパール	30	18	33
ラオス	24		
トルコ	22		
ポルトガル	18	18	18
ロシア	15	16	
ブラジル	6	24	28
ニュージーランド	1	1	1
シンガポール	1	9	2
ハンガリー	1	1	1
インド		118	
バングラディッシュ		63	
ルーマニア		20	
モロッコ		20	
ギリシャ		16	
キリバス		3	31
スペイン			6
ウクライナ			103

付表6　食用塩国際規格
（CODEX STANDARD FOR FOOD GRADE SALT, CX STAN 150-1985）

1. 背景
　この規格は、消費者への直接販売や食品製造に使われる食用の塩に適用する。また、食品添加物あるいは栄養素の担体として使う場合にも適用する。この規格の規定によれば、特別な用途に使う、より特殊な要件にも適用される。セクション2で述べる起源以外からの塩、特に化学工業の副産物である塩には適用しない。

2. 前文
　食用塩は主として塩化ナトリウムから成る結晶製品である。それは海水、地下の岩塩鉱床あるいは天然かん水から得られる。

3. 基本組成あるいは品質
3.1 最低NaCl含有量
　NaClの含有量は、添加物を除いた乾物基準で97%以下であってはならない。
3.2 自然に存在する二次産物および不純物
　二次産物は、主にカルシウム、カリウム、マグネシウム、ナトリウムの硫酸塩、炭酸塩、臭化物、またカルシウム、カリウム、マグネシウムの塩化物などから構成され、これらは塩の起源や生産方法によって量が変化する。自然に存在する不純物もまた塩の起源や生産方法によって異なる量で存在する。
3.3 担体としての使用
　技術的または公衆衛生の理由で食品添加物または栄養素の担体として塩が使われる場合、食用塩を使用する。その調合例としては、硝酸塩あるいは亜硝酸塩と塩の混合物(塩漬け用の塩)や少量のフッ化物、ヨウ化物またはヨウ素酸塩、鉄、ビタミン等やこのような添加物を保持したり、安定させるために使用される添加物を混合した塩などである。
3.4 食用塩へのヨード添加
　ヨード欠乏地域においては、公衆衛生の理由からヨード欠乏症(IDD)を防止するために、食用塩にヨードを添加してよい。
3.4.1 ヨード化合物
　ヨードを強化するために、ナトリウム、カリウムのヨウ化物あるいはヨウ素酸塩が使用される。
3.4.2 最高濃度と最低濃度
　食用塩に添加されるヨードの最高濃度と最低濃度はヨードとして計算され(mg/kgとして表される)、現地のヨード欠乏状況を考慮して国の保険当局によって定められなければならない。
3.4.3 品質保証
　ヨード添加食用塩の生産は、添加と均一混合に必要な知識と装置を持つなど信頼できる製造者によってのみ行われなければならない。

4. 食品添加物
4.1 使われる全ての添加物は食用品質のものでなければならない。
4.2 固結防止剤と最終製品中の最高濃度
4.2.1 コーティング剤
単体または組み合わせで20g/kg
　オルトリン酸3カルシウム、炭酸カルシウム、炭酸マグネシウム、酸化マグネシウム、非結晶二酸化ケイ素、カルシウム、マグネシウム、アルミン酸ナトリウム、アルミン酸ナトリウムカルシウムのケイ酸塩
4.2.2 コーティング疎水剤

単体または組み合わせで20g/kg

ミリスチン酸、パルミチン酸またはステアリン酸のアルミニウム、カルシウム、マグネシウム、カリウムまたはナトリウム塩

4.2.3 晶癖剤
単体または組み合わせで10mg/kg

カルシウム、カリウムまたは"ナトリウム"のフェロシアン化物 [Fe(CN)$_6$]として

ただし、樹枝状塩製造に用いた場合は最大20mg/kg

4.2.4 乳化剤　10mg/kg

ポリソルベート80(Polyxyethylene (20) sorbitan monooleate)

4.2.5 加工助剤　10mg/kg

ポリジメチルシロキサン
(消泡剤、乳化剤、固結防止剤、成形剤として登録されている)

5. 不純物

食用塩には消費者の健康に有害な種類の不純物を含んではならない。特に次の最高限度値を超えてはならない。

5.1 ヒ素Asとして表示したとき0.5mg/kg以上にならないこと。

5.2 銅Cuとして表示したとき2mg/kg以上にならないこと。

5.3 鉛Pbとして表示したとき2mg/kg以上にならないこと。

5.4 カドミウムCdとして表示したとき0.5mg/kg以上にならないこと。

5.5 水銀Hgとして表示したとき0.1mg/kg以上にならないこと。

6. 衛生

製品が消費者に届くまでに食品衛生の適正な基準が維持されることを保証するために、食用塩の包装、貯蔵、輸送はいかなる汚染の危険をも避けられるようにしなければならない。

7. 表示

包装された食品の表示用Codex General Standard (CODEX STAN1-1985)の必要条件に加えて、次の特別な規定を適用する。

7.1 製品の名前

7.1.1 ラベルに記載される製品の名前は"塩"とする。

7.1.2 "塩"という名前のすぐ近くに"食用"または"調理用塩"または"食卓塩"のいずれかを記載する。

7.1.3 晶析段階でかん水に加えられる一つ以上のフェロシアン塩類を塩が含んでいる時にのみ、"樹枝状"という言葉を名前に加える。

7.1.4 塩が一つ以上の栄養素の担体として使われ、公衆衛生の理由から販売される場合、ラベルに適正に表示されなければならない。例えば、"フッ素を添加した塩"、"ヨウ素酸塩を添加した塩"、"ヨードを添加した塩"、"鉄を強化した塩"、"ビタミンを強化した塩"、など適切に表示する。

7.1.5 7.1.2の記載に従って、起源または製造法のいずれかをラベルに表示する。そのような表示は消費者を誤解させたり欺いたりしないようにするためである。

7.2 小売用でないコンテナの表示

小売用でないコンテナ用の情報はコンテナに書くか、同封書類に書く。製品の名前の他に、ロット番号、生産者または包装者の名前と住所をコンテナに見えるように書いておく。しかし、ロット番号、生産者または包装者の名前と住所は識別マークに置き換えてもよいが、そのようなマークは同封の書類で出所が明らかに判るようにしておく。

8. 分析法とサンプリング法
8.1 サンプリング
8.2 塩化ナトリウム含有量の測定

硫酸根(方法8.4)、ハロゲン(方法8.5)、カルシウムとマグネシウム(方法8.6)、カリウム(方法8.7)、そして乾燥減量(方法8.8)のそれぞれの測定結果に基づいて、セクション3.1に規定されている塩化ナトリウム含有量の計算をする。硫酸根は$CaSO_4$に換え、残ったカルシウムは$CaCl_2$に換え、試料中の硫酸根がカルシウムと結合させるに必要な量よりも多ければ、その場合にはカルシウムを$CaSO_4$に換え、残った硫酸根は先ず$MgSO_4$に換え、まだ残っている硫酸根をNa_2SO_4に換える。残ったマグネシウムを$MgCl_2$に換える。カリウムはKClに換える。残ったハロゲンはNaClに換える。NaClパーセントに100/100-Pを掛けて、乾物基準でNaCl含有量を報告する。ここでPは乾燥減量のパーセントである。

8.3 不溶解分の測定

ISO2479-1972"水または酸の中の不溶解分の測定とその他測定用の原液の調製"に従う。

8.4 硫酸根含有量の測定

ISO2480-1972"硫酸根含有量の測定。硫酸バリウム重量法"に従う。

8.5 ハロゲンの測定

ISO2481-1973"塩素として表されるハロゲンの測定法。水銀定量法"(実験室廃棄物からの水銀回収にはECSS/SC183-1979の付属書類参照)。

なお、硝酸銀を使うハロゲン測定については検討中である。(注)日本専売公社提案

8.6 カルシウムとマグネシウム含有量の測定

ISO2482-1973"カルシウムとマグネシウム含有量の測定。EDTA錯滴定法"に従う。

8.7 カリウム含有量の測定

ECSS/SC183-1979"ナトリウムテトラフェニルボロン容量法によるカリウム含有量の測定"または代替法として、ECSS/SC184-1979"原子吸光分光光度法による"に従う。

8.8 乾燥減量の測定(通常の水分)

ISO2483-1973"110℃での減量の測定"に従う。

8.9 銅含有量の測定

ECSS/SC144-1977"銅含有量の測定、亜鉛ジベンジルジチオカルバメイト光度法"に従う。

8.10 ヒ素含有量の測定

ECSS/SC311-1982"ヒ素含有量の測定。銀ジエチルジチオカルバメイト光度法"に従う。

8.11 水銀含有量の測定

ECSS/SC312-1982"総水銀含有量の測定。冷蒸気原子吸光分光光度法による"に従う。

8.12 鉛含有量の測定

ECSS/SC313-1982"総鉛含有量の測定。原子吸光分光光度法による"に従う。

8.13 カドミウム含有量の測定

ECSS/SC314-1982"総カドミウム含有量の測定。原子吸光分光光度法による"に従う。

8.14 ヨード含有量の測定

ESPA/CN109/84"総ヨード含有量の測定。チオ硫酸ナトリウムを使う滴定法"に従う。

付表7　食用塩の安全衛生ガイドライン

平成12年9月10日制定
平成18年4月1日改定

1．ガイドライン設定の目的

塩はすべての人が必ず摂取しなければならない食品で、かつ代替性のないものであり、その食品衛生上の管理はきわめて重要であることから、社団法人日本塩工業会(以下「塩工業会」という)は、「食用塩の安全衛生ガイドライン」を定めることとした。会員企業はこの必須の食品を安全かつ安定して供給する責任があることを深く認識して、これを遵守することとする。

2．安全衛生基準

総合衛生管理製造過程(HACCP)とISO22000の考え方を取り入れ、食品衛生法の趣旨、原則に基づき、食用塩の原料採取、製造、貯蔵および運搬は、清潔かつ衛生的に行われなければならない。下記に示す基準の他、異物については適切な対策により混入を防止することとし、また、残留農薬等と包装については食品衛生法に準拠することとする。

項　目	内　容	方　法
不溶解分	0.01％未満	溶解後重量法
溶状	無色透明	溶解液の吸光度
重金属	10mg/kg以下	硫化ナトリウム比濁法
ヒ素	0.2mg/kg以下	ICP
水銀	0.05mg/kg以下	ICP
カドミウム	0.2mg/kg以下	ICP
鉛	1mg/kg以下	ICP
銅	1mg/kg以下	ICP
フェロシアン化物	検出せず	吸光光度法
一般生菌数	300ケ/g以下	平板計数法
大腸菌群数	陰性	ブイヨン培地定性

3．表示基準

食品衛生法、健康増進法、景品表示法及びJAS法に準拠し、次の項目を記載する。

名称、原材料名、製造者名、製造者の所在地、内容量、製造年月日、添加物がある場合はその添加物の種類と添加量

4．検査方法

1）安全衛生管理体制、原材料の管理体制、生産工程の管理及び製品の管理に関する検査については、別に定める実施要領による。
2）製品検査については、不溶解分、重金属、ヒ素、水銀、カドミウム、鉛、銅及びフェロシアン化物は塩試験方法(財団法人塩事業センター)、一般生菌数と大腸菌群数は食品衛生検査指針(社団法人日本食品衛生協会)による。また、残留農薬等、溶状及び異物は別に定める実施要領による。

5．安全衛生基準認定マーク

塩工業会は上記検査方法に基づき、年一回以上、安全衛生管理体制、原材料の管理体制、生産工程の管理及び製品の管理に関する検査並びに製品検査を行い、別に定める実施要領による審査に合格した会員企業は、商品あるいは商品の案内などに安全衛生基準認定マーク(添付図)をつけることができる。

なお、このマークは工場の安全管理が

添付図

安全衛生基準
認定工場
(社)日本塩工業会

総括的に一定水準に達しているものを示すものであり、個別の具体的製造過程から生じる製品責任は生産者にある。

6．附則

塩の品質に関するガイドライン（平成8年4月24日制定）は廃止し、本ガイドラインに移行する。

食用塩の安全衛生基準解説
平成18年4月改訂
社団法人日本塩工業会

1．目的

現在食品に対する安全性についての国民の関心は極めて高くなっています。他業種でのトラブルを他山の石として、製塩業界も塩に対する安全性確保に真剣に取り組んでいます。

塩は平成9年に塩専売法が廃止され塩事業法に移行しました。塩専売制の間は日本たばこ産業株式会社が全面的な指導監督を行ってきました。塩専売法廃止後は、塩事業法第一条に「良質な塩の安定的な供給の確保と我が国塩産業の健全な発展を図るために必要な措置を講ずることとし、もって国民生活の安定に資することを目的とする」ことがうたわれています。しかし良質な塩の安定的供給を裏付ける基準あるいは検査については、塩事業法には定められていません。現状は、専売制度の廃止に伴い、民間企業の自主的な品質管理によって生産、販売される仕組みとなり、「良質な塩の安定的な供給」の責務は、製塩会社の自主的な品質管理にゆだねられている状況です。

日本塩工業会は専売制度廃止を受けて、平成8年「塩の品質に関するガイドライン」を定め、膜濃縮方式の製塩企業7社を対象として安全性指標を作成し、定期的検査を行ってきました。しかし平成14年4月には塩事業法に定める経過期間も終了し、塩の供給ソースも多様化することを考慮し、国際規格（CODEX食用塩規格）を導入して対応することを視野に入れなくてはならないことから、名称を改め「食用塩の安全衛生ガイドライン」とし、内容も国際規格を導入することにしました。

また日本塩工業会は会員企業の工程の安全性検査および製品検査で「食用塩の安全衛生ガイドライン」に合格した工場に対して、安全衛生基準認定工場認定証を交付し、平成13年度から安全衛生基準認定工場マークを個々の製品包装袋につけることにより、ガイドラインに合格した工場の製品であることを消費者にご認識いただくことにしました。

平成18年度の改訂では、食品衛生法に基づく総合衛生管理製造過程（HACCP）とISO22000の考え方を取り入れるとともに、食品衛生法第11条第3項の「食品に残留する農薬等のポジティブリスト制度」への適合を明解にしました。

2．ガイドラインの適用範囲

現在、「食用塩の安全衛生ガイドライン」の適用申請が出されているのは、日本塩工業会会員4社6工場です。この4社で国内生産塩の約90％をカバーしています。ただし、会員4社から財団法人塩事業センターに販売され、生活用塩として市場に出ている塩事業センターブランド

の食塩は塩事業センターの管理下にありますから認定工場のマークがつけられていません。

　塩事業センターブランドの食塩については「食用塩の安全衛生ガイドライン」に加えて平成17年10月から塩事業センター制定の「製造基準」を運用しています。

3. 安全衛生基準各項解説

1) 原則

　総合衛生管理製造過程（HACCP）とISO 22000の考え方を取り入れ、食品衛生法第5条（清潔衛生の原則）、第6条（不衛生食品等の販売等の禁止）、11条第3項（残留農薬等のポジティブリスト制度）に関する内容に準拠して、原料採取、製造、貯蔵、および運搬は清潔かつ衛生的に行われなければならないことを記載しています。例えば、ゴミ処理場の副産塩、泥土を含む輸入塩など、塩の供給ソースが多様化している状況を考慮し、食品衛生法の内容を再確認したものです。

2) 異物

　異物については、適切な対策により混入を防止すること、となっており、具体的基準が示されていません。適切な対策については、検査基準の中に詳細に規定されています。異物は通常「異物なし」と規定することが多いのですが、現実に異物が全くない製品はありません。詳細に検査すればいかなる製品にも異物が存在します。「異物なし」という規定は厳密にいえば虚偽表示になりますし、場合によっては気休めの表示に過ぎないものになります。そのため、あえて「適切な対策により混入を防止すること」としています。

　異物混入に対する要求は、対象とする製品によってレベルが変わります。塩の場合、一般的には、食品衛生に重大な影響を及ぼしかねない動植物性異物がもっとも重大であり、次いで土砂、空中の塵挨、錆などの鉱物性異物に注意を要します。石こう粒など海水起因の異物は食品衛生上ではさほど大きな問題になりません。従って、動植物性異物、鉱物性異物の混入防止に万全の体制をとっていることを検査で確認しています。例えば次のような検査項目が含まれます。
①異物の混入防止を目的とした、品質管理、衛生管理、設備管理に関するルールの作成。
②原料海水が精密にろ過されていることの確認。
③工程では腐食片の混入防止として高耐食材料の使用および腐食状況。
④最終工程での金属検知器等でのチェック。
⑤煮つめ（晶析）工程での完全な滅菌。
⑥塵挨等飛散異物の混入防止として開放部へのカバー設置の確認。
⑦鳥害、虫害の防止対策。
（包装作業場での頭髪ネット着用等の服装チェック。

3) 包装

　包装については食品衛生法に準拠することが記載されています。包装に関しては食品衛生法、関連法令、通達などで規制されていますから、これらに準拠していることを確認しますが、さらに、接着剤、印刷素材などまで、食品衛生上問題がないことを確認して使用することとしています。

4) 不溶解分及び溶状

　不溶解分とは、50℃の温水に溶解した残渣をいいます。海水に由来する石こう分は常温では溶解速度が比較的遅いが水に溶けるので不溶解分には含みません。

通常、国内製塩では、精密な海水ろ過が行われていること、高耐食性材料を用いた蒸発缶（煮つめ釜による加熱晶析、煎ごう）で結晶化されていること、工程の衛生管理が十分に行われていることから、不溶解分は0.01%未満であり不溶性の異物が混入するおそれはほとんどありません。

世界的に見ると、不溶解分として検出された例は、泥、砂、さび、海草、プランクトン、海洋生物の糞尿や分解生成物、陸上からの汚染物質、製造後の事故による混入物などがあります。

溶状は、塩を水に溶かしたときの溶液の透明度です。通常は無色透明です。世界的に見ると、着色したり濁った溶液になる塩があります。溶状の悪化は、汚染海水に起因したり、塩田などで同伴するコロイド状またはそれに近い微粒不溶解分、例えば泥、油の懸濁、生物分解物などの懸濁、泥や植物などから抽出されたフミン酸や生物の腐食などによる着色性物質、製造後の事故による混入などがあります。

国産塩でこのような事故はほとんどありませんが、もし不溶解分の増加や溶状の不良がある場合は衛生管理面での注意が必要になります。

5) 重金属、ヒ素、水銀、鉛、カドミウム、銅

重金属は硫化ナトリウムによる黒変反応を利用する検定法で、食品、薬品などに古くから用いられている伝統的方法です。硫化水素で黒変する主な重金属は、鉛、水銀、銅です。この方法では、検出限界も10mg/kg程度ですから、現在の食品衛生上の要求からは不十分なものとなっていますが、未だ多くの薬品、食品の有害重金属の一般的検査方法として採用されていることから、継続することにしました。

前回の改正において、有害元素としてFAO/WHOの食用塩に関するCODEX委員会が定める国際規格の5元素を対象としました。国際規格では、ヒ素0.5mg/kg、水銀0.1mg/kg、カドミウム0.5mg/kg、鉛2mg/kg、銅2mg/kgとなっています。「食用塩の安全衛生ガイドライン」で定める安全衛生基準は、日本の安全衛生に関する関心の高さを考慮し、国際規格の約1/2としています。

日本で行われる膜濃縮と加熱晶析による製塩では、厳密なろ過、膜による有害重金属の選択的排除、蒸発缶への高耐食性材料の使用などで、有害重金属汚染が起こる可能性はほとんどないと考えられますが、使用する海水の厳密なろ過、製塩工程内での材料耐食性についても厳重に検査しています。

6) 添加物

製品に添加物を加える場合は、食品衛生法に認可された食品添加物を使用し、製品に表記しなくてはなりません。平成14年8月厚生労働省はフェロシアン化物$[Fe(CN)_6]^{4-}$を食品添加物として承認しました。しかし、慢性毒性、発がん性、遺伝への影響などの安全データが不備と考えられるため、また酸性で加熱すると有毒な青酸ガスが発生するなどの問題から食に対する安心感を確保するため添加は好ましくないと考えております。従って、食用塩の安全衛生基準の認定工場では固結防止剤としてフェロシアン化物を全く使用していません。

なお、残存する苦汁分について表示する必要はありません。またミネラル添加など健康上の効果を期待する表示をする場合は、栄養改善法に定める表示基準に従って表示します。

7) 加工助剤

表記すべき添加物は使用されていません。製品に残存せず表記の必要がない加工助剤については、各社の使用状況に差異がありますが、すべての加工助剤は食品添加物又は相当品が使用されており食品衛生上全く問題がないものと認められます。

8) 一般生菌数及び大腸菌群数

HACCP対応などで特に注目される項目です。一般に加熱晶析（煎ごう）塩では少なく、特に膜濃縮をした塩では菌類の検出は皆無といってよいでしょう。加熱晶析をしない製塩では一般に細菌が多くなりますが、特に汚染した海水を使ったり、衛生状態の悪い地域での製塩では注意が必要です。

9) その他

[主成分及び物性]

塩化ナトリウム含有量（純分）、マグネシウム、カリウム、水分、粒径、結晶形状などは食品の安全に関わらない製品規格なので、本ガイドラインには定められていません。必要であれば製品規格をご覧下さい。

[有機臭化物（臭化メチル）]

海水の中には約65mg/kgの無機臭化物が含まれ、その一部が塩にも移行します。無機臭化物は塩とほぼ同様の生理作用があり無害の物質です。しかし小麦や大豆の残留農薬として臭化メチルの残存が問題となり、その簡易な分析方法として全臭素の分析で代行する例があるので、臭化メチルと無機臭化物が混同されて、有害物という誤解を生じたことがあります。塩には有害な有機臭化物の混入は考えられませんが、このような誤解を解く必要があって平成13年まで有機臭化物の項目を設けました。しかし多くの分析結果から有機臭化物は国産塩では含有しないことが立証されたので、この分析項目は実際には必要がないと判断され平成14年から検査項目から除外されました。

4. 表示基準

食品衛生法、健康増進法、景品表示法（不当景品類及び不当表示防止法）、JAS法（農林物資の規格化及び品質表示の適正化に関する法律）などすべての表示に関する法律に準拠した表示を行います。現在検討が進められている食用塩公正取引協議会で定める公正競争規約についても、確定次第これに準拠する表示方法を遵守するとともに、確定前にも消費者にとって望ましいと考えられる表記基準を取り入れて改善を進める予定です。

名称は「塩」「塩加工品」などと記載します。塩の具体的内容については、製造会社の判断で行いますが、微粒塩、造粒塩、高純度塩など、具体的にお客様にわかりやすい表示となるように留意しています。

日本塩工業会加盟会社が生産する塩はすべて海水が原料ですから、原材料名は海水と記載します。

製造年月日の表示は記号で表示してよいこととしています。なお塩は農林水産省告示第513号（平成12年12月）により、品質の変動が極めて少ないものとして賞味期限を省略してよいこととなっています。そのため賞味期限（その製品として期待される総ての品質特性を十分保持しうると認められる期限）としては表示しません。塩自体は無期限に摂取可能ですが保存中に固結する場合があります。できるだけ早く使い切るようにご留意ください。

5. 検査方法

　検査は、安全衛生管理体制、原材料の管理体制、生産工程の管理及び製品の管理に関する現地検査、製品の分析検査、検査結果の外部審査委員会による審査によって構成されています。現地検査の主要な項目を表に示していますが、この他工程全般について、詳細な検査が行われます。それぞれに評価基準の最低ラインが定められており、客観的評価が行われます。

現地検査の主要項目（実施要領に定めるチェック項目の概要）

安全衛生管理体制	生産工程の管理	製品の管理
食品安全衛生管理責任者の任命 従事者の衛生管理および教育活動 品質管理体制 基準類および作業手順書 （服装、入室基準、材料検査、廃棄物など） 検査体制 クレームへの対応および是正措置	海水の濁質管理 工程の密閉性 不良品処理の安全性確認 包装材料の安全性 装置材料の安全性、耐食性 金属検知機などの異物検出体制 防虫・防鼠対策 作業環境の整備	基準値への適合 食品衛生法基準の適合包装材料 表示の適正 添加物
		原材料の管理体制
		海水 包装資材 加工助剤

　製品サンプルは財団法人塩事業センター海水総合研究所に送付されて分析されます。

　分析項目は安全衛生基準に示される11項目です。それぞれの分析方法は以下の通りです。

塩試験方法（財団法人塩事業センター2002年）によるもの

不溶解分：溶解ろ過後のろ過残渣の重量分析

重金属：硫化ナトリウム溶液による黒変反応

ヒ素：ICP法

水銀：ICP法

カドミウム：ICP法

鉛：ICP法

銅：ICP法

フェロシアン化物：鉄塩による青色の吸光度分析

食品衛生検査指針（社団法人日本食品衛生協会、1990）によるもの

一般生菌数：標準寒天培地による平板計数法。

大腸菌群：推定試験には乳糖ブイヨン培地、確定試験では大腸菌群検査用BGLB培地、大腸菌群分離用にはEMB寒天培地を使用する。

独自の試験法によるもの

溶状：検塩20gを50℃温水に溶解して100mℓとし、波長400nm、1cmセルで測定して吸光度0.03以下の場合無色透明とする。吸光度0.03以上では懸濁あるいは着色とする。

異物：1kgの検塩から100gを2点縮分し、白紙上で肉眼により精査する。肉眼観察であり個人差を生ずるが、0.1mm径以上の異物は計数されなくてはならない。

残留農薬：必要と判断した場合に財団法人塩事業センター海水総合研究所にて残留農薬分析を実施する。

6. 検査の組織

工場現地検査は社団法人日本塩工業会技術委員会の委嘱を受けた検査員が行います。検査結果は審査委員会に報告され、審査委員会に於いて厳重に審査し、合否を決定します。

平成17年度の検査は社団法人日本塩工業会技術部長山本活也を主査として行われました。審査委員会は社団法人日本塩工業会相沢英之会長の委嘱により次のメンバーで行われました。

池田　勉　　：財団法人ソルト・サイエンス研究財団専務理事
川喜多　哲哉：千葉工業大学非常勤講師
香西　みどり：お茶の水女子大学生活科学部生活環境学科教授
田島　真　　：実践女子大学生活科学部教授
柘植　秀樹　：慶應義塾大学理工学部応用化学科教授、（元）日本海水学会会長（委員長）

7. 安全衛生基準認定マーク

検査に合格した工場の製品には安全衛生基準認定工場マークがつけられます。なおマークは工場の安全性が一定の水準以上にあることを示すもので、個々の製品責任は各工場にあります。検査は1年1回必ず受けることが義務付けられ、2年間検査を受けなければ認定工場の資格がなくなります。

8. ポジティブリスト制度に対する食用塩の適合について

食品衛生法第11条第3項の「食品に残留する農薬等のポジティブリスト制度」（平成18年5月29日より施行）に対する（社）日本塩工業会加盟会社が生産する食用塩の適合について説明します。

ポジティブリスト制度はすべての食品が対象となっており、食用塩は食品に該当しますので制度の対象となります。

（社）日本塩工業会加盟会社は海水を原料として膜濃縮煎ごう法で国内の食用塩消費量の約90%を生産しています。

塩の生産工程で農薬は使用していませんが、海水が農薬に汚染されたときに海水から製造された塩に農薬が残留する懸念については、下記に述べる膜濃縮法の生産工程の原理と本「食用塩の安全衛生ガイドライン」に基づく管理を実施することにより農薬が塩に残留することはありません。

補足・膜濃縮法の安全性について

海水は二段階に精密ろ過されて水道水基準の10倍清澄な海水となります。次に膜濃縮工程で海水の塩分は3%から20%まで濃縮されます。濃縮膜はプラスイオンとマイナスイオンを選択的に透過します。イオンの電荷を電気の力で引っ張ることによってイオンが膜を透過する原理なのでイオン化していない海洋汚染物質は透過しません。加えて、濃縮膜は百万分の1mmの孔径なので大きな分子や汚染懸濁物質は透過しません。これらのダブル効果で世界最高の安全性を確保しています。

次の加熱蒸発工程で塩が結晶として生成し、加熱により一般細菌は滅菌されます。

原料海水については「人の健康保護に関する環境基準」（環境省）を満たしていることを確認しています。必要と判断した場合は、食用塩の残留農薬分析を財団法人塩事業センター海水総合研究所で実施することとしています。

上記の生産工程の原理と本「食用塩の安全衛生ガイドライン」に基づく管理を実施することにより、（社）日本塩工業会加盟会社が生産する食用塩は食品衛生法のポジティブリスト制度に適合しています。

【補足説明】

1. ポジティブリスト制度とは
(1) 残留農薬等のポジティブリスト制度とは？

基準が設定されていない農薬等が一定量を超えて残留する食品の販売等を原則禁止する制度です。

(2) 一定量とは？

人の健康を損なうおそれのない量として一定の量を定めて規制する考え方であり、一定量として0.01ppmが設定（一律基準という）されています。

「人の健康を損なうおそれのない量として厚生労働大臣が薬事・食品衛生審議会の意見を聴いて定める量」であり、環境に由来するものなど、非意図的な汚染の可能性を考慮する必要があります。

一律基準設定の留意事項
①JECFA（FAO/WHO合同食品添加物専門会議）等にADI（許容一日摂取量）が0.03μg/kg/day未満の農薬等基準を設けない農産物等があるものについては、個別に分析法を定め、「不検出」として管理します。
②地方公共団体等による監視指導に際して用いられる分析法の定量限界により、一律基準（0.01ppm）まで分析が困難と考えられるものについては、各分析法の定量限界に相当すると考えられる値をもって実質的に一律基準（0.01ppm）に取って代わる基準を定めます。

食品の成分に係る規格（残留基準）が定められている食品は暫定基準で規制され、食品の成分に係る規格（残留基準）が定められていない食品（食用塩はこれに該当します）は一律基準で規制されます。

(3) 規制の対象は？
1) 規制対象物質は農薬と動物用医薬と飼料添加物です。
2) 規制対象食品は加工食品を含む全ての食品です。

(4) 規制の対象にならないものは？

オレイン酸塩（殺虫剤）、大豆レシチン（殺虫剤）など食品添加物として指定されているものや、重曹などの特定農薬です。

2. 厚生労働省の食用塩に対する見解
(1) 食塩は食品に該当するので対象となります。
(2) 個別のサンプルの分析値よりも衛生管理システム検証の検査が重要です。従ってこの様な環境条件、システムでやっているとの説明が大事です。
(3) 分析の義務はありません。

社団法人日本塩工業会加盟会社の生産所在地

加盟会社は(株)日本海水小名浜工場（福島県いわき市）、(株)日本海水赤穂工場（兵庫県赤穂市）、(株)日本海水讃岐工場（香川県坂出市）、ナイカイ塩業(株)本社工場（岡山県玉野市）、鳴門塩業(株)本社工場（徳島県鳴門市）、ダイヤソルト(株)崎戸工場（長崎県西海市)の4社6工場です。

海水は工場近辺海域から取水しています。

認定工場の製品
◎ 精選特級塩（ユーザー仕様特注または99.7%以上）
さぬき塩精選特級塩〔日本海水讃岐工場〕、ダイヤソルト精選特級塩（A,B）〔ダイヤソルト〕、ナクルF、N〔ナイカイ塩業〕
◎ 精選特級塩微粒（ユーザー使用特注、粒径0.2mm以下）

新精塩精選特級塩（S1,S2,S3）〔日本海水小名浜工場〕、赤穂塩TF（1～4）〔日本海水赤穂工場〕、ナクルフォー（1～5）〔ナイカイ塩業〕、精選特級塩うず塩（微粒）〔鳴門塩業〕、さぬき塩精選特級塩微粒〔日本海水讃岐工場〕、ダイヤソルト精選特級塩微粒（A,B,D,E）〔ダイヤソルト〕

◎ 特級塩（99.5%以上）
新精塩特級〔日本海水小名浜工場〕、赤穂塩R〔日本海水赤穂工場〕、ナクルM〔ナイカイ塩業〕、特級塩うず塩〔鳴門塩業〕、さぬき塩特級塩〔日本海水讃岐工場〕、ダイヤソルト特級塩（A,B）〔ダイヤソルト〕

◎ 食塩（99%以上乾燥塩、平均粒径0.4mm）
食塩〔日本海水小名浜工場〕、赤穂塩食塩〔日本海水赤穂工場〕、ナイカイ食塩〔ナイカイ塩業〕、鳴門食塩〔鳴門塩業〕、さぬき塩食塩〔日本海水讃岐工場〕、ダイヤソルト食塩〔ダイヤソルト〕

◎ 並塩（95%以上湿塩、平均粒径0.4mm）
並塩〔日本海水小名浜工場〕、赤穂塩並塩〔日本海水赤穂工場〕、ナイカイ並塩〔ナイカイ塩業〕、鳴門並塩〔鳴門塩業〕、さぬき塩並塩〔日本海水讃岐工場〕、ダイヤソルト並塩〔ダイヤソルト〕

◎ 白塩（95%以上湿塩、並塩より粒径の大きい製品）
キングソルト（KS-10、KS-5、SR-L、SR-H）〔日本海水小名浜工場〕、赤穂塩（M,W,L,LL）〔日本海水赤穂工場〕、ナクルフォー（A,B）〔ナイカイ塩業〕、白うず塩（中粒、大粒）〔鳴門塩業〕、さぬき塩白塩（中粒、中粒ワイド、大粒）〔日本海水讃岐工場〕、ダイヤソルト白塩（大粒、中粒、ワイド）〔ダイヤソルト〕

◎ 造粒塩（加圧成形品）
ナクルフォー（0）〔ナイカイ塩業〕、白塩うず塩（造粒）〔鳴門塩業〕、さぬき塩白塩造粒（S）〔日本海水讃岐工場〕、ダイヤソルト白塩造粒（S,L）〔ダイヤソルト〕

付表8　塩に関する資料館等

No	名称	住所	電話	主な展示内容
1	塩業資料室	神奈川県小田原市酒匂4-13-20	0465-47-3161	塩に関する図書、歴史資料文書
2	たばこと塩の博物館	東京都渋谷区神南1-16-8	03-3476-2041	「塩の正体」「世界の塩資源」「日本の塩」「くらしと塩」のコーナーごとに模型・ジオラマなど
3	塩釜神社博物館	宮城県塩釜市一森山1-1	022-367-1611	毎年7月6日開催の「藻塩焼神事」のビデオ放映、日本の塩・世界の塩のパネル展示
4	石巻文化センター	宮城県石巻市南浜町1-7-30	0225-94-2811	石巻地方の塩づくり（入浜式塩田と海水直煮式の2通り）についての展示と入浜式塩田の製塩用具など
5	市川市立市川歴史博物館	千葉県市川市堀之内2-27-1	047-373-6351	行徳塩田（入浜塩田）の製塩用具など
6	塩の道博物館	長野県大町市八日町2572	0261-22-4018	塩の道一千国街道（新潟県糸魚川から長野県松本に至る道）の宿場町・大町の塩問屋・平林家の母屋をそのまま利用した博物館。塩の運搬用具など
7	吉良町歴史民俗資料館	愛知県吉良町大字白浜新田字宮前59-1	0563-32-3373	復元した入浜式塩田・塩焼小屋（屋外）、製塩用具など
8	御塩浜	三重県伊勢市二見町西村	0596-42-1111 町役場	伊勢神宮で使用する塩をつくるための入浜式塩田がある。7月20日ごろから約1週間採かん作業がおこなわれる
9	御塩焼所	三重県伊勢市二見町江の御塩殿神社内	同上	御塩浜でとったかん水を煮つめて塩（荒塩）にする。できた荒塩は俵に入れ、約半年間乾燥させる
10	御塩殿	三重県伊勢市二見町江の御塩殿神社内	同上	10月と3月の各5日間、荒塩を三角錐の土器に入れ焼き固め、堅塩をつくる。10月5日開催の御塩殿祭のあと、堅塩づくりがおこなわれる
11	神宮農業館	三重県伊勢市神田久志本町1754-1	0596-22-1700	伊勢神宮の内宮・外宮でお供え物や祓い清めの儀式に使用する堅塩、塩を入れて焼く土器（三角錐）、土器をつくる道具（木型・型板）、写真
12	揚浜塩田	石川県珠洲市仁江町1-58	0768-87-2857	角花豊氏の経営する揚浜塩田・釜屋などがある
13	奥能登塩田村	石川県珠洲市清水町1-58-1	0768-87-2040	揚浜式塩田を説明する建物と、復元した揚浜塩田がある
14	能登記念館・喜兵衛どん	石川県珠洲市上戸町北方3-141	0768-82-2183	揚浜塩田の製塩用具・鉄釜など
15	赤穂市立海洋科学館・塩の国	兵庫県赤穂市御崎1891-4	0791-43-4192	塩の国には、復元した揚浜式塩田・入浜式塩田・流下式塩田の枝条架がある。科学館には、塩づくりの歴史、世界各地の製塩法、塩の物理的・化学的性質、塩の用途などのパネル展示
16	赤穂市立歴史博物館	兵庫県赤穂市上仮屋916-1	0791-43-4600	赤穂塩田（入浜塩田）の製塩用具、石釜模型（原寸大）、塩廻船模型（1/3）など
17	赤穂市民俗資料館	兵庫県赤穂市加里屋	0791-42-1361	資料館の建物は専売公社庁舎で、明治時代の建築
18	野崎家塩業歴史館	岡山県倉敷市児島味野1丁目11-19	086-472-2001	岡山県児島湾で塩を開発した野崎家の塩蔵を展示館として、入浜塩田の製塩用具などを展示
19	福山市立福山城博物館	広島県福山市丸之内1-8	084-922-2117	松永塩田（入浜塩田）の製塩用具など
20	日本はきもの博物館	広島県福山市松永町4-16-27	084-934-6644	松永塩田（入浜塩田）の製塩用具など
21	広島県立歴史博物館	広島県福山市西町2-4-1	084-931-2513	復元した入浜塩田の製塩用具を収蔵、特別展で公開展示

No	名称	住所	電話	主な展示内容
22	竹原市歴史民俗資料館	広島県竹原市本町3-11-16	0846-22-5186	竹原塩田（入浜塩田）の製塩用具など
23	瀬戸田町歴史民俗資料館	広島県尾道市瀬戸田町瀬戸田254-2	0845-27-1877	瀬戸田町教育委員会所管。瀬戸田塩田（入浜塩田）の製塩用具など
24	三田尻塩田記念産業公園	山口県防府市大字浜方381-3	0845-27-3510	復元した入浜塩田・釜屋などや、高さ12m余りの釜屋の煙突が2本ある。館内には、入浜塩田の製塩用具、各国の岩塩などを展示
25	防府市海洋民俗資料収蔵庫	山口県防府市	0835-23-2111	防府市教育委員会文化財保護課所管、三田尻塩田（入浜塩田）の製塩用具などを収蔵
26	福永家住宅	徳島県鳴門市鳴門町高島字浜中	088-684-1157	江戸時代建築の浜屋の母屋・塩蔵・かん水溜・釜屋、入浜塩田などがある
27	鳴門地場産業振興センター	徳島県鳴門市撫養町南浜字東浜165-10	088-685-2992	鳴門塩田（入浜塩田）の製塩用具など
28	徳島県立博物館	徳島県徳島市八万町向寺山	088-668-3636	鳴門塩田（入浜塩田）の製塩用具を収蔵、特別展で公開展示
29	坂出市塩業資料館	香川県坂出市大屋冨町1777-12	0877-47-4040	香川県下の入浜塩田の製塩用具など
30	坂出市立郷土資料館	香川県坂出市寿町1-3-5	0877-45-8555	坂出塩田（入浜塩田）の製塩用具など
31	宇多津町産業資料館	香川県宇多津町浜一番丁4	0877-49-0860	復元した入浜式塩田―釜屋などがある。館内には、宇多津塩田（入浜塩田）の製塩用具などを展示
32	詫間町立民俗資料館	香川県詫間町大字詫間1328-10	0875-83-6858	詫間塩田（入浜塩田）の製塩用具など
33	瀬戸内海歴史民俗資料館	香川県高松市亀水町1412-2	087-881-4707	香川県下の入浜塩田の製塩用具など
34	道の駅・北浦	宮崎県東臼杵郡北浦町大字古江3337-1	0982-45-3811	戦後おこなわれた揚浜式塩田（自給製塩）を復元している。揚浜式塩田の製塩用具を展示

HP 小橋靖の「塩の世界」を参照

付表9　単位換算表

表-1　長さ

[cm]	[m]	[km]	[in]	[ft]	[尺]	その他
1	0.01	0.00001	0.39370	0.032808	0.033000	1里＝36町＝2,160間
100	1	0.001	39.370	3.2808	3.3000	＝12,960尺＝129,600寸
100,000	1,000	1	39,370	3,280.8	3,300.0	1mile＝80chain＝1,760yard
2.540	0.02540	0.00002540	1	0.083333	0.083820	＝5,280ft
30.480	0.30480	0.00030480	12	1	1.0058	$1\mu=10^{-4}$cm, $1m\mu=10^{-7}$cm
30.303	0.30303	0.00030303	11.9303	0.99419	1	$1Å=10^{-8}$cm

表-2　面積

[cm²]	[m²]	[in²]	[ft²]	[尺²]	その他
1	0.0001	0.15500	0.0010764	0.0010890	1acre＝4,046.849m²＝1,224.2坪
10,000	1	1,550.0	10.764	10.890	＝4.0806段
6.4516	0.00064516	1	0.0069444	0.0070258	
929.03	0.092903	144.00	1	1.0117	
918.27	0.091827	142.33	0.98842	1	

表-3　体積

[dm³]または[ℓ]	[m³]または[kℓ]	[ft³]	gal[英]	gal[米]	[石]	[尺³]	その他
1	0.001	0.035317	0.21995	0.26419	0.0055435	0.035937	1in³＝16.386cm³
1,000	1	35.317	219.95	264.19	5.5435	35.937	1ft³＝1,728in³
28.3153	0.028315	1	6.22786	7.4806	0.15696	1.0175	1barrel(石油)＝42gal(米)
4.5465	0.0045465	0.16057	1	1.20114	0.025204	0.16339	＝158.99 ℓ＝35gal(英)
3.7852	0.0037852	0.13368	0.83254	1	0.020985	0.13603	1busshel(米)＝9.309gal(米)
180.39	0.18039	6.3707	39.676	47.656	1	6.4827	1busshel(英)＝8gal(英)
27.826	0.027826	0.98274	6.1203	7.3514	0.15425	1	＝64pint＝1,280oz

表-4　質量

[kg]	[t]メートル法	[lb]	[t,英] [long ton]	[t,米] [short ton]	[貫]	[斤]	その他
1	0.001	2.20462	9.842E-4	1.102E-3	0.26667	1.6667	1quintal(メートル法)＝100kg
1,000	1	2,204.62	0.984205	1.10231	266.67	1,666.7	1dz (Doppelzentner) (独)
0.45359	0.0₃4536	1	0.0₃4464	0.0₃51	0.12095	0.75599	＝100kg
1,016.0474	1.01605	2,240	1	1.12	270.937	1,693.4	1Pfd (Pfund) (独)＝500g
907.185	0.90719	2,000	0.89286	1	241.908	1,511.98	1担 (pecul)＝102.9355斤
3.75	0.00375	8.2673	0.0₂36906	0.004134	1	6.25	1oz (英)＝28.349g
0.6	0.0₃6	1.3228	5.905E-4	6.613E-4	0.16	1	

編者紹介
日本海水学会

昭和25年(1950)日本塩学会として発足し、昭和40年(1965)日本海水学会に名称変更。海水資源の開発、特に塩に関する研究から発展した学会で、製塩、イオン交換膜、結晶化技術、耐塩性素材および防食技術、海水淡水化、にがり、ウラン、リチウムなど、海水溶存資源の研究から、近年は沿岸海水環境、食品等への塩の利用の科学、塩と高血圧などの医学的な問題などまで研究分野が広がっている。ソルト・サイエンス研究財団、塩事業センター海水総合研究所などとのジョイント活動も積極的に進められており、海水という媒体を中心に工学、理学、農学、食品科学、生理学など幅広い境界領域のメンバーが参加して専門を超えた議論が進んでいる。また、分析技術研究会、塩と食の研究会、電気透析研究会、腐食防食研究会など、各研究グループも多彩な活動を行っている。

塩のことば辞典
2007年6月10日　第1刷発行

編者　日本海水学会
発行者　三浦　信夫
発行所　株式会社　素朴社
〒150-0002　東京都渋谷区渋谷1-20-24
電話：03(3407)9688　FAX：03(3409)1286
ホームページ　http://www.sobokusha.jp
振替　00150-2-52889

印刷・製本　壮光舎印刷株式会社

Ⓒ2007 Nihon kaisui gakkai, Printed in Japan
乱丁・落丁は、お手数ですが小社宛にお送りください。
送料小社負担にてお取替え致します。
ISBN978-4-903773-03-2　C3558
価格はカバーに表示してあります。